Schriften
der Wissenschaftlichen Gesellschaft in Strassburg
9. Heft

Venezianisch-Istrische Studien

von

Walter Lenel

Strassburg
Karl J. Trübner
1911

Venezianisch-Istrische Studien

von

Walter Lenel

Mit drei Tafeln in Lichtdruck

Strassburg
Karl J. Trübner
1911

Druck von M. DuMont Schauberg, Straßburg.

Meinem Vater

Vorwort.

Die beiden Untersuchungen, die ich hier vorlege, sind in der Hauptsache schon vor einer Anzahl von Jahren niedergeschrieben; andere Arbeiten, die dazwischen traten, verzögerten die Veröffentlichung. Es sind Untersuchungen einheitlichen Ursprungs, obgleich sie weit auseinandergehende Fragen zum Gegenstand haben. Man erlaube mir kurz anzudeuten, wie ich darauf gekommen bin.

Den Anstoß gab eine Studie Wilhelm Meyers (aus Speyer) über die Spaltung des Patriarchats Aquileja, die 1898 in den Abhandlungen der Göttinger Gesellschaft der Wissenschaften erschienen ist. Sie schildert zunächst die Geschichte der Spaltung selbst und weiterhin den Verlauf des Rechtsstreits, der zwischen dem Patriarchen von Aquileja und dem von Grado über die Rechtsnachfolge des alten ungeteilten Erzbistums entbrannte. Mit außerordentlichem Scharfblick ist hier bereits das kritische Problem erkannt: nämlich die Überwucherung des wirklichen Sachverhalts durch spätere Theorien und Fälschungen. Ich erfülle nur eine Pflicht der Dankbarkeit, wenn ich dieses Verdienst meines hochverehrten Vorgängers nach Gebühr hervorhebe. Auf dem Wege, den er gewiesen, habe ich versucht, die Forschung weiter zu führen. Zuvörderst galt es, die sehr komplizierte Rechtsfrage zu entwirren und die Abwandlungen festzustellen, die sie im Verlaufe des Rechtsstreits durchgemacht hat. Ein eigentümlicher Einfluß eben dieser Rechtsfrage auf die frühe noch vielfach rätselhafte venezianische Geschichtschreibung trat dabei hervor; es bot sich die Möglichkeit, wenigstens von dieser Seite her, das Dunkel zu erhellen. Die so gewonnene Gesamtansicht aber beleuchtete wiederum den intimen Zusammenhang, der zwischen dem Verlaufe des Rechtsstreits und den Anfängen des venezianischen Staats besteht; das kritische Problem vertiefte sich durch die dahinter liegende historische Perspektive.

Mit dem zweiten Thema hat es eine ähnliche Bewandtnis. Ich dachte anfangs nur an den Kampf Venedigs und des Patriarchen von Aquileja um die politische Vorherrschaft in Istrien, als Ausklang des früheren Rechtsstreits, der zum Teil um die geistlichen Herrschaftsrechte in Istrien sich bewegt. Allein in dem Kampf der beiden Mächte gipfelt zugleich ein umfassenderer Gegensatz. Die staatsrechtliche Verbindung Istriens mit dem deutschen Reich, deren letzter Vertreter der Patriarch von Aquileja ist, und die alten Beziehungen der istrischen Städte zu Italien, namentlich zu Venedig, sie haben das Geschick des Landes abwechselnd bestimmt. Es handelt sich um den Gegensatz des landesherrlichen und des städtischen Elements, der hier weithin mit dem Gegensatz des deutschen und des italienischen Elements zusammenfällt. Die Idee einer territorialgeschichtlichen Skizze, verknüpft mit einer universalgeschichtlichen Fragestellung, schwebte mir vor. Bei der Unzulänglichkeit der Vorarbeiten und Hilfsmittel stieß ich zuweilen freilich auf unliebsame Schranken. Über die Entwicklung des Patriarchenstaats z. B. wird man insofern nur das im Rahmen dieser Betrachtung Unentbehrliche finden. Daß ich Schwierigkeiten nicht auswich, des zum Zeugnis mögen die Erläuterungen im Anhang, der mit Absicht oft knappen Skizze dienen.

Archivalisches Material ist diesmal nur ausnahmsweise, u. a. für die kritischen Erörterungen des ersten Teils, verwertet. Mein zu früh verstorbener Gönner Riccardo Predelli und sein unermüdlich hilfsbereiter Nachfolger am Staatsarchiv zu Venedig Giuseppe Dalla Santa förderten mich jeder Zeit durch gütige Auskunft. P. Ehrle, Präfekt der Vaticana, erteilte in liebenswürdigem Wohlwollen die umgehende Erlaubnis zur Anfertigung photographischer Schriftproben aus dem Kleinod der frühen venezianischen Überlieferung, dem Codex Vaticanus Urbinas 440. Die Straßburger Universitäts- und Landesbibliothek bewies stetes Entgegenkommen. H. Breßlau und H. Bloch gewährten in freundschaftlicher Teilnahme ihren Rat. Vor allem liegt mir daran, der Wissenschaftlichen Gesellschaft in Straßburg für die Aufnahme dieser Studien in ihre Schriften meinen ehrerbietigen und aufrichtigen Dank zu sagen.

Straßburg, im Februar 1911.

W. Lenel.

Inhaltsübersicht.

Der Rechtsstreit zwischen Grado und Aquileja.

Über den Gegensatz des deutschen und des italienischen Elements in der mittelalterlichen Geschichte Istriens.

Der Rechtsstreit zwischen Grado und Aquileja

Kapitel 1.

Die Rechtsverhältnisse des alten Erzbistums Aquileja.

Wir versuchen zunächst, die Rechtsverhältnisse des alten, noch ungeteilten Erzbistums Aquileja festzustellen. Was wir darüber erfahren, ist wenig und zum Teil unsicher, aber doch andrerseits unentbehrlich, wenn wir später der Rechtsfrage näher treten, die an die Spaltung des alten Erzbistums angeknüpft hat.

Man kennt die Überlieferung über die Anfänge des Aquilejer Stuhls. Der heilige Petrus, nach Rom gelangt, sendet von hier die erprobtesten seiner Gefährten aus, um die Hauptstädte des Abendlandes der Lehre Christi zu gewinnen. Seinen Lieblingsschüler Markus bestimmt er nach Aquileja. Dieser setzt dort seinen Begleiter Hermagoras ein, kehrt zu Petrus zurück und wird nach Alexandria geschickt. Das Alter dieser Gründungssage ist ungewiß. Literarisch kommt sie, soviel ich sehe, nicht vor dem achten Jahrhundert vor. Vielleicht das früheste Zeugnis darüber bringt in seiner Geschichte der Metzer Bischöfe der aus Friaul gebürtige Paulus Diaconus. Weiterhin spielt sie dann in dem Rechtsstreit eine Rolle: die Frage entstand, wer von den beiden Erben des alten ungeteilten Erzbistums der rechtmäßige Nachfolger des heiligen Markus und Hermagoras sei [1]).

Auch der Ursprung der Metropolitangewalt des Aquilejer Stuhls liegt im Dunkel [2]). Zur Zeit des heiligen Ambrosius († 397) ist sie noch nicht nachweisbar. Etwa ein halbes Jahrhundert später aber, zur Zeit Leos des Großen, finden wir sie in Geltung [3]). Ebenso fehlt eine genaue Aussage über den Umfang des Metropolitansprengels. Leo der Große selbst spricht in einem Briefe von dem 'metropolitanus episcopus provinciae Venetiae'. In den

[1]) Paulus Diaconus, Gesta episcoporum Mettensium, MG. SS. II, 261; dazu die Ausführung in den Akten der Mantuaner Synode von 827, De Rubeis, Monumenta ecclesiae Aquileiensis (1740) col. 419 B—D.

[2]) Vgl. darüber zuletzt C. Cipolla, Della giurisdizione metropolitana della sede Milanese nella regione X Venetia et Histria, in den Scritti varii pubblicati pel XV. centenario della morte di San Ambrogio (1897), eine Abhandlung, die mir leider nicht erreichbar war, von der jedoch ein ausführlicher Auszug in den Atti e memorie della società Istriana di archeologia e storia patria (1901) Bd. 17, 187—199 erschienen ist.

[3]) Schreiben Leos von 442?, Jaffé [2], Regesta pontificum Romanorum (1888) nr. 398, 399.

Schreiben Pelagius' II. und Gregors I. ist dagegen meist von dem Metropoliten und von den Bischöfen Istriens die Rede. Desgleichen hören wir aus Anlaß des Dreikapitelstreits von dem 'scisma', dem 'error', der 'separatio Histricorum'. Doch ist das jeweils nur eine Bezeichnung a potiori. Gemeint ist nicht dieser oder jener Teil, sondern die ganze Provinz Venetien und Istrien, wie das übrigens auch aus Briefen des Papstes Pelagius I. und des Kaisers Mauritius hervorgeht[1]). Ja zu Zeiten hat der Metropolitansprengel Aquileja sich noch weiter ausgedehnt; mindestens in der zweiten Hälfte des sechsten Jahrhunderts gehören auch Bischofssitze in Raetia secunda und in Noricum dazu. Der Name dieser Bischofssitze steht zwar bei der Verderbtheit der handschriftlichen Überlieferung nicht durchweg fest. Aber die Tatsache an sich ist unbestreitbar[2]). Doch ist die Metropolitangewalt Aquilejas in diesen Gegenden schon damals stark bedroht und in den Stürmen der Völkerwanderung ist sie vollends zusammengebrochen. Allein die Erinnerung daran entschwand nicht, und in der Karolingerzeit taucht sie wieder auf, wie bei der Vorgeschichte des Rechtsstreits noch zu erörtern sein wird.

Unklar ist endlich auch die Herkunft des Patriarchentitels. Die neueren Forscher, soweit sie überhaupt darauf eingehen, pflegen auf die Gelehrten des siebzehnten und achtzehnten Jahrhunderts zu verweisen. Diese aber sind bei genauerem Zusehen unter sich selber uneins, und die Frage bleibt vielmehr noch zu prüfen. Hier müssen wenige Andeutungen genügen. Zu unterscheiden ist vor allem die Zeit vor und nach der Spaltung. Daß im sechsten Jahrhundert, d. h. vor der Spaltung, der Papst auch Dritten gegenüber auf den Aquilejer Metropoliten den Patriarchentitel anwendet, erhellt

---

[1]) Schreiben Pelagius' II., MG. Ep. Bd. 2, 442 ff. Appendix III nr. 1, 2, 3 = Jaffé[2] nr. 1054, 55, 56; Gregors des Großen, z. B. registr. II, 45 MG. Ep. Bd. 1, 144; registr. IX, 141 Ep. 2, 138; registr. IX, 148 Ep. 2, 149; registr. IX, 155 Ep. 2, 155; registr. IX, 160 Ep. 2, 160; registr. XIII, 36 Ep. 2, 399. Scisma Histricorum, registr. VI, 36 Ep. 1, 414; error Histricorum, registr. VI, 45 Ep. 1, 420; separatio Histricorum, registr. IV, 14 Ep. 1, 247. Schreiben Pelagius' I., Jaffé[2] nr. 983, 1009; Brief des Kaisers Mauritius, registr. I, 16[b] Ep. 1, 21.

[2]) Vgl. hierzu das Schreiben der unter langobardischer Herrschaft stehenden Bischöfe an Kaiser Mauritius vom Jahre 591, registr. I, 16[a] Ep. 1, 17 ff. und Nachtrag S. 491 mit den Varianten der einzigen, erst nachträglich wieder aufgefundenen Pariser Handschrift, Cod. lat. nr. 1682, vgl. Mommsen im Neuen Archiv (1892) Bd. 17, 189 ff.; ferner die in den Akten der Mantuaner Synode von 827 enthaltenen Bruchstücke einer Urkunde des Patriarchen Elias über eine Synode zu Grado, De Rubeis, Monumenta col. 418 D 419 A, deren Echtheit J. Friedrich neuerdings mit beachtenswerten Gründen verfochten hat, Die ecclesia Augustana in dem Schreiben der istrischen Bischöfe an Kaiser Mauritius vom Jahre 591 und die Synode von Gradus zwischen 572 und 577, SB. der philos.-histor. Klasse der Münchener Akademie (1906) S. 327—356. Über die vielumstrittene Lage der ecclesia Breonensis und Augustana vgl. zuletzt Friedrich, S. 330 n. 1 und S. 348 f., der die ecclesia Augustana wohl mit Recht auf Aguntum bezieht. Eine Erörterung der ganzen Kontroverse würde hier zu weit führen; im einzelnen enthält die Untersuchung Friedrichs manche Irrtümer, so in dem, was er S. 334 ff. über den Patriarchentitel und S. 344 ff. über die späteren Fälschungen in den Gradenser Chroniken bemerkt.

jetzt aus einem Schreiben Pelagius' I. an den Patricius Johannes in den Papstbriefen der britischen Sammlung; vielleicht braucht er ihn aber nur im Sinne einer bloßen Ehrenbezeichnung, wie sie damals auch sonst begegnet. Nach der Spaltung jedenfalls tritt in echten Papstbriefen der Patriarchentitel nicht mehr auf, und als stehendes Prädikat allgemein durchgesetzt hat er sich erst unter den veränderten Verhältnissen der Karolingerzeit. Auch in dieser Hinsicht ist es nicht zum wenigsten der Rechtsstreit, der mit seinen Fälschungen den wirklichen Tatbestand verdunkelt hat [1]).

Kapitel 2.

Die Spaltung.

Wenden wir uns dann der Geschichte der Spaltung zu, so ist der Hergang selbst im wesentlichen deutlich. Minder greifbar sind die Ursachen der Spaltung. Man hat mit Recht hervorgehoben, daß mit den religiösen politische Interessen sich verflochten. Es wird aber gut sein, einen Vorbehalt zu machen. Unsere Quellen haben eigentlich nur die kirchliche Seite des Hergangs im Auge. Die politische hingegen liegt ihnen fern, und wir sind da auf mehr oder minder sichere Erwägungen angewiesen [2]).

Der erste Schritt auf dem Wege zur Spaltung war, daß die staatliche Einheit des alten Erzbistums zersprengt wurde. Das geschah durch den Einbruch der Langobarden 568. Seitdem steht der Westen des Erzbistums unter langobardischer Herrschaft. Nur der Osten bleibt kaiserlich. Ferner hörte Aquileja auf, der Sitz des Erzbischofs zu sein. Denn der Erzbischof Paulinus, den Paulus Diaconus und so auch die spätere Geschichtschreibung Paulus nennt [3]), floh vor den Langobarden auf kaiserliches Gebiet nach Grado, das etwas südlich von Aquileja in der Lagune liegt, und dort hatten auch seine Nachfolger ihren Sitz.

Eine Glaubensfrage kam hinzu, der Dreikapitelstreit. Er untergrub die kirchliche Einheit des Erzbistums. Wir sehen hier ab von den Einzel-

---

[1]) Vgl. darüber Beilage 1: Über das Aufkommen des Patriarchentitels bei den Erzbischöfen von Aquileja und von Grado.

[2]) Vgl. hierzu insbesondere Wilhelm Meyer (aus Speyer), Die Spaltung des Patriarchats Aquileja, Abhandlungen der Göttinger Gesellschaft der Wissenschaften, philol.-histor. Klasse, Neue Folge Bd. 2 Nr. 6 (1898) S. 4—9, woselbst auch Angaben über die frühere Literatur, dazu neuerdings die eingehende Darstellung bei L. M. Hartmann, Geschichte Italiens Bd. II, 1 (1900) S. 85—92, 119 n. 2, 167, 201, 234 f., 256, 267 f., 279; ferner H. Kretschmayr, Geschichte von Venedig (1905) Bd. 1, 21 ff. und 413.

[3]) Über Paulinus s. Paulus Diaconus II 10.

heiten der dogmatischen Meinungsverschiedenheit. In der Hauptsache handelte es sich darum, daß die von Justinian aufgezwungenen Beschlüsse des fünften Konzils von Konstantinopel (553) im lateinischen Sprachgebiet als eine Verletzung des vierten Konzils von Chalcedon (451) empfunden wurden. Der römische Stuhl zwar lenkte nach einigem Schwanken ein. In Afrika und in Oberitalien aber war die Erregung so stark, daß man sich von der kirchlichen Gemeinschaft mit Rom lossagte, und zu den Hauptgegnern des fünften Konzils gehörte jener Erzbischof Paulinus von Aquileja, der vor den Langobarden nach Grado floh. Allein auch im übrigen Abendland erlosch der Widerstand binnen weniger Jahrzehnte; nur in dem Aquilejer Sprengel dauerte er fort, und hier war es eben die staatliche Trennung, die auf die kirchliche Angelegenheit zurückwirkte. Der langobardische wie der kaiserliche Teil des Erzbistums hielt an der Ablehnung des fünften Konzils zunächst fest. Als nun der Exarch Smaragdos den Erzbischof Severus gewaltsam zum Widerruf nötigte, den dieser freilich des Zwanges ledig alsbald zurücknahm[1]), als hierauf Papst Gregor I. durch eine militärische Eskorte den Erzbischof zur Verantwortung nach Rom vorlud, wuchs die Erbitterung. Die also Bedrängten wandten sich mit Vorstellungen an Kaiser Mauritius, und zwar empfing dieser drei Schreiben, eines von dem Erzbischof, eines von den Bischöfen des kaiserlichen, und eines von den Bischöfen des langobardischen Teils. Nur dieses letzte besitzen wir noch, und bezeichnender Weise drohen die unter langobardischer Herrschaft stehenden Bischöfe schon geradezu mit dem Abfall. Angesichts dieser Gefahr lenkte der Kaiser ein. Er erinnerte den Papst an die gegenwärtig verworrene Lage Italiens und ersuchte ihn, die Aquilejer vorerst nicht zu behelligen[2]). Es war doch nur ein Aufschub. Als Erzbischof Severus im Jahre 607 starb, — wie es scheint, zur Zeit einer Waffenruhe mit den Langobarden[3]), die ein kräftigeres Vorgehen wider die Abtrünnigen zuließ — wurde ein ausgesprochener Anhänger des fünften Konzils, Candidianus, Erzbischof in

[1]) Paulus Diaconus III 26, Pelagius II. an Elias, MG. Ep. 2, 442 ff.

[2]) Der schon erwähnte Brief der unter langobardischer Herrschaft stehenden Bischöfe an Kaiser Mauritius, reg. Gregor. I, 16a und die Antwort des Kaisers I, 16b, MG. Ep. 1, 17 ff. und Nachtrag S. 491; dazu der Brief Gregors an Johann von Ravenna, reg. II, 45 Ep. 1, 143. Die Drohung der Bischöfe S. 20: 'Si conturbatio ista et compulsio piis iussionibus vestris remota non fuerit, si quem de nobis, qui nunc esse videtur, defungi contigerit, nullus plebium nostrarum ad ordinationem Aquileiensis ecclesiae post hoc patietur accedere. Sed quia Galliarum archiepiscopi vicini sunt, ad ipsorum sine dubio ordinationem occurrunt et dissolvitur metropolitana Aquileiensis ecclesia sub vestro imperio constituta, per quam Deo propitio ecclesias in gentibus possidetis'. Der Bescheid des Kaisers S. 22: 'Quia igitur et tua sanctitas cognoscit praesentem rerum Italicarum confusionem et quod oportet temporibus competenter versari, iubemus tuam sanctitatem nullam molestiam eisdem episcopis inferre' etc.

[3]) Vgl. L. M. Hartmann, Untersuchungen zur Geschichte der byzantinischen Verwaltung in Italien (1889) S. 13.

Grado. Wieder heißt es, das Militär habe sich eingemischt, und jetzt machten die Bischöfe des langobardischen Teils ihre Drohung wahr und stellten, von den Langobarden begünstigt, einen eigenen Erzbischof mit Namen Johannes auf[1]).

So trat die Spaltung ein, von langer Hand durch die staatliche Trennung vorbereitet, wenn es auch erst das Zerwürfnis in der Glaubensfrage ist, das den unmittelbaren Anlaß dazu bot.

Fortan gibt es zwei Erzbistümer oder Patriarchate, wie sie später genannt werden, in nächster Nähe nebeneinander, das kaiserliche von Grado und das langobardische von Aquileja (Friaul), das zuerst in Cormons, später in Cividale seinen Sitz hatte. Nach kirchlichem Recht war die Nachfolge des alten ungeteilten Erzbistums unzweifelhaft bei dem rechtgläubigen Grado; hier allein war (im Sinn der freilich erst später nachweisbaren Überlieferung) der Sitz des heiligen Markus und Hermagoras. Das neue langobardische Erzbistum hingegen war ketzerischen Ursprungs, und es verstrich noch geraume Zeit, bis es seinem Irrglauben entsagte.

Wir hören zwar, Papst Honorius (626—638) habe das „Schisma in Istrien“ beseitigt. Dies melden zwei Inschriften, die eine auf der Tür der Peterskirche, die andere auf seinem Grabe[2]). Wie es sich aber auch damit verhalten mag, es kann doch nur ein vorübergehender Ausgleich gewesen sein, und vollends aus der Welt geschafft worden ist das Schisma vielmehr erst zu Ausgang des siebenten Jahrhunderts, zur Zeit des Papstes Sergius und des Königs Kunincpert, zwischen 689 und 700.

Man muß hier die langobardische und die römische Überlieferung auseinanderhalten. Die langobardische, offizieller Natur, liegt in dem 'Carmen de synodo Ticinensi' vor, das ein Magister Stefanus im Auftrage und zur Verherrlichung des Königs Kunincpert verfaßt hat. Sehr anschaulich wird darin geschildert, wie der König, um in ganz Hesperien die Glaubenseinheit wiederherzustellen, die irrgläubigen Aquilejer nach Pavia in seinen Palast beruft, wo sie von den Rechtgläubigen widerlegt werden. Auf Befehl des Königs geht hierauf eine Gesandtschaft beider Parteien nach Rom zu Papst Sergius, der die Akten über die Verhandlungen von Pavia auf einer Synode, von seinen Bischöfen umgeben, freudig entgegennimmt. Ein Mitglied dieser Gesandtschaft war ein Diakon Thomas, dem seine Grabschrift nachrühmt,

---

[1]) Paulus Diaconus IV 33; dazu der in den Akten der Mantuaner Synode überlieferte Brief des langobardischen Erzbischofs Johannes an Agilulf, MG. Ep. 3, 693.

[2]) Die Inschriften zuletzt bei Duchesne, Liber pontificalis, Vita Honorii, Bd. 1 (1886) S. 324 ff. n. 2 und n. 19, und bei Grisar, Analecta Romana (1899) S. 125; dazu Piper, Über den kirchengeschichtlichen Gewinn aus Inschriften, Nr. 5: Das fünfte allgemeine Konzil 553 und die Kirchenspaltung in Istrien, in den Jahrbüchern für deutsche Theologie (1876) Bd. 21, 99 und Hartmann, Geschichte Italiens Bd. II, 1 S. 235 n. 8.

er habe die schneebedeckten Berge überstiegen, um die in altem Irrtum befangenen Aquilejer zum rechten Glauben zurückzubringen[1]).

Andrerseits spricht die Vita des Papstes Sergius, d. h. die römische Überlieferung, das Verdienst ganz und gar dem Papste zu. Durch geistliche Ermahnung und Belehrung habe er den Erzbischof von Aquileja und seine Suffragane bestimmt, das bisher verworfene fünfte Konzil anzuerkennen[2]).

Offenbar jedoch ging der entscheidende Anstoß von dem langobardischen König aus. Denn dieser war es, der die Hauptverhandlung in Pavia und hernach die Aussöhnung mit dem Papste betrieben hat. Nur tat er das gewiß nicht bloß aus Glaubenseifer, wie das Carmen erzählt. Daß er auch sonst Ursache dazu hatte, lehrt ein Blick auf die Zeitgeschichte. Der langobardische Staat mußte danach trachten, daß das langobardische Erzbistum, nachdem es einmal vorhanden war, auch als solches erhalten blieb. So lange er nun mit Byzanz und mit Rom auf dem Kriegsfuße lebte, was lag daran, daß dies langobardische Erzbistum ketzerischen Ursprungs war! Allein die Zeiten hatten sich geändert. Byzanz hatte Frieden geschlossen mit den Langobarden, auch ihre Feindschaft gegen den Katholizismus hatte aufgehört: das Königtum selbst erscheint als Vorkämpfer der Lehre Roms. Auch der Irrglaube der Aquilejer konnte da nicht länger geduldet werden. Es versteht sich aber: sollte der Papst das langobardische Erzbistum anerkennen, so mußte es zuvor sich unterwerfen. Das ist der politische Hintergrund, den die Bekehrung der Aquilejer hat[3]).

Insofern ist die Spaltung, wenn auch anfangs durch eine Glaubensfrage hervorgerufen, zuletzt doch ein Ergebnis der Tatsache, daß Byzanz sich mit den Langobarden in die Herrschaft über Italien teilen mußte. Die staatliche Trennung bedingte, daß die kirchliche in Kraft blieb, auch nachdem man sich in der Glaubensfrage wieder geeinigt hatte.

---

[1]) Das 'Carmen de synodo Ticinensi', MG. SS. rer. Langobard. S. 189 und Textausgabe des Paulus Diaconus (1878) S. 245. Das Akrostichon Stefanus mg. hat erst Holder-Egger erkannt. Berichtigung des Textes bei Meyer S. 5 n. 1, ebenda S. 9 nach Troya und de Rossi die Grabschrift des Diakons Thomas, vgl. Piper a. a. O. S. 100.

[2]) Vita des Papstes Sergius ed. Duchesne, Liber pontificalis Bd. 1, 376: 'Huius temporibus Aquilegensis ecclesiae archiepiscopus et synodus qui sub eo est, qui sanctum quintum universalem concilium utpote errantes suscipere diffidebant, eiusdem beatissimi papae spiritalibus monitis atque doctrinis instructi conversi sunt, eundemque venerabilem concilium satisfacti susciperunt, et qui prius sub erroris vitio tenebantur, doctrina apostolicae sedis inluminati, cum pace consonantes veritati ad propria relaxati sunt'.

[3]) Nur so viel läßt sich mit einiger Sicherheit sagen; von den weitergehenden Kombinationen Meyers und Hartmanns möchte ich lieber absehen.

Kapitel 3.

Die Rechtslage nach der Spaltung.

Hier nun erhebt sich eine Rechtsfrage, die für die Auffassung des weiteren Verlaufs von entscheidender Bedeutung ist. Gab es, indem die Spaltung eine endgiltige wurde, einen allgemein anerkannten Rechtszustand? Oder gab es einen solchen nicht? Und ist daraus etwa der Ursprung des späteren Rechtsstreits zwischen dem Patriarchen von Aquileja und dem von Grado herzuleiten?

1. Hören wir zunächst Wilhelm Meyers Ansicht[1]). Es wäre sehr wichtig, meint er, die politischen Abmachungen zu kennen, unter denen das Fortbestehen des langobardischen Patriarchats neben dem Gradenser vom Papst gestattet worden ist: allein es fehlen alle Nachrichten. Der Papst scheine sich auf die Duldung des Unvermeidlichen beschränkt zu haben. Er müsse gewünscht haben, die Rechte des langobardischen Stiftes möglichst zu beschränken und die des Gradenser möglichst zu wahren: allein der Langobardenkönig habe jedenfalls das Gegenteil erstrebt, und so scheine eine feierliche Regelung der Rechtsverhältnisse unterblieben zu sein. Mit der Überlieferung aber war man später übel daran. Daß der Erzbischof Paulus vor den einbrechenden Langobarden um 568 aus dem alten Aquileja nach Grado geflohen war, das stand aus Paulus Diaconus fest. Unklar sei, was Paulus Diaconus (III 26) über den Dreikapitelstreit zur Zeit des Erzbischofs Severus berichte. Vollends bei dem wichtigsten Ereignis, bei der Spaltung des einen Erbistums in zwei um 607 (IV 33), da verschweige der Langobarde Paulus Diaconus, daß der langobardische Patriarch im Gegensatz zum Papste gewählt wurde, daß alle die in Aquileja zunächst folgenden Patriarchen Schismatiker waren. Den Rücktritt der Schismatiker unter Papst Sergius kenne er gar nicht; er schreibe hier (VI 14) Beda ab, der seinerseits den Liber pontificalis dahin mißverstanden hat, als ob damals nur vorübergehende Glaubensstreitigkeiten vorgekommen seien. Und mit der Patriarchenreihe von Aquileja fahre er (VI 33, VI 45) ruhig fort, ohne um Schisma oder um Grado sich zu kümmern, bis zu der Zeit, wo auch der langobardische Patriarch vom Papst anerkannt sei und das Pallium empfange. Paulus aber galt für die Urgeschichte der beiden Patriarchate als die einzige oder doch weitaus erste Autorität. Es sei daher nicht auffallend, wenn später niemand darum wußte, daß das langobardische Patriarchat von 607 eigentlich eine schismatische Neugründung sei, dessen

[1]) Meyer S. 9 und S. 13 ff., vgl. auch S. 4 f.

Patriarchen anfangs vom Papste nicht anerkannte Schismatiker waren. Die Zeit des Übergangs blieb so völlig im Dunkel. Der Langobardenkönig habe offenbar verhindert, daß sein Aquilejer Patriarch irgendwie hinter dem in Grado residierenden kaiserlichen zurückgesetzt wurde. Die Rechtsverhältnisse der beiden Stifter seien mithin nicht klar festgesetzt gewesen. Zwei zufällig erhaltene Schreiben würfen darauf ein Licht. Zuerst sei 723 der langobardische Patriarch Serenus, bald darauf sein Nachfolger Calixtus von dem Gradenser Patriarchen beim Papste verklagt worden wegen Anfeindung der Rechte und Besitzungen des Gradenser Stifts. Aus den in dieser Angelegenheit ergangenen Schreiben Gregors II. und Gregors III. folge, daß die Päpste bei der Übergabe des Palliums an den Aquilejer Patriarchen eine scharfe Warnung, fremde Rechte nicht zu verletzen, hinzuzufügen pflegten; selbst diese Warnung aber, für die Gregor III. auf das päpstliche Archiv verweist, laute nur allgemein und erwähne nicht ausdrücklich das Gradenser Stift[1]). Es sei also schon damals um 730 im päpstlichen Archiv trotz Suchens kein Schriftstück zu finden gewesen, das die Rechtsverhältnisse beider Patriarchate fest geregelt hätte. Sie seien mithin — diesen Schluß müßten wir machen — auch dreißig Jahre vorher bei der Anerkennung des langobardischen Patriarchats vom Papst in keiner Weise schriftlich bestimmt worden. Selbst die Drohbriefe der beiden Päpste hätten noch bis ins zehnte Jahrhundert unbeachtet in einem Winkel des Gradenser Archivs gelegen. Deshalb müßten wir sagen: seit etwa 750 fehlte jede Sicherheit, welches der beiden Patriarchate auf die Vorrechte des alten Aquilejer Erzbistums Anspruch habe. Diese Rechtsunklarheit sei der Anlaß der späteren Streitigkeiten gewesen. Da klare Beweise fehlten, so habe man sich bald auf diese, bald auf jene Tatsache gestützt, oder diese oder jene Nachricht benutzt, um darauf Theorien aufzubauen.

Die Anschauung Wilhelm Meyers, auf eine kurze Form gebracht, ist mithin diese: Es war später unmöglich, die Rechtsfrage zu entwirren; denn die Geschichtschreibung bot keine Auskunft, und der Hauptgewährsmann Paulus Diaconus verschleiert obendrein die Geschichte der Spaltung, teils aus Unkenntnis, teils aus Parteilichkeit. Andrerseits tritt in den urkundlichen Zeugnissen die Unsicherheit des Rechtszustandes deutlich hervor, so daß Zerwürfnisse und Theorien über die Rechtsfrage unausbleiblich waren.

2. Das an sich Einleuchtende dieser Anschauung wird Niemand in Abrede stellen. Denn Zwistigkeiten über die Rechtsfrage konnten, so scheint es, doch nur dann entstehen, wenn die Rechtsverhältnisse eben nicht fest

---

[1]) Schreiben Gregors II. an Serenus, MG. Ep. 3, 698 nr. 8; Gregors III. an Calixtus, Ep. 3, 707 nr. 15. Verweis auf das päpstliche Archiv: 'communitum te quoque, ut in sanctę nostrę ecclesię scrineis testantur volumina, fuisse, ne umquam auderes tu vel tui futuri successores aliena invadere iura' etc.

geregelt waren. Auch ich war zunächst dieser Meinung; indes an den Quellen nachgeprüft, bestätigte sie sich nicht. Es empfiehlt sich hier, von der Frage nach dem Ursprung des Rechtsstreits einstweilen abzusehen; sie wird uns später beschäftigen. Wir wollen Schritt für Schritt vorgehen und zuerst nur die Frage aufwerfen, was für ein Rechtszustand es ist, den wir nach der Spaltung antreffen.

Von vornherein ist zuzugeben, daß es einer Entscheidung sich entzieht, ob die Rechtsfrage zur Zeit der Verhandlungen unter Papst Sergius geordnet worden ist. Denn die Quellen schweigen darüber. Allein, da sie eben nur die Glaubensfrage und ganz und gar nicht die Rechtsfrage im Sinne haben, so darf man ihr Schweigen nicht dahin ausdeuten, als sei damals aus Rücksichten irgend welcher Art auf eine Regelung der Rechtsfrage verzichtet worden. Auch das ist richtig, die Geschichtschreibung bietet über die Rechtsfrage keinen Aufschluß, und Paulus Diaconus entstellt noch dazu den wirklichen Sachverhalt. Bedenkliche Folgen aber hatte das erst, seitdem er — wir kommen darauf zurück — als Hauptgewährsmann für die Urgeschichte der beiden Patriarchate herangezogen wurde.

Im übrigen jedoch fehlt es durchaus nicht an Zeugnissen, die den Rechtszustand nach der Spaltung mit aller wünschenswerten Klarheit beleuchten. Die urkundliche Überlieferung ist es, die uns hier aus der Not hilft, und ich muß insofern der Anschauung Wilhelm Meyers entgegentreten, der aus den urkundlichen Nachrichten auf die Unsicherheit der Rechtslage geschlossen hat. Ich glaube vielmehr, diese Nachrichten lassen genau erkennen, wie an maßgebender Stelle der Rechtszustand aufgefaßt wurde, und es trifft sich besonders günstig, daß gerade auch für den Anfang des neunten Jahrhunderts, d. h. aus der Zeit unmittelbar vor dem Ausbruch des Rechtsstreits, ganz bestimmte Aussagen vorliegen. Und zwar erstrecken sie sich sowohl auf das Verhältnis der beiden Patriarchate zu einander, wie auf deren Verhältnis zu dem alten ungeteilten Erzbistum, so daß uns also über die beiden Punkte Bescheid wird, die für den Nachweis des Rechtszustandes wesentlich sind.

Wir betrachten erstens, wie das Verhältnis der beiden Patriarchate zu einander geordnet war. Die frühesten Zeugnisse, die wir noch besitzen, sind jene zufällig erhaltenen Papstbriefe des achten Jahrhunderts, die Wilhelm Meyer als Beleg für die Unsicherheit der Rechtslage anführt. Da schreibt Gregor II. 723 in seinem Warnungsbrief an den 'Antistes Foroiulensis':

'Nam dum ad cumulum tui honoris precibus eximii filii nostri regis flexi, plurimum etiam pro rectitudine fidei, quam te tuamque ecclesiam tenere et amplecti cognovimus, provocati, pallium tibi direximus, interdicentes et inter cetera, ne umquam aliena iura invaderes aut temeritatis ausu usurpares iurisdictionem cuiusquam, sed in his esses contentus, quae usque hactenus possedisti. Nunc vero, ut cognovimus, Gradensis presulis niteris pervadere iura atque ex his, quae possedit nunc usque, usurpare. Ne ergo in quoquam existas temerator, ex apostolica auctoritate precipimus, ne ullo modo terminos excedas ab eo possessos, sed solum suffitias in hisque te habeto, quae modo usque possedisti, nec amplius quam in finibus procul dubio gentis Longobardorum existentibus gressum tendere presumas, ut non iniuste et suscepisse gratiam collatam pallii ex presumptione ostendas et inde apostolici vigore concilii, si inobediens fueris comprobatus, indignus iudiceris'[1]).

Dieser Brief zeigt, daß die Rechtssphäre der beiden Patriarchate genau festgelegt war. Das folgt bereits aus der Mahnung, die Grenze nicht zu überschreiten, und wenn der Papst dem 'Antistes Foroiulensis' zu verstehen gibt, sein Sprengel beschränke sich auf langobardisches Gebiet, und mit dem Überschreiten der Grenze greife er in die Rechte seines Gradenser Nachbars ein, so ist klar, daß der nicht langobardische Teil des alten Erzbistums dem Gradenser Sprengel zuzurechnen ist. Dazu stimmt, daß in zwei andern Briefen desselben Papstes die Bischöfe Venetiens und Istriens als Suffragane Grados angesprochen werden; es ist der übrig gebliebene Rest des kaiserlichen Gebiets, der damit gemeint ist[2]). Der Rechtsstandpunkt Gregors II. geht also offenbar dahin, daß die Metropolitangrenze mit der politischen Grenze zusammenfalle, und wenigstens vermuten darf man, wenn es sich auch nicht mehr beweisen läßt, daß schon die Anerkennung des langobardischen Patriarchats durch Papst Sergius nur unter dieser Voraussetzung geschehen sein wird. Die Annahme Wilhelm Meyers, es sei schon um 730 im päpstlichen Archiv trotz Suchens kein Schriftstück zu finden gewesen, das die Rechtsverhältnisse der beiden Patriarchate fest geregelt hätte, läßt sich also nicht aufrecht halten. Vielmehr empfangen wir durch Schriftstücke der päpstlichen Kanzlei aus jener Zeit über die Rechtssphäre der beiden Patriarchate unzweideutige Auskunft.

Nun aber verschiebt sich im weiteren Verlauf des achten Jahrhunderts

---

[1]) Der Text nach der Ausgabe Gundlachs, Ep. 3, 698 nr. 8. Als 'Antistes Foroiulensis' wird Serenus in dem Schreiben Gregors II. an Donatus bezeichnet, ebenda 3, 699 nr. 9. Über die Überlieferung des Briefes an Serenus, der auf den verlorenen Patriarchenkatalog der älteren Gradenser Theorie zurückgeht, später; einstweilen ist Monticolo, Bullettino dell' Istituto storico Italiano (1890) Bd. 9, 177—184 cp. 21: La lettera di Gregorio II. a Sereno patriarca d'Aquileia zu vergleichen. Dazu in Betreff einiger Lesarten Meyer a. a. O. S. 29 n. 1. Ich bemerke noch, daß am Schlusse des Briefes statt 'multus et indignus', wie die Überlieferung im Codex Urbinas des Johannes Diaconus hat, sicher 'inutilis et indignus' zu schreiben ist; vgl. außer 'Candidianus inutilis' in dem Briefe des Johannes, Ep. 3, 693 l. 13, worauf Meyer verwiesen hat, noch die bei Davidsohn, Geschichte von Florenz (1896) Bd. 1, 121 n. 1 angeführte Urkunde des zehnten Jahrhunderts, in der Bischof Podo von Florenz mit einer auch sonst für Bischöfe vorkommenden Bezeichnung sich 'indignus speculator et inutilis' nennt.

[2]) Schreiben Gregors II., Ep. 3, 699 nr. 9 und 3, 700 nr. 10; dazu das in den Akten der Mantuaner Synode, De Rubeis col. 419 B erwähnte Schreiben der 'episcopi Histriensium seu Venetiarum provinciae' an einen Papst Gregor.

die politische Grenze. Um so mehr verdient es da Beachtung, daß die Metropolitangrenze gleichwohl die alte bleibt. Wieder erbringen urkundliche Zeugnisse den Beweis. Um 770 gerät Istrien vorübergehend unter die Herrschaft der Langobarden und, von ihnen aufgereizt, sagen sich die istrischen Bischöfe von dem Gradenser Stuhle los und erteilen sich gegenseitig die Weihe. Der Gradenser Stuhl erhebt Beschwerde in Rom, und der Papst, es ist Stephan III., indem er den Gradenser Metropoliten beschwichtigt, ruft zugleich den istrischen Bischöfen ihre alte Abhängigkeit von dem Gradenser Stuhle in Erinnerung[1]). Auch der Übergang Istriens unter fränkische Herrschaft, nachdem es kurze Zeit nochmals unter griechischer Herrschaft gestanden, führt keine Änderung herbei. Karl der Große hat die Zugehörigkeit Istriens zum Gradenser Stuhl rückhaltlos anerkannt. Es gibt eine Urkunde von ihm für den „Patriarchen von Venetien und Istrien". In der berühmten Enquête, die Karl der Große zu Anfang des neunten Jahrhunderts über die Verwaltung Istriens aufnehmen ließ, erscheint der Patriarch von Grado als geistliches Oberhaupt an der Spitze der Vertreter des Landes. Und noch Ludwig der Fromme, als er in den ersten Jahren seiner Regierung die freie Wahl des Patriarchen und der geistlichen und weltlichen Obrigkeiten Istriens verbrieft, wendet sich hierbei an den Patriarchen von Grado[2]).

Es bestätigt sich also, daß zu Beginn des neunten Jahrhunderts die Rechtssphäre der beiden Stühle von Grado und von Aquileja noch durchaus feststeht. Die Rechtsanschauung der Karolinger ist hier mit der päpstlichen völlig im Einklang. Man darf sagen, die Karolinger übernahmen den Rechtszustand, den sie vorfanden. Die geistliche Herrschaft in Venetien und Istrien kommt Grado zu, d. h. als Metropolitangrenze gilt nach wie vor die ehemalige Grenze zwischen dem langobardischen und dem kaiserlichen Gebiet.

Wir wollen dann aber zweitens auch das Verhältnis der beiden Patriarchate zu dem alten ungeteilten Erzbistum ins Auge fassen. Nun haben wir früher schon bemerkt, daß die Rechtsnachfolge des alten Erzbistums nach kirchlichem Rechte unstreitig bei dem rechtgläubigen Grado war, und wenn das anfangs ketzerische langobardische Patriarchat sich auch nach-

---

[1]) Johann von Grado an Papst Stephan III., Ep. 3, 711 nr. 19; Stephan III. an die Bischöfe Istriens, Ep. 3, 713 nr. 20; Stephan III. an Johann von Grado, Ep. 3, 715 nr. 21. Alte Abhängigkeit von Grado: 'vos omnes episcopi ipsius Istriae provinciae constituti, qui canonica traditione a priscis temporibus sub iuris districtione ac consecratione sanctae Gradensis ecclesiae archiepiscopatus esse videmini'.

[2]) Urkunde Karls des Großen für Fortunat von Grado: 'Venetiarum et Istriensium patriarcha', wahrscheinlich gleichzeitig mit der Immunitätsurkunde für Grado von 803 August 13, Urkunden der Karolinger nr. 201 S. 270, Mühlbacher, Die Regesten des Kaiserreichs unter den Karolingern Bd. 1² (1908) reg. 401 (393). Die Enquête oft gedruckt, z. B. bei Ughelli-Coleti, Italia sacra Bd. 5, 1097 ff.; Urkunde Ludwigs des Frommen, Mühlbacher reg. 732 (708).

träglich wieder mit Rom ausgesöhnt hat, so ist Grado darum nichtsdestoweniger der eigentliche Erbe des alten Erzbistums geblieben. Es gibt dafür ein untrügliches Erkennungsmerkmal. Da nach der allerdings erst im achten Jahrhundert nachweisbaren Überlieferung die Gründung des alten Erzbistums auf den Evangelisten Markus und seinen Schüler Hermagoras zurückgeht, so ist der eigentliche Erbe des alten Erzbistums im Sinne jener Zeit dasjenige der beiden Patriarchate, das als der Sitz des heiligen Markus und Hermagoras betrachtet wird. Als solcher aber ist noch im beginnenden neunten Jahrhundert der Gradenser Stuhl angesehen worden.

Die Urkunden der Karolinger lassen darüber nicht den geringsten Zweifel. So wird in einer Urkunde Karls des Großen der Gradenser Patriarch als 'sedis sancti Marci evangelistę et sancti Hermacorę episcopus' angeredet. Und noch Ludwig der Fromme erklärt sich, als Patriarch Venerius zu Anfang der zwanziger Jahre um Bestätigung der Gerechtsame seiner Kirche nachsucht, 'pro reverentia atque honore beatissimorum martyrum Marci et Hermagorae' gern dazu bereit [1]). Die nicht zu unterlassende Gegenprobe darauf liefern die Urkunden der Karolinger für die Kirche von Aquileja. Da heißt sie einmal: 'quae est in honore sanctae Dei genitricis semperque virginis Mariae vel sancti Petri principis apostolorum sive sancti Marci constructa', ein ander Mal: 'in honore sancti Petri principis apostolorum vel sancti Hermachore', ein drittes Mal: 'ecclesia sanctae Dei genitricis Mariae'. Die bisher angeführten Urkunden stammen wohlgemerkt alle noch aus der Zeit vor dem Ausbruch des Rechtsstreits. Erst danach wird sie in einer Urkunde Ludwigs des Frommen und Lothars von 830 mit nicht zu verkennender Spitze die 'mater ecclesia sancti Marci evangelistae et sancti Hermagorae martyris et pontificis' genannt [2]).

Der Umschwung der Anschauungsweise ist hier also gleichsam mit Händen zu greifen. Offenbar ist, so lange der Streit noch nicht entbrannt war, der Gradenser Stuhl als der eigentliche Sitz des heiligen Markus und

---

[1]) Urkunde Karls des Großen für Grado von 803 August 13, Urk. der Karolinger nr. 200 S. 269, Mühlbacher reg. 400 (392); Urkunde Ludwigs des Frommen, Mühlbacher reg. 838 (812): 'Quod pro reverentia atque honore beatissimorum martyrum Marci et Hermagorae statim ita fieri praecipimus'; ferner: 'propter honorem et venerationem memoratorum sanctorum martyrum, quibus vestra devotio deservire dinoscitur'.

[2]) Urkunde Karls des Großen von 792 August 4, Urk. der Karolinger nr. 174 S. 233, Mühlbacher reg. 319 (310); Besitzbestätigung Karls des Großen von 792 August 4, Urk. der Karolinger nr. 175 S. 234, Mühlbacher reg. 320 (311); Urkunde Karls des Großen von 811 Dezember 21, Urk. der Karolinger nr. 214 S. 285, Mühlbacher reg. 468 (454); Urkunde Ludwigs des Frommen und Lothars von 830 November 11, Mühlbacher reg. 877 (848). — Die Angabe in der Vorbemerkung zu der Urkunde von 792 August 4, Urk. der Karol. nr. 175 S. 234, daß der heilige Hermagoras, der Patron von Grado (vgl. nr. 200) in der gleichen Weise wie in nr. 175 auch in der Urkunde Ludwigs des Frommen, Mühlbacher reg. 877 (848), als ein Patron Aquilejas genannt werde, trifft also keineswegs den eigentümlichen Sachverhalt.

Hermagoras betrachtet worden. Die Kirche von Aquileja hingegen war der Jungfrau Maria und dem Apostelfürsten Petrus geweiht, und wenn einmal auch der Name des heiligen Markus, ein andermal der des heiligen Hermagoras hinzugefügt wird, so beweist eben dieses Verfahren, daß man damals noch nicht daran gedacht hat, die Kirche von Aquileja geradezu auf den Namen dieser beiden Patrone zu stellen. Das ändert sich jedoch plötzlich mit dem Ausbruch des Rechtsstreits, und nun erst wird in bewußtem Gegensatze zum Gradenser Stuhl der Anspruch auf die Nachfolge des heiligen Markus und Hermagoras erhoben.

Aus unsern Beobachtungen ergibt sich mithin folgender Sachverhalt: Ob zur Zeit der Bekehrung der Aquilejer die Rechtsfrage geregelt worden ist, darüber ist bei dem Schweigen der Quellen nichts Zuverlässiges mehr auszumachen. Was aber die Rechtsanschauung der entscheidenden Instanzen, der Päpste und der Karolinger, betrifft, so bezeugen ihre Urkunden, daß sie als zu Recht bestehend den Zustand ansahen, der mit der endgiltigen Spaltung des alten Erzbistums ganz von selber eintrat. Wie es an der Fortdauer der staatlichen Trennung liegt, daß auch die kirchliche Trennung nicht mehr beseitigt werden konnte, obwohl der Glaubensstreit erloschen war, so entspricht dem, daß die Metropolitangrenze mit der politischen Grenze ursprünglich zusammenfällt, und an dieser ursprünglichen Metropolitangrenze hat man selbst dann noch festgehalten, als die politische Grenze sich verschob. Wird nun auch dieser Rechtszustand mitunter, sei es durch Verletzung der Grenze, sei es durch Aufkündigung des Gehorsams, von der einen oder der andern Seite her gestört, so liegt doch nur eine vorübergehende, keine grundsätzliche Auflehnung dagegen vor, und überdies wird bei solchem Anlaß der hergebrachte Rechtszustand von neuem eingeschärft. Dazu stimmt ferner, daß der Gradenser Stuhl, wie ihm von Rechtswegen die Nachfolge des alten Erzbistums zukam, so auch tatsächlich als der Sitz des heiligen Markus und Hermagoras betrachtet wurde. Und endlich finden wir diesen Rechtszustand in Kraft, gewissermaßen bis zu dem Augenblick, wo der Streit beginnt.

Um also zu dem Ausgangspunkt unserer Erörterung zurückzukehren, so ist die Rechtslage nach der Spaltung durchaus nicht unsicher oder gar verworren gewesen, und, wenn wir jetzt weiter nach den Ursachen fragen, die den Ausbruch des Rechtsstreits hervorriefen, so liegt es auf der Hand, daß es nicht jene angebliche, in Wirklichkeit so gar nicht vorhandene Rechtsunklarheit gewesen sein kann, die den Rechtsstreit veranlaßt hat. Wir stehen vielmehr vor der zunächst überraschenden Tatsache, daß die Rechtmäßigkeit des bisher geltenden Rechtszustandes mit einem Male angefochten wird, ja, daß es gelingt, diesen Rechtszustand umzustürzen, und wir müssen deshalb umgekehrt die Frage aufwerfen, wie war es möglich, daß der Streit entbrannte, nachdem bis dahin die nunmehr streitigen Rechtsbeziehungen geregelt gewesen waren?

Kapitel 4.

Der Ursprung des Rechtsstreits und die Theorie der Aquilejer.

Welches also sind die wahren Ursachen der Rechtsstreits? Es gilt hier, zwei verschiedene Dinge auseinanderzuhalten. Gewiß, es gab einen aus der Spaltung erwachsenen Rechtszustand, den die Karolinger noch Jahrzehnte lang anerkannten. Das schließt indes nicht aus, daß die fränkische Herrschaft in den kirchlichen Verhältnissen des östlichen Oberitaliens einschneidende Veränderungen herbeiführte, die den hergebrachten Rechtszustand langsam untergruben. Diese Veränderungen sind es mithin, auf die wir jetzt unser Augenmerk richten müssen.

Von den Schicksalen des Gradenser Sprengels wollen wir dabei ausgehen. Wir sahen, daß der Rechtszustand, den die Spaltung hinterließ, an bestimmte politische Voraussetzungen anknüpfte. Der Aquilejer Sprengel beschränkte sich auf langobardisches Gebiet, während der Gradenser Sprengel den Rest des kaiserlichen Gebiets, d. h. Venetien und Istrien umfaßt. Diese Übereinstimmung der Metropolitangrenze mit der Landesgrenze hatte jedoch im Verlaufe des achten Jahrhunderts aufgehört. Istrien, nach einem vorübergehenden Vorstoß der Langobarden von den Griechen zurückgewonnen, geht zuletzt doch an die Franken verloren, die mittlerweile das Langobardenreich unterworfen haben; auch Venetien erkennt zeitweise die fränkische Hoheit an, wird dann aber in dem Frieden Karls des Großen mit Byzanz den Griechen wieder ausgeliefert. Erst dieser Friede stellt nach Jahrzehnten der Unsicherheit eine dauernde Ordnung her[1]). Fortan gehört Istrien der fränkischen, Venetien der griechischen Machtsphäre an. Eben diese Verschiebung der Landesgrenze aber berührte den Gradenser Sprengel auf das Empfindlichste. Während die Metropolitangrenze die alte bleibt, geht die Landesgrenze jetzt mitten durch den Gradenser Sprengel hindurch,

---

[1]) Zur Geschichte der fränkisch-byzantinischen Beziehungen vgl. außer Abel-Simson, Jahrbücher Karls des Großen, und Mühlbacher, Deutsche Geschichte unter den Karolingern, die bei Dahlmann-Waitz, Quellenkunde der deutschen Geschichte (1906 [7]) unter nr. 3117 verzeichnete Spezialliteratur, ferner Kretschmayr Bd. 1, 53 ff. und 421 f., sowie Hartmann, Geschichte Italiens III, 1 (1908) S. 55—69 und 88 f., mit deren Auffassung ich indes mehrfach nicht übereinstimme. Über Fortunat insbesondere S. Dellagiacoma, Archeografo Triestino N. S. (1872) Bd. 3, 317—397.

indem sie Venetien und Istrien von einander scheidet. Er greift so in zwei einander widerstrebende Machtsphären über, und diese Zwitterstellung birgt von vornherein den Keim zu Zerwürfnissen. Der Gradenser Patriarch mag wollen oder nicht, dem Gegensatz der Interessen kann er nicht ausweichen. Alsbald verweigern, von den Langobarden aufgereizt, die istrischen Bischöfe den Gehorsam, und der Papst muß sie zurechtweisen. Und nun gar unter einem Patriarchen wie Fortunat, der selbst der eifrigste Parteigänger ist, nehmen die Entzweiungen kein Ende. Wir begleiten ihn hier nicht auf den verschlungenen Pfaden seiner Politik. Genug, daß die Notwendigkeit einer Neuordnung der kirchlichen Verhältnisse sich eben unter Fortunat zuerst deutlich ankündigt. Ist er mit den Franken im Einverständnis, so verjagen ihn die Venezianer und stellen einen Gegenpatriarchen auf, und nun denkt Karl der Große daran, den Sitz des Patriarchen, wenigstens vorübergehend, nach Pola in Istrien zu verlegen[1]). So steht es schon vor dem Abschluß des Friedens mit Byzanz; kein Wunder, daß die längst vorhandene Spannung nachher sich noch schroffer ausprägt. Fortunat und sein Vorgänger auf dem Gradenser Stuhl waren beide aus Istrien gebürtig gewesen. Das Gefühl der Zusammengehörigkeit des Gradenser Sprengels war damals noch lebendig. Jetzt, nach Fortunats Tod, wird zum ersten Mal ein geborener Venezianer zum Patriarchen gewählt, und dies bleibt fortan die Regel. In dem fränkischen Istrien hingegen äußert sich unverhohlen die Abneigung gegen einen ausländischen Patriarchen. Es heißt geradezu, man könne nicht zween Herren dienen[2]). Kurz, die kirchliche Einheit und die staatliche Trennung des Gradenser Sprengels, das vertrug sich nicht auf die Dauer, vollends nicht seit dem Frieden.

Noch dazu kam nun in dem Sprengel von Aquileja eine neue Rechtsanschauung auf. Wie das zuging, versteht man erst, wenn man sich die Wandlungen vergegenwärtigt, die auch dieses Patriarchat inzwischen durchgemacht hatte. Obwohl vom Königtum begünstigt, hatte es in langobardischer Zeit sich dennoch allgemeineren Ansehens nicht erfreut. Zumal der Ton, den die päpstlichen Schreiben anschlagen, ist entschieden unfreundlich. Unter der fränkischen Herrschaft aber, und durch sie in die großen Bestrebungen der Zeit hineingestellt, blüht es dann erstaunlich rasch empor. Mit dem Patriarchen Paulinus[3]) hält zunächst die neue Bildung ihren Einzug,

[1]) Brief Leos III. an Karl den Großen, Jaffé, Monumenta Carolina S. 320 f. und MG. Ep. 5, 94 f. = Jaffé[2] nr. 2521.

[2]) Erklärung der istrischen Abordnung auf der Mantuaner Synode von 827, De Rubeis col. 417 BC; sie verlangt Wiederanschluß an die Kirche von Aquileja: 'quia electi, qui ordinandi sunt, prius piissimis imperatoribus nostris et postmodum ad partem Graecorum fidem per sacramenta promittunt; at ideo in hoc facto gravari se asserunt et servire duobus dominis non posse conclamant'.

[3]) Über Paulinus, C. Giannoni, Paulinus II. Patriarch von Aquileja (1896), weitere Lite-

und alsbald erwacht hier die Erinnerung an die große Vergangenheit des alten Aquileja. Ein Gedicht, das dem Patriarchen zugeschrieben wird, feiert und beklagt die entschwundene Herrlichkeit[1]). Wer auch der Urheber ist, es darf als eine Frucht der gelehrten Bemühungen gelten, die Paulinus, Alkuins Freund, der Grammatiker und Theologe an Karls Tafelrunde, nach Aquileja verpflanzte. Auch an der Mission in den slavischen Grenzlanden, die der fränkische Staat eifrig förderte, hatte Paulinus Anteil[2]). Die Mission aber lenkte gleichfalls den Blick auf die Vergangenheit zurück. Denn sie berührte Gebiete, die dereinst dem alten ungeteilten Erzbistum unterstanden hatten. Ursus, der Nachfolger des Paulinus, mit Arn von Salzburg in Zwist über die Zugehörigkeit Kärntens, beruft sich hierbei zur Erhärtung seines Anrechts auf Synodalakten aus der Zeit vor dem Langobardeneinfall[3]). Schon hier also taucht der Anspruch auf Wiedereinweisung in den ehemaligen territorialen Besitzstand auf. Maxentius, der Nachfolger des Ursus, war erst recht erfüllt von dieser neu entdeckten Vergangenheit. Kaum im Amte macht er sich daran, den alten, „aus Furcht oder wegen der Arglist der Goten, Avaren und anderer Völker verlassenen und verödeten Sitz zu Aquileja in früherer Herrlichkeit wieder aufzubauen", wie Karl der Große schreibt, dessen Unterstützung der Patriarch begehrte[4]). Höher noch flog sein Ehrgeiz. Nichts Geringeres hatte er im Sinn als eine Wiedervereinigung des alten ungeteilten Erzbistums, versteht sich, unter dem Stuhle von Aquileja. Ein Zusammenstoß mit dem Gradenser Patriarchen war da unabwendbar. So beginnt in den zwanziger Jahren des neunten Jahrhunderts der Streit[5]). Auf der Synode von Mantua 827, deren Akten uns noch erhalten sind[6]), kam er zur Verhandlung. Maxentius reichte eine

---

ratur bei Hauck, Kirchengeschichte Deutschlands (1890) — ich benutze die erste Auflage — Bd. 2, 147 f. und öfters.

[1]) MG. Poetae aevi Karolini Bd. 1, 142 f., dazu Meyer S. 15.

[2]) Über die Mission, Hauck Bd. 2, 423 ff.

[3]) Urkunde Karls des Großen von 811 Juni 14, Urk. der Karolinger nr. 211 S. 282, Mühlbacher reg. 461 (448): 'nam Ursus patriarcha antiquam se auctoritatem habere asserebat et quod tempore, antequam Ytalia a Longobardis fuisset invasa, per synodalia gesta, que tunc temporis ab antecessoribus suis Aquilegiensis ecclesie rectoribus agebantur, ostendi posse, predicte Karentane provincie civitates ad Aquilegiam esse subiectas'.

[4]) Urkunde Karls des Großen von 811 Dezember 21, Urk. der Karolinger nr. 214 S. 285, Mühlbacher reg. 468 (454): 'Maxentius patriarcha .... sedem quae in Aquilegia civitate priscis temporibus constructa fuerat et ob metum vel perfidiam Gothorum et Avarorum seu ceterarum nationum derelicta ac destituta hactenus remanserat, diebus nostris ..... una cum nostro adiutorio construere atque reparare ad pristinum honorem cupiebat'. In dem Paulinus zugeschriebenen Gedicht heißt es dagegen noch: 'iaces pressa ruinis, nunquam reparabilis tempus in omne'.

[5]) Vgl. die ausführliche Schilderung (nach den Urkunden bei Ughelli-Coleti Bd. 5, 1103 ff. und De Rubeis, col. 413 ff.) bei Simson, Jahrbücher Ludwigs des Frommen Bd. 1, 281 ff.

[6]) Die Akten bei De Rubeis col. 414—420. Zur älteren Literatur darüber vgl. C. Cipolla, Le fonti ecclesiastiche adoperate da Paolo Diacono per narrare la storia dello scisma Aquilejese

Bittschrift ein, man möge ihm verstatten, die Kirchen seiner Provinz, so die Einfälle der Barbaren von der Aquilejer Mutterkirche abgesondert, den kanonischen Satzungen gemäß jetzt in Friedenszeiten wieder an sich zu nehmen [1]). Der Anspruch auf Wiedereinweisung in den früheren territorialen Besitzstand begegnet hier abermals. Neu jedoch ist die Begründung, die beigefügt wird, in Gestalt einer Darlegung des geschichtlichen Sachverhalts. Von dem Evangelisten Markus und von Hermagoras gestiftet sei die Kirche von Aquileja stets 'discipula' und 'vicaria' Roms gewesen. Nur vor den Langobarden sei der Patriarch Paulus nach der plebs Gradensis geflohen, durchaus nicht in der Absicht, seinen Sitz oder den Primat seiner Kirche dorthin zu verlegen. Probinus, Elias, Severus, seien ihm gefolgt. Nach des Severus Tode sei an seiner Statt der Patriarch Johannes erhoben zur Zeit des Langobardenkönigs Agilulf, in Grado der Ketzer Candidian. Die Bezeichnung Candidians als 'haereticus' wird sofort dahin erläutert, weder mit Zustimmung seiner Suffragane noch in der civitas Aquileja, sondern auf der kleinen Insel, der plebs Gradensis, den kanonischen Satzungen zuwider sei er gewählt, und ferner, mit den Griechen, die Istrien besetzt hielten, habe er diese Spaltung angezettelt. Als Beweis dafür werden Bruchstücke aus einem Briefe des langobardischen Patriarchen Johannes angeführt, der nach der Spaltung seinem König schreibt, die istrischen Bischöfe seien von den Griechen gezwungen worden, den Gradenser Candidian anzuerkennen [2]).

Daß diese Darlegung vom kirchlichen Standpunkt aus unrichtig ist, wissen wir. Sie kennt den anfänglichen Irrglauben der Aquilejer nicht und zeiht fälschlich den Gradenser Candidian der Ketzerei. Gleichwohl ist sie weit davon entfernt, bewußt unwahr zu sein. Noch haben wir ja die Quellen:

(1900), Estratto degli atti del congresso storico tenuto a Cividale nel centenario di Paolo Diacono 1899, S. 12/13.

[1]) De Rubeis col. 415 B: 'veniens vir sanctissimus Maxentius Aquilejensis patriarcha precum libellos pro dispersione suae Aquilejensis ecclesiae obtulit, ut suae provinciae ecclesias quas barbarorum incursus a sua matrice segregaverat, auctoritate canonum iam pacis tempore percipere (?) mereretur ad propria'.

[2]) De Rubeis col. 415 D: 'Aquileiensi quoque civitati eiusque populo Paulus patriarcha praeerat, qui Longobardorum barbariem et immanitatem metuens ex civitate Aquileiensi et de propria sede ad Gradus insulam plebem suam confugiens omnemque thesaurum et sedes sanctorum Marci et Hermachorae secum ad eandem insulam detulit idcirco non ut sedem aut primatum ecclesiae suae suaeque provinciae construeret inibi, sed ut barbarorum rabiem posset evadere'. S. 416 A: 'Defuncto item Severo ordinatur loco eius Johannes patriarcha in Aquileia eo tempore quo Agilulfus rex Longobardorum regnabat; in Grados quoque ordinatus est haereticus Candidianus antistes. Hic enim Candidianus nec per consensum comprovincialium episcoporum nec in civitate Aquileia, sed in diocesim et plebem Aquileiensem Gradus quae est perparva insula, contra canonum statuta et sanctorum patrum decreta ordinatus est. Et inter alia probat hoc huius Aquileiensis ecclesiae Joannis antistitis epistola ad Agilulfum regem directa, cuius textus inter caetera ad locum talis est': . . .

die Angaben des Paulus Diaconus und die Bruchstücke aus dem Brief des Patriarchen Johannes, auf denen sie beruht[1]). Erinnern wir uns nun, daß Paulus Diaconus den wirklichen Hergang bei der Spaltung im Dunkel läßt, so begreift es sich, daß die Beschuldigung in dem Brief des Patriarchen Johannes, als ob die Wahl seines Gradenser Gegners widerrechtlich erfolgt sei, bereitwillig Glauben fand. Die unrichtige Darlegung des Sachverhalts rührt also von der Einseitigkeit der benutzten Quellen her. Für die Auffassung der Rechtsfrage freilich wurde dieses Mißverständnis verhängnisvoll. Denn indem so Maxentius zu der irrigen Ansicht kam, der Gradenser Stuhl habe einst seine Rechte sich zu Unrecht angemaßt, verlangte er die Rückkehr zu dem vermeintlich früheren Rechtszustand, d. h. die Wiedereinsetzung Aquilejas in seine alten Rechte. Der Ursprung der neuen Rechtsanschauung ist also, obschon sie dem bisher geltenden Rechtszustand schnurstracks zuwiderläuft, vollkommen durchsichtig. Die der Vergangenheit zugewandte Zeitströmung, der Ehrgeiz des Patriarchen, die Unzulänglichkeit der Überlieferung, die er zur Hand hatte: dies alles trug dazu bei, den scheinbar so plötzlichen Umschlag der Rechtsanschauung vorzubereiten.

Dahin also entwickelten sich die kirchlichen Verhältnisse unter der fränkischen Herrschaft: während die Karolinger noch fortfuhren, den gewohnten Rechtszustand gutzuheißen, stellte er sich im Gradenser Sprengel immer deutlicher als unhaltbar heraus, und von dem Aquilejer Patriarchen wurde er jetzt noch obendrein als zu Unrecht bestehend angefochten.

Irgendwie mußte da eine Entscheidung fallen. Und nun verlief die Synode von Mantua, wie Maxentius es sich gar nicht besser hätte wünschen können. Eine Gesandtschaft vornehmer Laien aus Istrien erschien, die den Anschluß an den fränkischen Patriarchen von Aquileja erbat. Eben sie war es, die erklärte, man könne nicht zween Herren dienen. Die Verteidigung der Gradenser aber war lahm und unwirksam. Was ihr Sachwalter, der Diakon Tiberius, an urkundlichen Belegen mitbrachte, war für die Rechtsfrage unerheblich. Und daß die Gradenser weder jetzt noch später an den anfänglichen Irrglauben der Aquilejer erinnerten, ist der beste Beweis dafür, daß er auch dort völlig in Vergessenheit geraten war.

So lautete der Spruch der Synode dahin, daß Grado nur eine plebs, nur eine Gemeinde von Aquileja sei, daß Aquileja stets 'domina Gradensium' gewesen, daß die alte Metropole wider kirchliches Recht entzwei geteilt worden, und daß Aquileja 'prima' und 'metropolis' bleibe, daß mithin auch Istrien ihm zu unterwerfen sei. Die anwesenden päpstlichen Legaten und

[1]) Daß Maxentius außer dem Briefe des Johannes lediglich die Historia Langobardorum des Paulus Diaconus benutzt hat, kann, wie auch Meyer S. 16 und Cipolla S. 23 unabhängig von einander bemerken, nicht dem geringsten Zweifel unterliegen. Die aus Paulus Diaconus ausgeschriebenen Stellen finden sich daselbst II 10 und 25; III 14 und 26; IV 33.

kaiserlichen Missi bestätigten die Wiedereinsetzung Aquilejas in seine alten Rechte[1]).

In Wahrheit wurde der Zusammenhang mit der Vergangenheit nicht wieder angeknüpft, sondern zerrissen. Der Bruch liegt in der Aufhebung des aus der Spaltung erwachsenen Rechtszustands. Und doch, mag die Entscheidung auch auf einem Rechtsirrtum beruhen, wie die Dinge unter der fränkischen Herrschaft sich gestaltet hatten, war ein anderer Ausgang nicht wohl zu erwarten.

Kapitel 5.

Aquileja und Grado nach dem Siege der Aquilejer und vor dem Auftreten der Gradenser Theorie.

Wie der Friede Karls des Großen mit Byzanz in den staatsrechtlichen Beziehungen, so macht die Mantuaner Synode in den kirchlichen Verhältnissen Epoche. Die Umbildungen, die aus der fränkischen Eroberung sich ergaben, kamen damit zu einem gewissen Abschluß. Desungeachtet ist ein innerer Widerspruch nicht zu übersehen. Nach jahrzehntelanger Ungewißheit hatte der Friede Karls der Großen mit Byzanz die beiderseitigen Machtsphären endgiltig festgestellt: die Entscheidung der Mantuaner Synode nahm hierauf keine Rücksicht. Denn sie erstreckte die Amtsgewalt des fränkischen Patriarchen über die Landesgrenze hinüber, da fortan nicht bloß das fränkische Istrien, sondern auch das venezianische Grado ihm unterworfen sein sollte. Nichts hinderte ihn, ja er erhielt geradezu die Befugnis, sich in die Angelegenheiten der venezianischen Kirche einzumischen, und bei der engen Verbindung zwischen Staat und Kirche wurde so nicht bloß die kirchliche, sondern auch die staatliche Unabhängigkeit des jungen venezianischen Gemeinwesens bedroht, um so mehr, als dieses eben erst in der Entwicklung zu staatlicher Selbständigkeit begriffen war. Man hat mit Recht bemerkt, es sei eine Lebensfrage für den venezianischen Staat gewesen, seine kirchliche Unabhängigheit unter dem Gradenser Stuhle zu behaupten. Hier ist der Punkt, wo der Rechtsstreit anfängt, ein Problem der venezianischen Geschichte zu werden. Die Mantuaner Synode bot mithin keinen Austrag, sie schuf vielmehr nur Anlaß zu neuen Kämpfen.

Den zu Mantua gebilligten Rechtsstandpunkt haben die Aquilejer

---

[1]) De Rubeis col. 417 D, 418 A; vgl. auch Joh. Diaconus, Chron. Venetum ed. Monticolo S. 111.

Patriarchen begreiflicherweise auch in Zukunft festgehalten. Auch bei der kaiserlichen Kanzlei hat Maxentius ihn zur Anerkennung gebracht, in der schon erwähnten Urkunde von 830, worin die Kirche von Aquileja in auffallendem Gegensatze zu dem früheren Brauch, aber ganz im Sinne des Mantuaner Urteils als die 'mater ecclesia sancti Marci evangelistae et sancti Hermagorae martyris et pontificis' bezeichnet wird. Vermutlich ging die Anregung zu dieser Neuerung von Maxentius selber aus. Insbesondere war es den Aquilejer Patriarchen um die Metropolitanrechte auf Istrien zu tun. Maxentius scheint sofort eine kaiserliche Bestätigung sich verschafft zu haben. Jedenfalls beschwerte sich sein Gradenser Gegner, daß er sich öffentlich solchen Besitzes rühme[1]). Noch von weiteren Bestätigungen erfahren wir, erhalten aber ist nur noch die Ludwigs II. für den Patriarchen Theutmar von 854, die sich ausdrücklich auf das Mantuaner Urteil beruft. Die Rechtsanschauung der Aquilejer wird hier durch einen Vergleich erläutert. Wie Genua zur Zeit der Verfolgung nur vorübergehend Sitz der Mailänder Kirche gewesen, um hernach wieder in seine Suffraganstellung zurückzukehren, ganz so sei auch das Verhältnis Grados zu dem Aquilejer Stuhle aufzufassen. Es ist die Gelehrsamkeit irgend eines rechtskundigen Aquilejers, die in diesem Vergleiche zu Worte kommt[2]). Sodann aber trachteten die Aquilejer Patriarchen nach dem Besitze Grados, das ja ihrer Rechtsanschauung nach nur eine plebs, ein castrum der Aquilejer Kirche war, wohin ihre Vorgänger sich einst vor den Langobarden zurückgezogen hatten. So versuchten sie wiederholt, Grado mit bewaffneter Hand zu nehmen. Allein sie stießen hierbei auf den entschlossenen Widerstand der Venezianer. Aus Urkunden der Jahre 880 und 944 geht hervor, daß die Patriarchen beide Male ihr Vorhaben aufgeben und dem Dogen geloben mußten, Grado nicht wieder zu behelligen[3]). Nach Beginn des elften Jahrhunderts aber schien das lang erstrebte Ziel endlich doch erreicht zu werden, zur Zeit Konrads II., als Poppo, der tatkräftigste Vorkämpfer der Ansprüche Aquilejas, den Patriarchenstuhl inne hatte. Wir werden noch hören, wie er Grado in seine Gewalt zu bringen und auf der römischen Synode von 1027 die feierliche Bestätigung der Mantuaner Beschlüsse durchzusetzen wußte[4]).

Solchem Unterfangen der Aquilejer Patriarchen gegenüber war der

---

[1]) Schreiben des Venerius an Papst Gregor IV., Ughelli-Coleti Bd. 5, 1105: 'nunc autem, sicut cognovimus, gloriatur se idem Maxentius palam per praeceptum domini imperatoris dioecesim Istriensium habere et ipsi electi post octavas paschae praeparant se ad ordinationem'.

[2]) Urkunde Ludwigs II. von 854 Oktober 30, Mühlbacher reg. 1200 (1164), vgl. Meyer S. 16 f.; Cipolla S. 25 n. 3.

[3]) Vertrag mit Patriarch Walpert von Aquileja von 880, Ughelli-Coleti Bd. 5, 41 f., mit Patriarch Lupus von 944, ebenda Bd. 5, 43; vgl. Schaube, Handelsgeschichte der romanischen Völker des Mittelmeergebiets (1906) S. 9.

[4]) Bresslau, Jahrbücher Konrads II. Bd. 1, 149 ff.

Gradenser Stuhl sein Recht zu schützen zunächst völlig außer Stande. Zwar legte Patriarch Venerius gleich nach der Mantuaner Synode in Rom Verwahrung ein. Im übrigen aber haben wir aus dem neunten Jahrhundert nur noch ein Denkmal der in Grado gegen die Ansprüche Aquilejas fortlebenden Erbitterung. Es ist der 'Rhythmus de Aquileja numquam restauranda', eine Erwiderung auf jene dem Patriarchen Paulinus zugeschriebene Klage, der die Ruchlosigkeit der Aquilejer an den Pranger stellt. Auch auf die Rechtslage wird angespielt. War zu Mantua die Wahl des Gradensers Candidian als widerrechtlich und ketzerisch verunglimpft worden, so wird hier umgekehrt die Wahl seines Gegners, des Aquilejers Johannes, vom Dichter gebrandmarkt: 'Johannes abbas haereticus

reus et periurus suo — viventi pontifici
Johannes Foroiulensi — isdem in plebicula
erectus atque rebellis — praesulatum arripuit'.

„Der Dichter hat also nur den Spieß umgedreht"; er zahlt den Aquilejern mit den gleichen Vorwürfen heim. Sie indessen seinerseits zu widerlegen und ins Unrecht zu setzen, zu dieser Erwägung hat er sich noch nicht aufgeschwungen [1]).

Dafür sehen wir dann den venezianischen Staat selber die Sache Grados zu der seinigen machen.

Schon die Übertragung der Gebeine des heiligen Markus von Alexandria nach Venedig beruht vielleicht auf Absichten solcher Art. Galt doch, wie wir wissen, Grado bis zu den Mantuaner Beschlüssen unbestritten als der Sitz des heiligen Markus und Hermagoras, während Aquileja erst hernach als deren Mutterkirche auftritt. Nun geschah jene Übertragung in dem auf die Synode unmittelbar folgenden Jahre 828, und der Doge selber wird der Wächter des Heiligen, dem er die Grabeskirche baut. Liegt hier ein Schachzug gegen die Mantuaner Beschlüsse vor, wie man im Altertum, um einen Heros und seine schützende Macht an die Stadt zu binden, dessen Gebeine oder, was man dafür nahm, aus der Ferne holte und in der Heimat beisetzte? Leider verbietet die Überlieferung ein bestimmteres Urteil. Denn die ausschmückenden Wundergeschichten späteren Ursprungs müssen ohnehin ausscheiden; aber auch die älteren, übrigens nicht gleichzeitigen Angaben melden nur, die Venezianer hätten den Leib des Heiligen aus Alexandria herbeigeschafft. Der eigentliche Beweggrund also bleibt im Dunkel, und es ist bloß eine starke innere Wahrscheinlichkeit, die zu Gunsten des vermuteten Zusammenhanges spricht [2]).

---

[1]) Schreiben des Venerius, Ughelli-Coleti Bd. 5, 1105; der 'Rhythmus de Aquileia numquam restauranda', MG. Poetae aevi Karolini Bd. 2, 150 ff.; dazu Meyer S. 19 f.

[2]) Hierzu E. Rohde, Psyche (1898 [2]) Bd. 1, 159 ff. Johannes Diaconus, ed. Monticolo S. 109. Die ausführliche Translationsgeschichte gehört erst dem zwölften Jahrhundert an. —

Um so offenkundiger ist das Eingreifen des venezianischen Staats in den Jahren 880 und 944, als es galt, den Handstreich der Aquilejer Patriarchen auf Grado abzuwehren, und es ist schwerlich ein Zufall, daß in der auf das Ereignis von 880 bezüglichen Urkunde die 'sancta Dei nostra Gradensis metropolis' als Sitz der heiligen Märtyrer Markus und Hermagoras figuriert.

Einstweilen also behauptete der Gradenser Stuhl unter venezianischem Schutze seine Unabhängigkeit, und mit dieser Tatsache haben denn auch Papsttum und Kaisertum sich abfinden müssen.

Von Gregor IV. (827—844) heißt es zwar, er habe eine Entscheidung zu Gunsten der Aquilejer gefällt, wogegen Sergius II. (844—847) beide Patriarchen vorlud, um den Streit auf einer allgemeinen Synode verhandeln zu lassen[1]). Ferner haben die Päpste, obwohl von einer Aufhebung der Mantuaner Beschlüsse nichts verlautet, den Inhabern des Gradenser Stuhls, wie die Urkunden Leos IV. von 852 und Benedikts III. von 858 dartun, unbedenklich das Pallium verliehen, und Leo IV., Nikolaus I. und Johann VIII. bedienen sich im Verkehr mit Grado des Patriarchen- oder des Metropolitentitels[2]).

Desgleichen hat die kaiserliche Kanzlei gelegentlich wohl den Ansprüchen der Aquilejer zugestimmt, in den Verträgen mit Venedig aber auch die Rechte des Gradenser Patriarchen gutgeheißen. In den kaiserlichen Bestätigungen des venezianischen Besitzstandes sind diese stets miteinbegriffen[3]). Anders allerdings steht es mit der Reihe der Pacta. In dem Lothars I. von 840 und auch in dem Karls III. von 880 wird gerade der Patriarch nicht genannt. Nur die 'episcopi' und 'sacerdotes' werden hier als Vertreter der venezianischen Geistlichkeit aufgezählt, und insofern könnte man an ein absichtliches Übergehen des Patriarchen denken. Allein dem widerspricht seine Erwähnung in allen auf den Besitzstand bezüglichen Präzepten, auch in denen Lothars I. und Karls III. Sodann wird in das

---

Bekanntlich behauptete man später in Reichenau, der heilige Markus sei im Jahre 830 aus Venedig dorthin gekommen, Miracula S. Marci MG. SS. Bd. 4, 450; vgl. Wattenbach, Geschichtsquellen (1904 [7]) Bd. 1, 284.

[1]) In Betreff Gregors IV. vgl. die Urkunde Ludwigs II. von 854 Oktober 30, Mühlbacher reg. 1200 (1164), dazu das Schreiben Sergius' IV. an den Patriarchen Andreas von Aquileja, Ughelli-Coleti Bd. 5, 38 f., Jaffé [2] nr. 2592 und 2593. Dandolo, Muratori SS. XII, 178 B.

[2]) Urkunde Leos IV. von 852 April 1, jetzt vollständig gedruckt bei Graf von Hacke, Die Palliumverleihungen bis 1143 (1898) S. 148 f., Jaffé [2] nr. 2616; Urkunde Benedikts III. von 858 März 30, Graf von Hacke S. 150 f., Jaffé [2] nr. 2672. — Patriarchentitel: Urkunde Leos IV. von 852 April 1, Jaffé [2] nr. 2616; Nikolaus' I. von 863 September, Jaffé [2] nr. 2747; Petrus reverentissimus Venetiarum metropoleos antistes, in dem Schreiben Johanns VIII. an Bischof Delto von 876 Dezember 1, Jaffé [2] nr. 3072.

[3]) Besitzbestätigungen Lothars I. von 840, Ludwigs II. von 856, Karls III. von 883 usw. MG. Leges II Capitularia (1890) nr. 234 S. 136; nr. 235 S. 137; nr. 237 S. 142.

Pactum Berengars von 888 auch der 'patriarchatus vester' aufgenommen. Es ist also wohl erst nach dem Handstreich der Aquilejer auf Grado im Jahre 880 die Ausdehnung des Pactums auf den Patriarchen ausdrücklich gewünscht und zugebilligt worden[1]).

Der Tatbestand bis etwa zur Mitte des zehnten Jahrhunderts läßt sich somit dahin zusammenfassen: Trotz der Mantuaner Beschlüsse und trotz der Anfeindungen der Aquilejer Patriarchen besteht der Gradenser Stuhl ruhig fort und wird insoweit auch vom Papsttum und vom Kaisertum anerkannt. Da aber die Aquilejer auf ihrer Rechtsanschauung beharrten, schien es nun auch den Gradensern angezeigt, ihre Selbständigkeit nicht bloß tatsächlich zu behaupten, sondern auch rechtlich zu begründen, und so haben sie im Laufe der Zeit von sich aus eine Rechtsauffassung entwickelt, die sie derjenigen der Aquilejer entgegenstellten. Diese Rechtsauffassung der Gradenser, ihre Überlieferung und ihre Geschichte, haben wir jetzt des Näheren zu erörtern.

Kapitel 6.

Die Gradenser Theorie.

A. Die Quellen.

So unmittelbar zugänglich wie die Theorie der Aquilejer in den Akten der Mantuaner Synode, ist die Theorie der Gradenser nicht. Dort trat uns nur eine einzige, in sich zusammenhängende Aussage entgegen, deren offenkundiger Zweck es ist, den Rechtsstandpunkt der Aquilejer darzulegen. Die Gradenser Theorie hingegen muß aus sehr verschiedenartigen Zeugnissen erschlossen werden, die als solche durchaus nicht ohne weiteres erkennbar sind. Auch nach dem, was zur Aufdeckung dieser sehr verwickelten Beziehungen bereits geleistet ist, wird eine mühsame und weithin sich verzweigende Untersuchung gleichwohl unvermeidlich sein.

Ich möchte deshalb über die hier in Betracht kommenden Quellen ein paar vorläufige Bemerkungen vorausschicken, nur eben soviel, als zur Einführung in die nachfolgende Untersuchung sich empfiehlt: Angaben über die Art der Überlieferung, über die Entstehungszeit und über das gegenseitige Verwandtschaftsverhältnis dieser Quellen, wobei ich gleich

---

[1]) Pactum Lothars I. von 840, Karls III. von 880, Berengars von 888 ebenda nr. 233 S. 131; nr. 236 S. 138; nr. 238 S. 144.

hinzufügen will, daß ich das, was bisher an Nachrichten darüber vorliegt, nicht für unbedingt zuverlässig halte.

Die hier heranzuziehenden Quellen nun sind diese:

1. Das Chronicon Venetum des Johannes Diaconus, bis zum Jahre 1008 reichend. Die älteste Handschrift, von einer Hand zweifellos des beginnenden elften Jahrhunderts, ehemals in Urbino, jetzt in Rom, der Codex Vaticanus Urbinas 440 ist von Pertz in seiner Ausgabe des Chronicon in den Monumenta Germaniae SS. VII, 2 als Autograph des Verfassers bezeichnet worden, während Monticolo sie nur als die älteste, vielleicht erst nach dem Tode des Verfassers angefertigte Abschrift gelten lassen will. Im Cod. Vatic. Urbin. 440 fehlt jetzt der Anfang des Werkes, weil die entsprechenden Blätter verloren gegangen sind, und man ist dafür auf eine Handschrift des dreizehnten Jahrhunderts, den Cod. Vatic. 5269 angewiesen, der aus dem Cod. Vatic. Urbin. 440 zu einer Zeit abgeschrieben ist, als dieser das Chron. Venetum noch vollständig enthielt[1]).

2. Das sogenannte Chronicon Gradense, gleichfalls im Cod. Vatic. Urbin. 440 überliefert. Es bildet darin jetzt die erste Lage fol. 1—8^{b}, an die auf fol. 9^{a}—38^{a} sich das Chron. Venetum des Johannes Diaconus anreiht. Der ausdrücklichen Angabe von Pertz zufolge, der sich hierbei, wie erst neuerdings bekannt geworden ist, auf briefliche Mitteilungen Giesebrechts stützte, hat man bisher angenommen, beide Chroniken seien von ein und derselben Hand des beginnenden elften Jahrhunderts geschrieben[2]), und

---

[1]) Chron. Venetum des Johannes Diaconus ed. Pertz MG. SS. VII, 1—38; Monticolo, Cronache Veneziane antichissime (1890) Bd. 1, 59—171 (= Fonti per la storia d'Italia IX). Zur Literatur: Wattenbach, Geschichtsquellen (1904[7]) Bd. 1, 485 n. 1. Über den Codex Vaticanus Urbinas 440 vgl. die Vorrede zur Ausgabe von Pertz, und Monticolo, I manoscritti e le fonti della cronaca del diacono Giovanni, Bullettino dell' Istituto storico Italiano IX (1890) S. 51—75; ebenda über den Codex Vaticanus 5269 S. 76—81. — Übrigens gehen Pertzens Angaben über den Codex Urbinas auf briefliche Mitteilungen Giesebrechts zurück, von dem auch die Schriftproben herrühren, vgl. die Briefe Giesebrechts an G. H. Pertz aus den Jahren 1843—1847, Neues Archiv (1892) Bd. 17, 9—29; insbesondere das Schreiben vom 21. Juni 1844 und die Beilage S. 20f. Giesebrecht selbst hat sich danach wesentlich zurückhaltender geäußert als Pertz, der den Codex mit aller Bestimmtheit als Autograph anspricht: Codicem autographum esse ipsa scripturae varietas rerum decursu temporis gestarum seriem comitata atque saeculi X exeuntis et XI characterem prae se ferens comprobat; cuius rei et multa eadem manu eodemque tempore correcta fidem faciunt. Dagegen Giesebrecht a. a. O. S. 21: Aus dem Gesagten erhellt, daß manches dafür spricht, daß wir ein Autographon in diesem Codex haben; doch weiß ich nicht, ob die Kennzeichen zu einer sicheren Annahme der Art genügen. Gegen Monticolos Ansicht Simonsfeld, Historische Zeitschrift (1891) Bd. 67, 360.

[2]) Chronicon Gradense ed. Pertz MG. SS. VII, 39—45; Monticolo, Cronache Veneziane antichissime S. 17—51. Pertz MG. SS. VII, 2: utrumquę chronicon eadem manu scriptum est. Daß das Chron. Gradense „offenbar von derselben Hand geschrieben" sei wie das Chron. Venetum des Johannes Diaconus, hat auch Giesebrecht wiederholt bemerkt a. a. O. S. 21 und 24. Ebenso Monticolo, Bullettino IX, 56: La scrittura del codice è del principio del secolo XI, e mostra tre maniere di caratteri, le quali però rivelano la medesima mano. Ich war daher

es hat sich daran die viel besprochene Frage geknüpft, wie das Verhältnis des Johannes Diaconus zum Chronicon Gradense aufzufassen sei [1]). Als sicher gilt, und das ist auch Wilhelm Meyers Ansicht, daß das Chron. Gradense spätestens „um 1032" im Cod. Urbin. bereit schriftlich vorhanden war. Man schließt dies daraus, daß eine um 1032 anzusetzende, nach Monticolo von gleichzeitiger Hand geschriebene Urkunde erst hinter dem Chron. Gradense und hinter dem Chron. Venetum des Johannes Diaconus auf fol. 38ª eingetragen ist [2]). Dem gegenüber möchte ich jedoch auf Grund eigener Prüfung des Codex Vatic. Urbin. 440 mit aller Entschiedenheit bemerken, daß das Chron. Gradense sicher nicht von derselben Hand geschrieben ist, wie das Chron. Venetum des Johannes Diaconus, sondern von einer andern, anscheinend jüngeren Hand. Auch sprechen bestimmte Erwägungen dafür, daß das Chron. Gradense erst nachträglich durch eine spätere Umordnung der Lagen an den Anfang des Cod. Urbin. geraten ist, daß es ursprünglich noch nicht zu Anfang des Codex sich befand [3]). Ob also das Chron. Gradense „um 1032" bereits schriftlich vorhanden war, das dürfte insofern besser dahingestellt bleiben, und überhaupt steht es m. E. so, daß die äußeren handschriftlichen Merkmale kein sicheres Urteil zulassen. Man wird vielmehr, was die Entstehungszeit, was den Verfasser, und insbesondere auch was das Verhältnis des Johannes Diaconus zum Chron. Gradense anlangt, nach inneren Kriterien sich umtun müssen.

Seinem Inhalt nach setzt das Chron. Gradense, wie zuerst Waitz erkannt hat, aus zwei Abschnitten verschiedener Herkunft sich zusammen: Einer

---

nicht wenig erstaunt, als ich im Frühjahr 1900 schon bei flüchtiger Untersuchung des Codex Urbinas feststellte, daß von der angeblichen Gleichheit der Handschrift schlechterdings nicht die Rede sein kann. Denn die Schrift des Chron. Gradense zeigt nicht nur im allgemeinen einen wesentlich steileren, gedrängteren Schriftcharakter, auch die einzelnen Buchstaben (z. B. ę, p, g, s, x, q) und Buchstabenverbindungen (z. B. et, ct, st) sind von auffallend abweichender Bildung. Um jedoch eine ausreichende Nachprüfung des Schriftbefunds auch schon wegen der sich daran anschließenden quellenkritischen Fragen zu ermöglichen, schien es mir angezeigt, ein paar photographische Schriftproben als Beilage hinzuzufügen, und gern benutze ich diese Gelegenheit, um auch an dieser Stelle P. Ehrle, Präfekten der Vaticana, für die Liebenswürdigkeit, mit der er mir ohne alle bureaukratischen Formalitäten die umgehende Erlaubnis dazu erteilte, meinen verbindlichsten Dank zu sagen. Ausgewählt habe ich die im Codex Urbinas einander gegenüberstehenden fol. 8ᵇ des Chron. Gradense und fol. 9ª des Chron. Venetum, ferner fol. 38ª mit dem Schluß des Chron. Venetum und der bekannten Notitia, die Klage des ferrarius Johannes Sagornino betreffend.

[1]) Auf die Frage nach dem Verhältnis des Johannes Diaconus zum Chron. Gradense komme ich zurück.

[2]) In Betreff der Abfassung des Chron. Gradense auf Grund der Überlieferung im Codex Urbinas vor 1032, s. Monticolo, Cronache antichissime, Prefazione S. X und Bullettino IX, 51 ff., 74 cp. IV.

[3]) So schon Pertz, dagegen mit nicht einleuchtenden Gründen Monticolo, Bullettino IX, 53 ff.

sagenhaften Schilderung der Urgeschichte von Torcello und Grado reihen sich Bruchstücke aus einem Gradenser Patriarchenverzeichnis an[1]).

3. Das sogenannte Chronicon Altinate. Es liegt zwar erst in Handschriften des dreizehnten Jahrhunderts vor, stammt aber in seinen ältesten Bestandteilen nach den Untersuchungen Simonsfelds etwa aus dem zehnten Jahrhundert. Zu diesen ältesten Bestandteilen gehört u. a. auch ein in barbarischem Latein abgefaßter Bericht über die Urgeschichte von Torcello und Grado, der als Vorlage für die entsprechende Schilderung im Chron. Gradense gedient hat. Der Bericht im Chron. Altinate muß somit älter sein als die davon abhängige Schilderung im Chron. Gradense[2]).

4. Die Cronica de singulis patriarchis nove Aquileje, erhalten im Codex Barberinus XI, 145, jetzt im Vatikan. Nach Pertz, dem ich hier auf Grund eigener Prüfung zustimme, ist der Codex von einer Hand des zwölften, nach Monticolo dagegen von einer Hand des elften Jahrhunderts, aber nicht vor dessen Mitte geschrieben. Er bietet das Werk nicht in seiner ursprünglichen Gestalt. Denn das Verzeichnis der Gradenser Patriarchen ist hier bis zum Tode des Patriarchen Ursus, kurz vor der Mitte des elften Jahrhunderts, „um 1045“ herabgeführt. Erhebliche Bruchstücke daraus finden sich aber schon im Chron. Gradense, das, nach der bisher geltenden Annahme wenigstens, „um 1032“ bereits handschriftlich vorlag. Hierauf bezieht es sich, wenn Wilhelm Meyer von dem „letzten kurz nach 1045 arbeitenden Redaktor des Patriarchenkatalogs“ spricht[3]).

5. Späte, sonst nicht überlieferte Nachrichten in den Annalen des Andrea Dandolo, aus der Mitte des vierzehnten Jahrhunderts.

---

[1]) Vgl. G. Waitz, Über das Chronicon Gradense im Codex Vaticanus Urbinas 440, Neues Archiv (1877) Bd. 2, 375—381.

[2]) Chron. Venetum vulgo Altinate, kritische Ausgabe von H. Simonsfeld (1883), MG. SS. XIV, 1—69, dazu desselben Verfassers vorbereitende Untersuchung, Venetianische Studien I, Das Chronicon Altinate (1878), weitere Literatur bei Wattenbach a. a. O. Bd. 1, 486 n. 2; dazu neuerdings B. Schmeidler, Zum Chronicon Venetum, Neues Archiv (1906) Bd. 31, 457—467 und E. Besta, Nuove ricerche sul Chronicon Altinate, Nuovo Archivio Veneto N. S. (1908) Bd. 15, 5—71. Der Bericht über die Urgeschichte von Torcello und Grado ist in den MG. als nr. I S. 5—16 gedruckt. Simonsfeld hat die erste Abfassung dieses Berichts ursprünglich, Andrea Dandolo und seine Geschichtswerke (1876) S. 80, in die erste Hälfte des zehnten Jahrhunderts, später Chron. Altinate S. 16 ff., ins zehnte Jahrhundert gesetzt. Gegen die bisher unbezweifelte, von Waitz, Simonsfeld, Cipolla und Monticolo festgehaltene Anschauung, daß die Darstellung der Urgeschichte von Torcello und Grado im Chronicon Altinate die Vorlage des entsprechenden Berichts im Chronicon Gradense gewesen sei, hat ganz vor kurzem Besta einen sehr energischen Vorstoß unternommen, in der schon angeführten Abhandlung S. 23 ff., aber, wie ich glaube, mit unzureichenden Gründen. Wir werden noch Veranlassung haben, an einem entscheidenden Punkte uns mit dieser Frage zu beschäftigen.

[3]) Herausgegeben von Waitz als Chronica patriarcharum Gradensium, MG. SS. rer. Langobard. S. 392—397, von Monticolo als Cronica de singulis patriarchis nove Aquileie, Cron. Veneziane antichissime S. 3—16. Über das Alter der Handschrift hat sich Waitz nicht, Monticolo im Vorwort zur Ausgabe S. IX geäußert.

6. Urkunden und Urkundenfälschungen. Im einzelnen wird später von ihnen die Rede sein. Besondere Erwähnung verdienen gleich hier a) die angeblichen Akten der Synode des Patriarchen Elias zu Grado aus dem Jahre 579 mit dem dazu gehörigen Briefe des Papstes Pelagius, b) das angebliche Synodalschreiben Papst Gregors III. über die römische Synode des Jahres 731. Die Literatur darüber ist ziemlich umfangreich. B. M. De Rubeis hat schon im achtzehnten Jahrhundert die Akten der Synode des Elias für gefälscht erklärt. Doch hat ihre Echtheit noch bis in die neueste Zeit Verteidiger gefunden, so noch 1890 an Monticolo, der sie seitdem freilich auch preisgegeben hat. In der Tat kann es nach den schlechthin überzeugenden Ausführungen Rodenbergs und Wilhelm Meyers auch nicht dem geringsten Zweifel unterliegen, daß es sich um Fälschungen und zwar nicht einmal um besonders geschickte Fälschungen handelt, und die noch zu lösende Aufgabe ist vielmehr die, Zweck und Entstehungszeit beider Fälschungen festzustellen[1]).

B. Stand der Forschung.

Die nunmehr in Angriff zu nehmende Untersuchung ist bereits von Wilhelm Meyer begonnen und weit gefördert worden. Er zuerst hat in den vorhin genannten Quellen den Niederschlag der Gradenser Theorie entdeckt und die allmähliche Entstehung dieser Theorie an der Hand eben dieser Quellen aufzuzeigen sich bemüht.

Zunächst scheint es mir daher bei aller Vorliebe für möglichste Kürze doch geboten, die Darlegungen meines Vorgängers im Zusammenhang und an den entscheidenden Punkten sogar im Wortlaut zu wiederholen. Denn der Leser muß die zugrunde liegenden Beobachtungen und die jeweils daraus gezogenen Folgerungen nicht bloß auszugsweise, sondern unmittelbar selber vor Augen haben, um das Beweisverfahren, das sich darauf aufbaut, einerseits zusammenfassend würdigen und andrerseits im ganzen wie im einzelnen nachprüfen zu können.

Die Erwägung nun, von der Wilhelm Meyer bei seiner Beweisführung

---

[1]) Die Akten der Synode des Elias zu Grado von 579 mit dem Briefe des Pelagius, Jaffé² nr. 1047 bei Dandolo, Muratori SS. XII, 98—102 und bei Ughelli-Coleti Bd. 5, 27—29; das Synodalschreiben Gregors III. von 731, Jaffé² nr. 2234, MG. Ep. 3, 704 nr. 14. Zur älteren Literatur über die Akten von 579 vgl. Cipolla, Le fonti ecclesiastiche etc. S. 16 n. 4. Das Schreiben von 731 ist erst 1808 von Hormayr veröffentlicht worden; zur Literatur darüber vgl. u. a. Meyer S. 11. Monticolo hat noch 1890 im Bullettino IX, 179 und 181, ferner in den Cron. antich. Veneziane, Prefazione S. XXXIX und S. 5 n. 2 die Echtheit der Akten verteidigt, diese Ansicht aber später, Rendiconti della R. accademia de' Lincei, hist.-phil. Kl. Ser. 5 (1900) Bd. 9, 96 n. 1 fallen lassen. Der Nachweis der Fälschung der Akten von 579 u. a. bei Meyer S. 22, vgl. auch Cipolla a. a. O. S. 15 f.; des Synodalschreibens von 731 durch Rodenberg im Nachtrag zur Ausgabe Gundlachs Ep. 3, 723 und bei Meyer S. 12 und 30 f., vgl. auch Cipolla S. 17 f.

ausgeht, ist die folgende: „Wie die Gradenser ihre Ansprüche auf die Vorrechte des alten Aquilejer Patriarchats begründen mußten, das zeigte die Weise, wie ihre Gegner die ihrigen begründet hatten. Behaupteten die Aquilejer, daß einst das Patriarchat nur vorübergehend nach Grado verlegt worden sei, so mußten die Gradenser behaupten, daß es feierlich dorthin verlegt worden sei; dann aber mußten sie das Aufkommen des neuen Patriarchats beleuchten und gegebenen Falls die Anerkennung desselben durch die Päpste". Im neunten Jahrhundert ist von einer solchen Theorie noch keine Spur vorhanden. Aus dem bereits erwähnten 'Rhythmus de Aquileja numquam restauranda' ist nur zu entnehmen, daß „die Graden er über die Geschichte der beiden Patriarchate offenbar noch nicht nachgeforscht oder nachgedacht und noch keinerlei Theorien sich gebildet hatten" [1]).

„Ein wichtiger Fortschritt zeigt sich zuerst in einer Urkunde Ottos II. vom 2. April 974 [2]). Otto II. erwähnt darin eine von seinem Vater auf der römischen Synode am 2. Januar 967 [3]) für den Gradenser Patriarchen ausgestellte Urkunde und sagt von jenen Synodalverhandlungen: 'ubi tunc omnium invidorum inimititiam (iustitiam *hat die Handschrift*) in synodo divini spiritus praecibus praedictorum sanctorum (S. Marci et Hermachorae) atque confessoris papae Gregorii discretione, qui lites sanctorum amborum patriarcharum disecans patriarchales concesserat infulas utrisque' usw. Hieraus ergibt sich: auf der römischen Synode im Jahre 967 wurde eine Urkunde eines Papstes Gregor vorgelegt, welcher Streitigkeiten zwischen den Patriarchen von Grado und von Aquileja dadurch beendigt hatte, daß er beiden die Patriarchenwürde verlieh". Damit könne nur der schon öfter benutzte Warnungsbrief Gregors II. von 723 gemeint sein, worin er dem Aquilejer Patriarchen Serenus erklärt, er sei nur unter der Bedingung geweiht worden, daß er die Rechte seines Nachbarn nicht antaste. „Wie schon Papst Gregor III. im päpstlichen, so hatten also um 967 die Gradenser Patriarchen in ihrem eigenen Archiv kein anderes Aktenstück, um die Entstehung der zwei Patriarchate zu beleuchten. Viel Licht spendete dieses Aktenstück freilich nicht.

---

[1]) Vgl. Meyer S. 19.

[2]) Vgl. Meyer S. 20f.

[3]) [Vielmehr 968, vgl. von Ottenthal, Die Regesten des Kaiserreichs unter den Herrschern aus dem sächsischen Hause (1893) nr. 466. Für die in Rede stehende Urkunde Ottos II. von 974 April 2 ist übrigens in der Diplomataausgabe nr. 71 S. 83ff. nur die sehr verderbte und mehrfach interpolierte Überlieferung im Codex Trevisaneus benutzt. Es gibt indes noch eine zweite, schon von Waitz im Neuen Archiv (1877) Bd. 2, 370 erwähnte Überlieferung in den auf der Marciana beruhenden Papieren des venezianischen Publizisten Tomaso Diplovataccio, die — zumal nach den Forschungen Bestas im Nuovo archivio Veneto N. S. (1903) Bd. 6, 261 ff., 325 nr. 33 und 337 — auf ihre Herkunft noch zu prüfen wäre, da Diplovataccio den Liber Egnatii, eine Hauptquelle des Codex Trevisaneus, noch zur Hand hatte.]

In denselben Urkunden der beiden Otto wurden ferner die Besitzungen des Gradenser Patriarchen im Reiche ausführlich bestätigt. Die betreffenden Urkunden sah Dandolo und berichtet demnach über jene Synode von 967: 'visis et discussis privilegiis Gradensis ecclesiae definitione synodi terminatum est, dictam ecclesiam esse patriarchalem et metropolim totius Venetiae'[1]). Das seien aber die Anschauungen der Zeit Dandolos; die alten Gradenser wagten noch nicht, solche Folgerungen zu ziehen.

Doch unter dem immer mächtigeren Schutze Venedigs wuchs auch das Selbstbewußtsein der Gradenser Geistlichkeit. Je mehr die Aquilejer auf ihre Rechte pochten, ja sogar Grado als ihr Eigentum in Anspruch nahmen, um so mehr mußten die Gradenser darnach streben, zu beweisen, daß die Ansprüche des ursprünglichen Aquilejer Patriarchats rechtmäßig auf das Gradenser übergegangen seien".

Der kurze Bericht über die Provinzialsynode des Patriarchen Elias in Grado[2]). „Für die Gradenser war es die empfindlichste Blöße, daß sie die feierliche Verlegung des Patriarchats von Aquileja nach Grado nicht beweisen konnten. Diese bedurfte zu allen Zeiten der schriftlichen Genehmigung des Papstes. Da die Gradenser eine solche Urkunde nicht hatten, so machten sie sich eine. In den Akten der Mantuaner Synode von 827 lasen sie die Aussage eines Gradensers, man besitze von 'authentica exemplaria auctoritatum' nichts weiter als eine Urkunde über ein von dem Aquilejer Patriarchen Elias 'in castro Gradensi quod plebs eius erat' abgehaltenes Konzil. Von dieser Urkunde aber geben die Akten nur den Eingang und den Schluß mit den Unterschriften; von dem Beratungsgegenstand der Synode war absolut nichts berichtet. Andrerseits lasen die Leute in ihrer Lieblingsquelle, der Historia Langobardorum des Paulus III 20, daß der Papst 'Pelagius Heliae Aquileiensi episcopo nolenti tria capitula Calchidonensis synodi suscipere epistolam satis utilem misit'. Diese Andeutung über den Irrglauben des Elias verstanden sie weiter nicht; sie machten aber schnell fertig die Erzählung zurecht: Elias habe eine Provinzialsynode abgehalten, in welcher über das Konzil von Chalcedon gehandelt, dann aber die feierliche Verlegung des Patriarchats von Aquileja nach Grado mit Wissen des Papstes Pelagius (II. 578—590) beschlossen worden sei; so sei also Grado die Metropole für ganz Istrien und Venetien geworden. Dieser Bericht findet sich zum größten Teil wörtlich übereinstimmend bei Johannes Diaconus (der indes, wie des Näheren dargelegt wird, die ursprüngliche Vorbemerkung zu dem Berichte gekürzt hat) und in dem Patriarchenkatalog (des Codex Barberinus). Als Antwort auf die

[1]) Dandolo, Muratori SS. XII, 209 AB.

[2]) Vgl. Meyer S. 21 f.

Theorie der Aquilejer war also von den Gradensern aus den Nachrichten des Paulus Diaconus und aus den Akten der Synode von Mantua schon vor dem Jahr 1008 (damit endet die Chronik des Johannes Diaconus) ein Bericht zusammengesetzt, wonach mit Wissen des Papstes Pelagius der Patriarch Elias eine Synode in Grado abgehalten habe; daselbst sei über das Konzil von Chalcedon verhandelt und (nach dem Katalog) demselben zugestimmt worden; vor allem aber sei die feste Verlegung des Patriarchats nach Grado beschlossen und so Grado zur Metropole von ganz Venetien und (nach dem Katalog) von Istrien erklärt worden".

Die vollständigen Synodalakten des Elias und der Brief des Papstes Pelagius[1]). Die „Weiterentwicklung dieser Sage" liegt in den vollständigen Akten der Synode des Elias mit dem vollständigen Schreiben des Papstes Pelagius vor, deren Text bei Dandolo, Muratori SS. XII, 98—102 nicht so rein zu sein scheint wie bei Ughelli Bd. 5, 27—29. Der Dichter dieses Aktenstücks hat, wie dann im einzelnen gezeigt wird, den kurzen Bericht über die Synode des Elias, den er in der Fassung des Johannes Diaconus gekannt hat, mit dem Texte der Synode von Mantua und mit einigen Entlehnungen aus dem Liber diurnus (ed. Sickel, nr. 90 und nr. 91) verwoben. Entstanden ist die Fälschung „wohl erst nach dem Abschluß des Patriarchenkatalogs (nach 1045); denn die Worte des Katalogs (S. 6) 'epistolam pro his statutis accepit a beato papa Pelagio' können auf jene Notiz des Paulus Diaconus gehen, daß Pelagius über das Konzil von Chalcedon an Elias geschrieben habe. Hätte aber dem letzten, kurz nach 1045 arbeitenden Redaktor des Katalogs die ganze Fälschung samt dem Wortlaut des päpstlichen Privilegiums schon vorgelegen, so müßte er sie bei ihrer ungemeinen Wichtigkeit breiter erwähnt haben und hätte sich nicht mit der wörtlichen Abschrift des kurzen Berichts begnügt, der auch bei Johannes Diaconus wörtlich abgeschrieben ist".

Die Gradenser Sage vermengt mit der ältesten Venezianer Sage[2]). „Die Priestersage über die älteste Geschichte des Gradenser Patriarchats genügte den Venezianern nicht; sie wollten mit dem heimischen hohen Priesteramte enger verknüpft sein und ihre Rechte an demselben fester begründet sehen. So entstand die Venezianer Sage von der Übertragung des Aquilejer Patriarchats nach Grado". Sie findet sich in dem Chron. Gradense, ferner in dem Chron. Altinate[3]), „freilich hier umgesetzt in ein barbarisches Latein, dessen Entstehung und Bestimmung mir nicht klar ist".

„Nach der Venezianer politischen Sage sind vor dem verwüstenden

[1]) Vgl. Meyer S. 22 f.

[2]) Vgl. Meyer S. 24—26.

[3]) Chron. Gradense, ed. Monticolo S. 37—48; Chron. Altinate, ed. Simonsfeld MG. SS. XIV S. 6 Z. 10 bis S. 14 Z. 39.

und mordenden Attila um 450 die Bewohner der Küstenstädte des alten Venetiens auf Inseln am Rand der Küste geflüchtet, und haben so die Stadt Venedig, die Nova Venetia, gegründet. Diese Erzählung wäre nun sofort diskreditiert worden, wenn sich daran unsere Priestersage geschlossen hätte, die Patriarchen seien erst 568 vor dem Langobarden Alboin von Aquileja nach Grado geflohen. Denn wenn 450 die Patriarchen mit ihren Priestern in Aquileja bleiben konnten, warum nicht die Bürger? Deshalb wurde die kirchliche Urgeschichte Venedigs hier zugeschnitten nach der politischen, d. h. die Verlegung des Patriarchats aus Aquileja nach Grado wurde um jene Stufe hinaufgeschoben, aus der Zeit Alboins in die Zeit des Attila.

Nachdem im Chron. Gradense die politische Urgeschichte Venedigs oder Venetiens geschildert ist, beginnt die kirchliche Urgeschichte. 'Universa Venetiae populi multitudo' kommt in Grado zusammen und baut sich einige Kirchen. Dann tritt ein Dux Beatus und (statt des Papstes Pelagius und des Patriarchen Elias) der Papst Benedikt (574—578) und der Patriarch Paulus auf; diese letzteren verband der Dichter nach dem Bericht in der Historia Langobardorum II 10 'Romanam ecclesiam vir sanctissimus Benedictus papa regebat: Aquileiensi quoque civitati eiusque populis beatus Paulus patriarcha praeerat'. Dieser Dux Beatus wandert nun mit etlichen Tribunen von Venedig nach Rom, und wie Elias seinen Suffraganbischöfen, so hält er dem Papst Benedikt eine Rede, worin er die Geschichte der Aquilejer Patriarchen von der Zeit des Niketas, d. h. von der Zerstörung Aquilejas durch Attila bis zur Gegenwart erzählt". Seit der Flucht Marcellians aus dem zerstörten Aquileja hätten fünf Patriarchen ohne päpstliche Erlaubnis in Grado residiert. „Der Dux bittet also, Benedikt möge das castrum Grado als Nova Aquileja und als die Metropole von ganz Venetien und Istrien anerkennen. Mit Zustimmung von 39 Bischöfen tut das der Papst; in dem Privileg wird ferner bestimmt — und das war ein Hauptziel der Fälschung — daß den Patriarchen Klerus und Volk wählen, dann der Dux einsetzen und die Suffragane weihen dürften, endlich solle der Patriarch zum Papst kommen 'ad pallii benedictionem suscipiendam'. Diese Theorie wird sogleich praktisch probiert: der Papst läßt einen seiner Kardinäle Namens Paulus von den Begleitern des Dux wählen, vom Dux bestätigen, dann weiht er ihn als Patriarchen und mit dem geweihten Pallium sendet er ihn mit jenen nach Neu-Aquileja, wo er als 'primus per apostolicam concessionem novae Aquilejae ecclesiam rexit'.

Nun lenkt der Venezianer Dichter wieder in die Gradenser Priestersage ein. Es folgen die Patriarchen Probinus und Elias. Der Brief des Pelagius und die Synodalbeschlüsse über Verlegung des Stuhles oder über das Konzil von Chalcedon waren teils unbrauchbar für unsern Venezianer

Dichter, teils überflüssig". Er dichtet sie vielmehr in die Venezianer Kirchengeschichte um, indem er den Elias auf einer Synode kurzer Hand die kirchliche Organisation von ganz Venetien und Istrien abmachen läßt.

Diese Venezianer Sage vom Beginn des Gradenser Patriarchats ist im Chron. Gradense „um 1032 bereits schriftlich vorhanden. Im Chron. Altinate, [das, wie bemerkt, in Handschriften erst des dreizehnten Jahrhunderts vorliegt], ist ein Stück aus dem Brief des Pelagius und der dazu gehörigen Fälschung, welche Dandolo überliefert hat, zu lesen, natürlich ohne den Namen des Pelagius. Dies Stück fehlt aber in der alten Fassung im Chron. Gradense, ist also erst nach der Erdichtung jenes Aktenstücks in die Handschriften des Chron. Altinate eingeschoben worden. Die vollständigen Akten der Synode des Elias sind also wahrscheinlich erst gegen Schluß des zwölften Jahrhunderts erdichtet. Die Venezianer Sage vom Beginn des Gradenser Patriarchats war in den Kreisen der Geistlichen unbekannt; in den offiziellen Streitigkeiten der beiden Patriarchate wird nur der oben besprochene kurze Bericht über die Synode des Elias verwendet".

Das Schlagwort: Neu-Aquileja[1]). „Die Ansprüche des langobardischen Patriarchats waren zu allen Zeiten verkörpert in dem Namen: Aquileja. Solche Schlagwörter nützen stets und überall mehr als solide Gründe. Die Gradenser mochten ihre Lehre, das Patriarchat sei von Aquileja um 568 nach Grado verlegt und nie rechtmäßig nach Aquileja zurückverlegt worden, noch so gut mit Schriftstellern und Urkunden zu schützen versuchen, mehr wirkte es, daß sie für ihre Theorie das Schlagwort 'Nova Aquileja' erfanden. Nachdem einmal die Theorie da war, lag das Schlagwort sehr nahe. Schon Paulus Diaconus läßt IV 33 von der Spaltung des Patriarchats sprechend, den einen Patriarchen in Aquileja vetere, den andern in Gradus gewählt werden. Dann scheint um 1000 ein anderes, minder häufiges Schlagwort aufgekommen zu sein: 'Nova Venetia', der Inselstaat, im Gegensatz zur 'Antiqua Venetia', der römischen Provinz. Sagt Johannes Diaconus (ed. Monticolo S. 150, 1): 'Gradensis civitas, quae totius novae Venetiae metropolis fore dignoscitur', so fordert die andere Stelle S. 64, 1: 'Gradus dum constat altis menibus ecclesiarumque copiis decorata sanctorumque corporibus fulta, quemadmodum antiquae Venetiae Aquilegia, ita et ista totius novae Venetiae caput et metropolis fore dignoscitur' geradezu die Entstehung des Schlagworts 'Nova Aquileja'.

Dies Schlagwort: Neu-Aquileja war den Gradensern so geläufig, daß die Schreiber und Ausschreiber es oft einsetzten, wo ihre Vorlage es nicht hatte. So heißt es im Patriarchenkatalog [des Codex Barberinus] (ed. Monticolo S. 9 Z. 17) einfach: 'mortuo ipso (Marciano) apud Gradum sepultus est',

---

[1]) Vgl. Meyer S. 26 und 27.

dagegen in einer andern, um 1032 geschriebenen Kopie des Textes [im Patriarchenverzeichnis des Chron. Gradense] (ed. Monticolo S. 50 Z. 21): 'mortuo ipso apud Gradus, id est novam Aquileiam sepultus est'. Deshalb läßt sich die Zeit, in welcher dies Schlagwort aufgekommen ist, nicht genau bestimmen. Bei Johannes Diaconus findet es sich S. 62 Z. 13: 'Paulus ... ex Aquilegia ad Gradus insulam confugit .. ipsamque urbem Aquilegiam novam vocavit, in quo etiam loco .. Helyas .. facta synodo .. eandem Gradensem urbem totius Venecie metropolym esse instituit'. Diese Stelle hat zwar der Fälscher der vollständigen Akten der Elias-Synode ebenso gelesen, da er schreibt: 'hanc civitatem Gradensem nostram confirmare metropolim novamque eam vocare Aquilejam'; ja schon der Dichter der Venezianer Sage von den Anfängen des Gradenser Patriarchats scheint sie so gelesen zu haben, wenn er (Monticolo S. 38) den Papst Benedikt bitten läßt: 'quatinus Gradense castrum novam Aquileiam institueret et totius Venetiae et Hystriae metropolim ordinaret' (entsprechend auch die Satztrümmer im Chron. Altinate, MG. SS. XII, 12 Z. 2 und Z. 26). Aber dennoch zweifle ich, ob die Worte 'ipsamque urbem Aquilegiam novam vocavit' in der Handschrift des Johannes Diaconus nicht vom Schreiber zugesetzt waren; denn 1. muß doch diese Namengebung erst an die folgende Elias-Synode geknüpft werden, welche die Verlegung des Stuhls beschloß, 2. findet das Schlagwort 'Nova Aquilegia' in dem ganzen Werke des Johannes Diaconus sich nicht mehr. Deshalb glaube ich kaum, daß dies Schlagwort schon vor 1008 erfunden war".

In den Zeiten des heißesten Rechtsstreits, „also von etwa 1020 ab", wurde das von dem Dogen Petrus [II. Orseolo] glänzend erneuerte Grado sehr oft 'Nova Aquileja' genannt. Sogar in Urkunden der päpstlichen Kanzlei fand das Schlagwort Eingang. „So schreibt Benedikt IX. a. 1044 (Ughelli Bd. 5, 1114) einmal 'Ursonem Gradensis ecclesiae novae Aquileiae patriarcham', und Leo IX. gebraucht in einem kurzen Schriftstück das Wort dreimal, ja er interpoliert es ohne Weiteres in den Beschluß der Mantuaner Synode von 827. So ist natürlich, daß Leute wie Dandolo dieses Schlagwort freigebig gebrauchen".

Die Gradenser Theorie von der Spaltung des Patriarchats[1]). „Die Wahl zweier Patriarchen im Jahre 607 berichtet der vorsichtige Paulus Diaconus IV 33 also: 'ordinatur in loco Severi Johannes abbas in Aquileia vetere, cum consensu regis et Gisulfi ducis; in Gradus quoque ordinatus est Romanis Candidianus antistes. ....Candidiano quoque defuncto aput Grados ordinatur patriarcha Epiphanius, qui fuerat primicerius notariorum, ab episcopis qui erant sub Romanis. Et ex illo tempore coepe-

[1]) Vgl. Meyer S. 28.

runt duo esse patriarchae'. Daß hierbei der Streit um das fünfte Konzil eine Hauptrolle spielte, verschweigt Paulus Diaconus, und Keiner der Späteren wußte es. Sie verwerten nur den von Paulus angedeuteten politischen Gegensatz. Der Aquilejer Maxentius führt in der Mantuaner Synode die Andeutung des Paulus 'sub Romanis' dahin aus, daß die unter den Griechen stehenden Geistlichen von Grado und von Istrien eben von den Griechen gezwungen worden seien, den Candidianus zu wählen. Die Theorie der Gradenser hat diesen Punkt erst später behandelt. Johannes Diaconus schreibt (S. 76 Z. 1 und S. 77 Z. 21) ruhig den Paulus Diaconus ab. Dagegen in dem kurz nach 1045 abgeschlossenen Katalog der Gradenser Patriarchen ist die neue, nach 1008 gefundene Gradenser Erklärung der Tatsachen durch eine einfache Abänderung der Worte des Paulus Diaconus gegeben: 'Huic successit Candidianus patriarcha in ipsa suprascripta metropoli Gradensi, sub cuius tempore per consensum Agiulfi regis Longobardorum Gisulfus dux per vim episcopum in Foroiulii ordinavit Johannem abbatem'; also ist nach der Gradenser Theorie das zweite Patriarchat auf den Befehl der Langobardenkönige geschaffen worden.".

Die Anerkennung des zweiten Patriarchats durch den Papst, nach der Gradenser Theorie[1]). „Schon vor der Zeit des Paulin von Aquileja stehen Päpste in freundlichem Verkehr mit Patriarchen von Aquileja, wie mit Patriarchen von Grado. Die Aquilejer bemühten sich nicht, das aufzuklären, wohl aber die Gradenser. Von den Verhandlungen zwischen König Kunincpert und Papst Sergius um das Jahr 695 hatte Niemand eine Ahnung; man suchte also die Lücke mit Hilfe anderen Materials zu überbrücken. Die Gradenser hatten schon 967 ein Schreiben Gregors II. an den Serenus von Aquileja zur Hand, worin er gewarnt wurde, seinen Nachbarn, den Patriarchen von Grado, nicht in seinen Rechten und Besitzungen zu stören; auf Bitten des Langobardenkönigs sei ihm das geweihte Pallium vom Papst gegeben worden, jedoch unter der Bedingung, daß er die Rechte seines Nachbarn nicht antaste. Dies Schreiben wurde 967 auf der römischen Synode nur verwertet zum Schlusse, daß langjährige Streitigkeiten der beiden Patriarchate vom Papst Gregor II. dadurch entschieden worden seien, daß sowohl Serenus als sein Gegner vom Papst die Patriarchatswürde erhalten habe; dies wäre also der Gegenstand des Streites gewesen.

Später zogen die Gradenser aus jenem Schreiben weitergehende Schlüsse, und zwar geschah dies schon vor 1008, da derselbe Urtext sowohl der Vorbemerkung bei Johannes Diaconus als der im Patriarchenkatalog zugrunde liegt. Johannes Diaconus (ed. Monticolo S. 96 Z. 13) gibt die

[1]) Vgl. Meyer S. 28 und 29.

Vorbemerkung: 'hisdem etiam diebus Foroiulensis ecclesia a Sereno presule regebatur, qui nullus iustitie expertus, sed usurpationis causa regia potestate ab apostolica sede pallium primus tantummodo acquisivit'; dagegen der Katalog (ed. Monticolo S. 11 Z. 22): 'huic successit Donatus antistes, cuius tempore Longobardi per fortiam Sereno Foroiulensis ecclesiae archiepiscopo a summa sede palleum detulerunt apostolica primitus'. Dann folgt bei Johannes Diaconus nur der Brief an Serenus selbst, im Katalog außer diesem noch ein (wohl vor 1045 im Archiv gefundener) Brief Gregors II. an die communitas, zu welcher der Gradenser Patriarch gehört (also wohl an die Bischöfe seines Sprengels) mit ziemlich derben Ausdrücken über die Langobarden.

'Per fortiam' ist ein Licht, das wohl erst der Redaktor des Patriarchenkatalogs aufgesetzt hat; (auch Dandolo kennt es nicht). Älter ist der Zusatz 'primus' = 'primitus'; er ist ein voreiliger und unrichtiger, nur aus Gregors Brief gezogener Schluß", den Dandolo (Muratori XII, 132 B) dahin ausgedeutet hat, daß die Aquilejer Patriarchen vor Serenus das Pallium nicht hätten erlangen können.

Die definitiva Divisio zwischen Aquileja und Grado, d. h. das gefälschte Synodalschreiben Gregors III. von 731[1]). „Obgleich das langobardische Patriarchat in Gregors II. Briefen, wenn auch nur mit einer Warnung anerkannt zu sein schien, so war doch nicht klar, welches die Rechtsverhältnisse beider Patriarchate hatten sein sollen, insbesondere nicht, wer der Erbe und Rechtsnachfolger des heiligen Markus und Hermagoras sei." [Man brauchte also eine endgiltige Entscheidung darüber, und] „da in Grado ein Schreiben Gregors III. lag, worin er den Gradenser Patriarchen Antonin zu einer großen Synode gegen die Bilderstürmer nach Rom lud, so fabrizierte ein Gradenser ein Schreiben Gregors III., zu dem er außer jenem Einladungsschreiben noch die Akten der römischen Synode von 721 benutzt hat. In diesem Schreiben teilt Gregor III. kurz andere Verhandlungen der Synode und ausführlich den Rechtsstreit der Patriarchen von Grado und von Aquileja und den entscheidenden Spruch darüber mit.

Die Fälschung ist nicht besonders geistvoll. Der Synodalbeschluß lautet dahin: 1. 'ut novae Aquilegiae (dieses Schlagwort ist dreimal von dem Fälscher gebraucht) id est Gradensis civitatis Antoninus patriarcha suique successores tocius Venetiae et Istriae primates perpetuo habeantur, 2. Foroiulensem antistitem Serenum suosque successores Cormonensi castro, in quo ad praesens cernitur sedere, in finibus Longobardorum solummodo semper esse contentos'. Beides hilft keinen Schritt weiter als der Brief Gregors II., höchstens daß es jetzt durch eine große Synode bestimmt wird.

[1]) Vgl. Meyer S. 29—31.

Ob ferner der Fälscher wohl das Schreiben desselben Gregors III. an den Calixtus, den Nachfolger des Antonin [vielmehr des Serenus] gekannt hat? Da findet Gregor in seinem Archiv nur das allgemeine Versprechen des Calixtus, seine Nachbarn nicht zu belästigen; diesen feierlichen Synodalbeschluß und sein langes Schreiben darüber hat Gregor III. völlig vergessen. Endlich ist es doch ein seltsames Schwanken, daß früher gedroht wird, wenn Serenus fremde Rechte kränke, mache er sich 'gratia collati pallii indignum', jetzt aber, wo ers getan hat, er zwar zuerst sogar 'sacerdotali officio nudatus' erklärt, dann aber gar nicht bestraft wird. Diese und ähnliche Schwächen der Fälschung waren vielleicht den Gradensern selbst zu offen und zu stark und haben damals die weitere Benützung des Schriftstücks verhindert.

Nicht lange vor 1045 ist es gemacht. Denn in dem Katalog der Gradenser Patriarchen [im Codex Barberinus] (ed. Monticolo S. 14 Z. 7—17) ist es ausgeschrieben: 'Hic Antoninus patriarcha ammonitus est a predicto Gregorio papa Romam ad synodum occurrere, ad quam synodum Johannes archiepiscopus Ravenas vocatus est, propter imagines, quae in regia urbe deponere iubebant Leo atque Constantinus augusti, et inlicita coniugia, quae per diversa loca fiebant; post hanc vocationem Antoninus patriarcha cum suis suffraganeis Romam ad synodum perrexit; in qua synodo definitive divisio facta est inter Antoninum Gradensem patriarcham et Serenum Foroiulensem antistitem iuxta edictum beati Gregorii secundi confirmante tota synodo et sententiam anathematis in huius confirmationis violatores dictante'. Hier ist also um 1045 jenes gefälschte Schreiben ausgeschrieben. Dandolo hat sonst mehrere Berichte, welche sich nur in diesem Katalog finden, mit demselben gemeinsam; er kennt auch das Einladungsschreiben an Antonin, das sonst Niemand kennt, und erwähnt es mit ähnlichen Worten wie der Katalog: allein selbst er weiß nichts von dem großen Schreiben Gregors III. über die römische Synode von 731. Von diesem weiß also nur der Redaktor des nach 1045 abgeschlossenen Patriarchenkatalogs. Deshalb müssen wir die Fälschung ganz in die Nähe dieses Redaktors rücken." Ja, es scheint, der Redaktor selbst hat es fabriziert. „Mansi, Concil. XII [nicht XIV], 262 überschreibt die Acta der Synode von 721 (doch wohl nach seinen Handschriften) mit 'adversus illicita coniugia', unser Fälscher dunkel 'inlicitas quasdam coniunctiones', dagegen der Redaktor des Patriarchenkatalogs wiederum 'illicita coniugia'; ist das nicht merkwürdiger Zufall, so ist der Fälscher des Gregorbriefes und der Redaktor des Patriarchenkatalogs 'ein und dieselbe Person".

Die Gradenser Theorie in den päpstlichen Schreiben[1]). „Die

[1]) Vgl. Meyer S. 32—36.

Gradenser Theorie: das Patriarchat von Aquileja sei auf der Synode des Elias mit Zustimmung des Papstes Pelagius endgiltig nach Grado verlegt worden, das langobardische Patriarchat sei um 607 durch das Eingreifen der Langobardenkönige entstanden und erst der Patriarch Serenus sei um 716 vom Papst anerkannt worden, wurde hauptsächlich in den heftigen Kämpfen des Poppo und Ursus von 1019—1044 ausgebildet und fest formuliert; es ist interessant, zu sehen, wie diese Theorie sogar in die päpstlichen Privilegien eingedrungen ist. Von solchen Privilegien für Grado aus den Zeiten vor dem Jahre 1000 scheinen wir zwar Vieles zu wissen, in Wahrheit wissen wir davon fast nichts. Dandolo gibt in seinem Chronicon Nachrichten von vielen Privilegien vor 1000. Aber seine Angaben sind für uns wertlos; er hat höchstens die drei Privilegien gesehen, welche uns jetzt im Codex Trevisaneus erhalten sind; aus diesen hat er Einiges genommen: alles Übrige ist nur sein Kunstgriff. In den Privilegien der Päpste Johanns XIX. und Benedikts IX., welche er beide kennt und ausgenutzt hat, las er nur die Namensreihe der Päpste, welche den Gradenser Patriarchen Privilegien erteilt hätten.“ Danach sind, wie im einzelnen gezeigt wird, seine z. T. nachweisbar irrigen Angaben hergestellt. „Gewährt uns diese Erkenntnis einen nützlichen Einblick in das Schaffen des Historikers Dandolo, so gewährt sie uns auch die Gewißheit, daß wir von dem Inhalt der ältesten Privilegien nur Weniges wissen.

Dagegen die Privilegien Silvesters II. (999—1003) und Sergius' IV. (1009—1012) notiert Dandolo in anderer Weise: Sp. 231 E: 'metropolitana iura Gradensis sedis super episcopos Venetiarum et Istriae . . . per privilegium renovavit' und Sp. 235 D: 'patriarchae Gradensis ius metropolicum et ecclesiae suae (super?) suffraganeos Venetiae et Istriae per privilegium approbavit'. Diese Privilegien hat also Dandolo selbst gesehen oder aus einer andern Quelle notiert. In jenen zwei Privilegien scheint nur der alte Streit um Istrien berührt gewesen zu sein, zunächst nicht die Gradenser Rechtstheorie.

In den beiden Konstitutionen Johanns XIX. (Jaffé[2] nr. 4063) und Benedikts IX. (Jaffé[2] nr. 4114) von etwa 1024 und von 1044 werden vor allem die Aquilejer Ansprüche auf Eigentumsrechte über die Gemeinde Grado und auf Unterordnung (subiectio) der Gradenser Kirche unter die Aquilejer zurückgewiesen; die Gradenser Begründung ihrer Rechte kommt nicht zum Ausdruck, wichtig dagegen ist die in beiden Stücken ganz gleiche Aufzählung der 'privilegia a nostris antecessoribus Gradensi sedi concessa'. Von den genannten Schriftstücken mögen manche keine Privilegien im strengen Sinne, sondern andere gelegentliche Schreiben gewesen sein; allein aus dieser Liste wie aus den im Patriarchenkatalog verwerteten Schriftstücken, erhellt immerhin, mit welchem Eifer damals die einschlägigen Belege im Gradenser Archiv gesammelt und studiert wurden.

Die von Kehr in den Göttinger Nachrichten 1896 S. 294/6 veröffentlichte und als Pallienverleihung Leos IX. von 1050 an den Gradenser Patriarchen Dominicus gedeutete Urkunde enthält, weil wesentlich mit dem entsprechenden Formular nr. 45 des Liber diurnus übereinstimmend, nichts Wichtiges für die vorliegende Frage.

Dagegen ist die Rechtstheorie und Gelehrsamkeit der Gradenser völlig zum Sieg gelangt in der Constitutio, welche der eifrige Neuerer Leo IX. den Gradensern 1053 ausgefertigt hat (Jaffé² nr. 4295); sie ist ganz nach dem Vorbild des Warnungsbriefes Gregors II. an Serenus und Gregors III. an Calixtus geschrieben. Schon die zweimalige Bezeichnung 'Gradensem imo novae Aquileiae patriarcham' und 'Foroiulensis antistes' statt 'Aquileiensis patriarcha' drücken den neuen Geist genügend aus; dann melden die Worte ausdrücklich: 'ut nova Aquileia totius Venetiae et Istriae caput et metropolis perpetuo haberetur, secundum quod evidentissima praedecessorum nostrorum astruebant privilegia: Foroiulensis vero antistes tantummodo finibus Longobardorum esset contentus iuxta privilegium Gregorii secundi et retractationem tertii'.

Welch starken Eindruck Form und Inhalt dieses Leonischen Privilegs gemacht hat, das zeigt der Urkundenpassus der späteren Privilegien: 'illius precipue constitutionis tenorem servantes, quam predecessor noster Leo nonus papa sancivit et synodali iudicio et privilegii pagina confirmavit' etc. Nur das Schlagwort 'Nova Aquileja' wird von keinem Papst mehr gebraucht; freilich wird auch 'Foroiulensis' vermieden; es stehen sich fortan nur 'Gradensis' und 'Aquileiensis' gegenüber".

Die Konstitution Leos IX. hat also den Ausschlag gegeben; alle späteren Papstprivilegien berufen sich auf sie, und „es erhellt hieraus, daß bei den Päpsten die Gradenser Theorie gesiegt hat".

C. Wiederaufnahme der Untersuchung.

Wer bis hierher dem Gange des Beweisverfahrens gefolgt ist, dem werden aus der Menge der Einzelfeststellungen insbesondere zwei Hauptergebnisse sich aufdrängen: erstens nämlich, daß die eigentümliche Auffassung von der Urgeschichte der beiden Patriarchate, die uns in der Gradenser und Venezianer Überlieferung begegnet, irgendwie auf die Gradenser Theorie zurückgeht, und zweitens, daß diese Gradenser Theorie nicht mit einem Male fertig dasteht, sondern daß sie sich allmählich ausgebildet hat, insofern die einzelnen Beweisgründe, deren sie sich bedient, erst nach und nach, zu verschiedener Zeit und in verschiedenen Quellen auftreten.

Und zwar wäre der zeitlichen Aufeinanderfolge der einzelnen Beweisgründe nach dies der Verlauf der Entwicklung gewesen: Zu Beginn des elften Jahrhunderts — vor 1008 — finden sich die ersten Spuren in dem „kurzen Bericht“ über die Verlegung des Patriarchats nach Grado auf der angeblichen Synode des Patriarchen Elias. Auch die Theorie von der erst nachträglich erwirkten Anerkennung des langobardischen Patriarchats durch den Papst ist damals schon vorhanden. „Von etwa 1020 ab“ wird das Schlagwort 'Nova Aquileia' gebräuchlich. „Um 1032“ liegt die Venezianer Sage vom Beginn des Gradenser Patriarchats schriftlich vor. Aber erst in dem kurz nach 1045 abgeschlossenen Patriarchenkatalog erscheint die Theorie von der Spaltung des Patriarchats, und der Redaktor dieses Patriarchenkatalogs hat auch die endgiltige Divisio zwischen Grado und Aquileja, das gefälschte Synodalschreiben des Papstes Gregor III. vom Jahre 731 ausgeschrieben, das „in der Nähe dieses Redaktors angefertigt“ ist, wenn es nicht gar von ihm selber herrührt. Endlich siegt die Gradenser Theorie mit der Konstitution Leos IX. von 1053. Noch spät jedoch, „wahrscheinlich erst gegen Schluß des zwölften Jahrhunderts“, hat ein Unbekannter die vollständigen Akten der Synode des Patriarchen Elias mit dem Briefe des Papstes Pelagius erdichtet.

Allein gegen die Zuverlässigkeit dieser Anordnung, vergegenwärtigt man sie sich des Näheren, steigen alsbald erhebliche Bedenken auf. Ich will zunächst an bestimmte Einzelfragen anknüpfen, um daraus den methodischen Einwand abzuleiten.

Wir hörten z. B., die Theorie von der erst nachträglichen Anerkennung des langobardischen Patriarchats durch den Papst sei vor 1008 bereits vorhanden. Die Theorie hingegen von der Spaltung, d. h. von dem Ursprung des langobardischen Patriarchats, begegne erst in dem kurz nach 1045 abgeschlossenen Patriarchenkatalog. Johannes Diaconus nämlich kennt in seinem bis 1008 reichenden Chronicon zwar die Theorie von der erst nachträglichen Anerkennung, nicht aber die von dem Ursprung des langobardischen Patriarchats. Mithin, so folgert Wilhelm Meyer, hat die Gradenser Theorie diesen Punkt, den Ursprung des langobardischen Patriarchats, erst später, nach 1008, erörtert. Nun aber liegt es auf der Hand, daß es für die Gradenser zu allererst darauf ankam, den Ursprung des langobardischen Patriarchats zu erklären, und es ist nicht wohl denkbar, daß sie die Theorie von der erst nachträglichen Anerkennung des langobardischen Patriarchats ersannen, bevor sie eine solche über den Ursprung dieses Patriarchats ersonnen hatten. Wenn also Johannes Diaconus die Theorie von dem Ursprung des langobardischen Patriarchats nicht erwähnt, so ist damit, scheint mir, noch durchaus nicht bewiesen, daß sie damals, vor 1008, nicht vorhanden war.

Oder, um ein anderes Beispiel anzuführen, wir hörten, die vollständigen Akten der Synode des Patriarchen Elias mit dem Brief des Papstes

Pelagius seien „wahrscheinlich erst gegen Schluß des zwölften Jahrhunderts erdichtet". Damals aber war der Rechtsstreit bereits etwa anderthalb Jahrhunderte erledigt, und Fälschungen dieser Art pflegen sonst nicht erst nachträglich aus bloßer Freude am Handwerk, sondern als handgreifliches Beweismittel in einer noch schwebenden Rechtssache angefertigt zu werden.

Allerdings treffen diese Bedenken an sich jeweils nur den besonderen Fall; zugleich aber handelt es sich dabei, wie mich dünkt, doch auch um einen methodischen Fehler der Beweisführung überhaupt.

Wir sahen, daß die Gradenser Theorie auf einer Anzahl von Beweisgründen beruht, die nicht etwa an einer Stelle gleichzeitig, sondern da und dort zerstreut in der Überlieferung vorkommen. Bisher hat sich nun die Untersuchung im Wesentlichen darauf beschränkt, das Auftreten der einzelnen Beweisgründe in der Überlieferung der Reihe nach zeitlich festzulegen. Es leuchtet indes ein, daß sie nicht wohl ohne allen Zusammenhang untereinander erdacht, daß sie z. T. wenigstens von vornherein darauf berechnet sein dürften, der eine den andern gegenseitig zu stützen. Mithin genügt es nicht, dem einzelnen Beweisgrund als solchem nachzuforschen, wie das bisher geschehen ist; es wird vielmehr des Weiteren zu erwägen sein, ob nicht etwa eine von Hause aus zusammengehörige Folge von Beweisgründen aus der Überlieferung noch herausgeschält werden kann. Unterwirft man von diesem Gesichtspunkt aus die Überlieferung erneuter Prüfung, so zeigt sich, daß die einzelnen Beweisgründe nicht auf ein und dieselbe Rechtsauffassung sich zurückbeziehen, sondern daß sie auf zwei verschiedene Rechtsanschauungen sich verteilen, die man scharf auseinanderhalten muß, von denen jede ihre speziellen Beweisgründe für sich hat. Es zeigt sich ferner, daß die eine dieser beiden Rechtsanschauungen in der Geschichtschreibung zum Ausdruck gelangt ist, die andere vorzugsweise in Urkunden, wenn sie dann auch auf die Geschichtschreibung zurückgewirkt hat. Gerade die abweichende Art der Überlieferung wird es erleichtern, auch den sachlichen Unterschied festzustellen, der die beiden Rechtsanschauungen trennt. Wir untersuchen hier noch nicht, wann die beiden Rechtsanschauungen entstanden sind, und welchem zeitgeschichtlichen Zusammenhang sie angehören. Auf diese Frage werden wir später eingehen. Unsere Absicht ist vorerst nur, an der Hand der Überlieferung darzutun, daß und inwiefern zwei Rechtsanschauungen auseinanderzuhalten sind.

I. Die verlorene Urgeschichte der beiden Patriarchate.

Schon Wilhelm Meyer hat darauf aufmerksam gemacht, daß wir bei Johannes Diaconus und in dem kurz nach 1045 abgeschlossenen Patriarchenkatalog des Codex Barberinus wiederholt auf Angaben stoßen, die wörtlich oder sachlich übereinstimmen. Diese Übereinstimmung erklärt er damit, daß jeweils derselbe „Bericht“ oder derselbe „Urtext“ benutzt sei. Den hierbei naheliegenden Gedanken aber, ob denn nicht auch zwischen diesen älteren Aufzeichnungen wiederum ein Zusammenhang bestehe, hat er auffallender Weise gar nicht aufgeworfen. Ich glaube nun, es wird sich überzeugend feststellen lassen, daß es ein und dieselbe Quelle gewesen sein muß, aus der die hier in Betracht kommenden Angaben bei Johannes Diaconus wie im Patriarchenkatalog entlehnt sind. Zwar besitzen wir diese Quelle nicht mehr in ursprünglicher Gestalt. Aus den Bruchstücken jedoch, die Johannes Diaconus und der Patriarchenkatalog darbieten, ist mit Sicherheit zu erschließen, daß die Urgeschichte der beiden Patriarchate darin behandelt war. Eine gleichmäßig genaue Wiedergabe der gemeinsamen Quelle darf man freilich weder bei Johannes Diaconus noch im Patriarchenkatalog erwarten; ja wir werden finden, daß eine daraus geschöpfte Nachricht geflissentlich abgeändert sein muß, nicht bloß dem Wortlaut, sondern auch dem Sachinhalt nach, und es wird deshalb unerläßlich sein, den Tatbestand von Fall zu Fall ins Auge zu fassen.

1. Der „kurze Bericht“ über die Synode des Patriarchen Elias in Grado. Diese Erzählung ist, wie wir früher hörten, aus den Akten der Mantuaner Synode von 827 und aus der Historia Langobardorum des Paulus Diaconus zurechtgemacht[1]). Der Verfasser will begründen, daß das alte Patriarchat in rechtsgiltiger Weise nach Grado verlegt sei. Er läßt deshalb den Elias vor versammelter Synode eine Rede halten, die in der Aufforderung gipfelt: 'si vestre placet sanctitati, in hunc castrum Gradensem nostram confirmare metropolym', womit die anwesenden Bischöfe einverstanden sind. 'Quo dicto omnibus placuit episcopis'. Diese Rede des Elias steht in dem Hauptteil des „kurzen Berichtes“, den Johannes Diaconus (Monticolo S. 70f.) und der Patriarchenkatalog (Monticolo S. 6f.) fast wörtlich übereinstimmend bringen.

Jenem Hauptteil aber geht eine Vorbemerkung voran, die bei Johannes Diaconus ganz anders lautet als im Patriarchenkatalog.

Johannes Diaconus schreibt (Monticolo S. 62 Z. 14—18): ...'Helyas

[1]) Für die am Schlusse des „kurzen Berichts“ aufgezählten Namen der anwesenden Bischöfe muß indes außer den Akten der Mantuaner Synode und neben Paulus Diaconus III 26 noch eine dritte Quelle benutzt sein. Das ergibt sich nicht so sehr daraus, daß ein 'Solatius episcopus Veronensis' und zuletzt noch drei Namen von Presbytern zugesetzt sind, als namentlich daraus, daß aus dem 'Materninus Sabionensis' der Akten und dem 'Ingenuinus de Sabione' des Paulus Diaconus ein 'Ingenuus episcopus secunde Retię' geworden ist. Nun findet sich die Unterschrift des 'Ingenuinus episcopus sanctae ecclesiae secundae Retiae' in der Eingabe der unter langobardischer Herrschaft stehenden Bischöfe an Kaiser Mauritius, registr. Gregor. I, 16[a], MG. Ep. 1, 21. Daß aber der Fälscher des „kurzen Berichts“ von sich aus darauf verfallen sein könnte, die längst obsolete Bezeichnung des Sebener Bistums anzuwenden, das ist ganz undenkbar.

..... ex consensu beatissimi pape Pelagii, facta synodo viginti episcoporum, eandem Gradensem urbem totius Venecie metropolym esse instituit'.

Im Patriarchenkatalog liest man (Monticolo S. 5 Z. 6 — S. 6 Z. 3): 'in qua synodo quicquid de Calcedonense concilio dubitabatur, pulsa dubietate, confirmatum est, ibique statuit ęcclesiam Gradensem caput et metropolim totius provincię Histriensium et Venetiarum, cuius Venecię terminus a Pannonia usque ad Adam fluvium protelatur, ępistolamque pro his statutis accepit a beatissimo papa Pelagio, consentientibus universis episcopis iam dictarum provinciarum'.

Nun hat bereits Wilhelm Meyer ausgeführt, daß Johannes Diaconus die ursprüngliche Vorbemerkung des zugrunde liegenden Berichtes gekürzt haben muß. Johannes Diaconus hat nämlich den im Patriarchenkatalog noch erhaltenen Anfang der ursprünglichen Vorbemerkung, der sich auf das Konzil von Chalcedon bezog, einfach weggelassen, obwohl er nachher, unbekümmert um den weggelassenen Anfang, den Hauptteil des Berichtes, worin auf die 'memorata Calcedonensis synodus' der Vorbemerkung verwiesen wird, ruhig abschreibt. Andrerseits übernimmt Johannes Diaconus den Rest der Vorbemerkung, weicht da aber wörtlich und sachlich von der Vorbemerkung des Patriarchenkatalogs auffallend ab. Denn nach Johannes Diaconus setzt Elias die 'urbs Gradensis' zur Metropole ganz Venetiens ein, mit Zustimmung des Papstes, auf einer Synode von zwanzig Bischöfen. Im Patriarchenkatalog hingegen setzt Elias die 'ęcclesia Gradensis' als 'caput et metropolis totius provincię Histriensium et Venetiarum' ein, empfängt ein Schreiben des Papstes und die Zustimmung sämtlicher Bischöfe genannter Provinzen. Dieses Auseinandergehen der beiden Vorbemerkungen ist aber um so seltsamer, als ja, wie bemerkt, der nachfolgende Hauptteil des Berichtes bei Johannes Diaconus und im Patriarchenkatalog fast wörtlich übereinstimmt. Schon danach ist anzunehmen, daß die ursprüngliche Vorbemerkung, sei es bei Johannes Diaconus, sei es im Patriarchenkatalog, abgeändert worden ist. Man kann den Tatbestand indes noch genauer ermitteln, wenn man die beiden Vorbemerkungen mit dem Hauptteil des Berichtes zusammenhält. Da paßt in den Zusammenhang des ganzen Berichtes nur die Vorbemerkung des Johannes Diaconus. Auf die Aufforderung des Elias an die Bischöfe im Hauptteil des Berichtes, 'in hunc castrum Gradensem nostram confirmare metropolim', ist es ganz in der Ordnung, wenn nach der Vorbemerkung bei Johannes Diaconus Elias 'eandem Gradensem urbem totius Venecie metropolym esse instituit'. Denn die Begriffe 'castrum' und 'urbs' sind nach mittelalterlichem Sprachgebrauch identisch; sie bezeichnen den befestigten Ort, und der Nachdruck liegt eben auf der Erhebung des Ortes, der 'urbs', des 'castrum' Grado zur Metropole. Umgekehrt ist die Vorbemerkung des Patriarchenkatalogs mit der Aufforderung des Elias im Hauptteil durchaus nicht im Einklang. Denn im Hauptteil des Berichtes betreibt Elias die Erhebung des Ortes, des 'castrum' Grado zur Metropole, während man nach der Vorbemerkung erwarten sollte, daß sein Antrag vielmehr der Gradenser Kirche und ihren Metropolitanrechten gelten werde. Es liegt hier also auf Seiten des Patriarchenkatalogs unverkennbar eine Nichtübereinstimmung, ein Mißverhältnis vor, woraus hervorgeht, daß es der Patriarchenkatalog ist, in dem die ursprüngliche Vorbemerkung abgeändert sein muß. Ja, es läßt sich schon jetzt wenigstens vermuten, was der Beweggrund zu dieser Abänderung war. Während es sich nach der Vorbemerkung des Johannes Diaconus um die Erhebung des Ortes Grado zur Metropole, aber nur zu der von ganz Venetien zu handeln scheint, kommt es der Vorbemerkung des Patriarchenkatalogs sichtlich auf die Metropolitanrechte der Gradenser Kirche in Istrien und Venetien an. Sollte mithin die Abänderung der ursprünglichen Fassung vielleicht dadurch veranlaßt sein, daß der Bearbeiter im Patriarchenkatalog der Gradenser Kirche Metropolitanrechte nicht bloß über Venetien, sondern auch über Istrien vindizierte? Wir würden es alsdann mit dem Gegensatze zweier Rechtsanschauungen zu tun haben, von denen die eine durch die andere verdrängt wäre, weil sie als die frühere der späteren Rechtsanschauung nicht mehr genügte.

2. Die Theorie von der erst nachträglichen Anerkennung des langobardischen Patriarchats durch den Papst. Was Johannes Diaconus und der Patriarchenkatalog über die erst nachträgliche Anerkennung des langobardischen Patriarchats durch den Papst berichten, geht, wie bereits Wilhelm Meyer erkannt hat, auf denselben „Urtext" zurück. Nicht eine wörtliche Übereinstimmung, wohl aber eine sachliche ist vorhanden. Schreibt Johannes Diaconus (Monticolo S. 96 Z. 13 ff.): 'hisdem etiam diebus Foriulensis ecclesia a Sereno presule regebatur, qui nullius iustitie expertus, sed usurpationis causa regia potestate ab apostolica sede pallium primus tantummodo acquisivit', so ist demgemäß im Patriarchenkatalog zu lesen (Monticolo S. 11 Z. 22 ff.): 'Longobardi per fortiam Sereno Foroiulensis ęcclesię archiepiscopo a summa sede palleum detulerunt apostolica primitus'. Die Worte 'usurpationis causa regia potestate' bei Johannes Diaconus bilden somit das Gegenstück zu den Worten 'Longobardi per fortiam' des Patriarchenkatalogs. 'Per fortiam' ist also nicht, wie Wilhelm Meyer gemeint hat, „ein Licht, das wohl erst der Redaktor des Patriarchenkatalogs aufgesteckt hat", sondern es ist vielmehr ein bereits dem „Urtext" eigentümlicher Zug, daß die erst nachträgliche Anerkennung des langobardischen Patriarchats durch den Papst dem gewaltsamen Eingreifen der Langobarden zugeschrieben wird.

3. Die Theorie von der Spaltung des Patriarchats. Wir erinnern

uns, Johannes Diaconus und der Patriarchenkatalog schildern den Ursprung der Spaltung nicht nach gemeinsamer Quelle. Die Auffassung der Gradenser über die Spaltung findet sich erst in dem kurz nach 1045 abgeschlossenen Patriarchenkatalog. Johannes Diaconus hingegen schreibt hier — „um 1008" — ruhig den Paulus Diaconus ab. Daraus hat dann Wilhelm Meyer, wie wir wissen, die Folgerung gezogen, daß die Theorie der Gradenser diesen Punkt erst später, d. h. nach 1008, behandelt habe. Ich erwähnte indes bereits, daß ich diese Folgerung nicht für zutreffend halte. Ich glaube vielmehr, man wird umgekehrt voraussetzen dürfen, daß die Gradenser, wenn sie um 1008 bereits eine Theorie über die erst nachträgliche Anerkennung des langobardischen Patriarchats sich gebildet hatten, damals auch schon über den Ursprung des langobardischen Patriarchats nachgedacht und demgemäß eine Theorie aufgestellt haben werden. Eine bisher nicht beachtete, höchst bezeichnende Übereinstimmung zwischen beiden Theorien kommt hinzu, die mir auf die Gleichzeitigkeit ihrer Entstehung noch besonders hinzuweisen scheint. Wir beobachteten soeben als eigentümlichen Zug schon des „Urtextes" der Theorie von der erst nachträglichen Anerkennung des langobardischen Patriarchats durch den Papst, daß dieses Ereignis dem gewaltsamen Eingreifen der Langobarden zugeschrieben wird. Ganz so heißt es auch von dem Ursprung des langobardischen Patriarchats: es sei gewaltsam geschaffen auf Betreiben der Langobarden. 'Per vim' sagt der Patriarchenkatalog das eine Mal und das andere Mal 'per fortiam'. Die auffallende Gleichartigkeit des Ausdrucks ist aber offenbar mit Bedacht gewählt[1]). Der Leser soll ja nicht darüber in Zweifel bleiben, daß das langobardische Patriarchat, wie seinen Ursprung, so auch seine erst nachträgliche Anerkennung der gewaltsamen Einmischung der Langobarden verdanke, und nun fürchte ich keinen Widerspruch, wenn ich behaupte, daß dies von vornherein die Anschauung der Gradenser gewesen sein wird, daß sie mit anderen Worten beide Theorien gleichzeitig ersonnen haben. Alsdann aber muß dem Patriarchenkatalog an der einen wie an der anderen Stelle ein und derselbe „Urtext" zugrunde liegen, und, wenn Johannes Diaconus an der einen Stelle ruhig den Paulus Diaconus abschreibt, so beweist dies nichts dagegen; es beweist nur, daß er an dieser Stelle den „Urtext" bei Seite ließ, während er ihn an der anderen benutzte.

4. Die verlorene Darstellung der Urgeschichte der beiden Patriarchate. Es erübrigt noch eine zusammenfassende Betrachtung der bei Johannes Diaconus und im Patriarchenkatalog aus dem „kurzen Bericht" und aus dem „Urtext" abzuleitenden Nachrichten. Übersehen wir über der

[1]) Die Bruchstücke eines Patriarchenkatalogs, die den zweiten Teil des Chron. Gradense bilden, haben sogar gleich an der ersten Stelle (Monticolo S. 50 Z. 25) die Lesart 'per forciam'. Die absichtliche Übereinstimmung des Ausdrucks springt da noch mehr ins Auge.

Erörterung so vieler Einzelheiten nicht die inhaltliche Zusammengehörigkeit dieser Nachrichten im Ganzen. Nicht bloß, daß sie insgesamt die gleiche Angelegenheit, nämlich die Urgeschichte der beiden Patriarchate betreffen, es verknüpft sie auch ein durchgehender Grundgedanke. Mit schneidender Absichtlichkeit erläutern sie den Gegensatz: Hier die rechtmäßige Verlegung des alten Patriarchats nach Grado auf einer Synode des Patriarchen und seiner Suffragane mit Einwilligung des Papstes, kraft Beschlusses also der zuständigen kirchlichen Behörden, dort die erzwungene Schöpfung der weltlichen Machthaber, der Langobarden, der auch erst nachträglich, wiederum nur durch einen von diesen Machthabern ausgeübten Zwang, die päpstliche Anerkennung zuteil wird. Sind diese Nachrichten aber, wie nicht zu leugnen ist, von wohlüberlegter Einheitlichkeit, so ist damit zugleich gesagt, daß sie einer Herkunft sind, daß sie ein und derselben Quelle entstammen. Der „kurze Bericht" und der „Urtext" sind mithin nicht für sich alleinstehende, von einander unabhängige Aufzeichnungen, sondern sie sind Bruchstücke einer fortlaufenden Darstellung, die sich mit der Urgeschichte der beiden Patriarchate befaßte; der Zweck dieser Darstellung aber war, den Rechtsstandpunkt der Gradenser zu entwickeln. Auf dem Wege der Geschichtschreibung also brachten sie ihn hier zur Geltung.

Eine Frage für sich ist dann noch, wie der Umfang der Grado zustehenden Metropolitanrechte festgesetzt war. Nur die Vorbemerkung zu dem „kurzen Berichte" äußert sich darüber, und da zweit, wie wir sahen, unsere Überlieferung. Wenn es hier aber Johannes Diaconus ist, wie es vorerst jedenfalls den Anschein hat, der die ursprüngliche, d. h. die nicht abgeänderte Fassung der zugrunde liegenden Quelle wiedergibt, dann hat diese in Grado die Metropole nur von ganz Venetien erblickt: wir werden bald Anlaß haben, auf diese Frage zurückzukommen.

II.

Nun begegnet uns in der Überlieferung noch eine andere, wesentlich abweichende Rechtsanschauung, und ich erwähnte schon, daß sie vornehmlich in urkundlichen Zeugnissen uns begegnet. Insbesondere sind die beiden großen Urkundenfälschungen hier zu nennen, die vollständigen Akten der Synode des Patriarchen Elias zu Grado im Jahre 579 mit dem dazu gehörigen Briefe des Papstes Pelagius und das angebliche Synodalschreiben des Papstes Gregor III. über die römische Synode des Jahres 731. Diese beiden Fälschungen bilden eine Gruppe für sich neben den übrigen Quellen, in denen sich Spuren der gleichen Rechtsanschauung finden. Wir wollen deshalb die beiden Fälschungen zunächst für sich allein betrachten, ehe wir uns den übrigen Quellen zuwenden.

1. Die beiden Urkundenfälschungen.

Wilhelm Meyer hat diesen Schriftstücken, wie wir uns entsinnen, einen erst späten Ursprung zugesprochen. Von dem Synodalschreiben Gregors III. hörten wir: nur der Redaktor des nach 1045 abgeschlossenen Patriarchenkatalogs, der es ausgeschrieben hat, wisse darum; es sei deshalb ganz in die Nähe dieses Redaktors zu rücken; ja dieser selbst wird als der Fälschung dringend verdächtig angesehen. Und von den vollständigen Akten der Synode des Elias hieß es gar: sie seien wahrscheinlich erst gegen Ende des zwölften Jahrhunderts erdichtet. Nun erhebt sich aber, wie ich bereits bemerkte, gegen einen so späten Ursprung schon das allgemeine Bedenken, daß Fälschungen dieser Art weit eher dazu ersonnen sein dürften, um als Beweismittel für eine bestimmte Rechtsanschauung in einer noch anhängigen Rechtssache zu dienen, als daß sie etwa bloß Machwerke antiquarischen Ehrgeizes sind. Wir wollen deshalb die Frage nach der Entstehungszeit einstweilen noch offen lassen. Ungleich wichtiger scheint es mir zuvor, die Rechtsanschauung zu prüfen, die diesen Fälschungen eigentümlich ist. Sollte es sich dabei herausstellen, daß es ein und dieselbe Rechtsanschauung ist, ja, daß beide Fälschungen sich gegenseitig bedingen und ergänzen, insofern sie, nur im Zusammenhange betrachtet, diese Rechtsanschauung vollständig zum Ausdruck bringen, so ist ohne Weiteres klar, daß sie nicht durch einen Zeitraum von anderthalb Jahrhunderten zu trennen, daß sie vielmehr, wenn nicht von einer Hand, so doch zur gleichen Zeit und in der gleichen Absicht angefertigt sind.

a) Die vollständigen Akten der Synode des Elias und der Brief des Papstes Pelagius. Schon Wilhelm Meyer hat darauf hingewiesen, daß der Text der Akten bei Dandolo in der Ausgabe Muratoris SS. XII, 98—102 nicht so rein zu sein scheine wie der Text in der Italia sacra des Ughelli², Bd. 5, 27—29. Ich möchte hinzufügen, daß beide Drucke unzureichend sind, daß es für unser Vorhaben schlechthin unerläßlich ist, auch die handschriftliche Überlieferung heranzuziehen. Wir besitzen noch zwei Abschriften aus dem vierzehnten Jahrhundert, die eine in der bekannten Dandolohandschrift, der ältesten und besten, die wir haben, im Codex Marcianus Lat. Catal. Zanetti 400 c. 40 B, die andere im Liber Pactorum primus im Staatsarchiv zu Venedig c. 54 A, wo sie auf leeren Blättern nachgetragen ist. Beide Abschriften, die in zahlreichen Einzelheiten von einander abweichen, haben selbständigen Wert. Daß ich sie hier berücksichtigen kann, verdanke ich dem freundlichen Entgegenkommen des Herrn Cav. Giuseppe Dalla Santa[1]).

[1]) Eine dritte Überlieferung der Akten findet sich, wie ich erst später bemerkt habe, unter den Papieren des Diplovataccio im Codex LXXIV c. 274, c. 271 der Marciana, vgl. Besta,

Die Quellen, auf denen unsere Fälschung fußt, sind bereits von Wilhelm Meyer ermittelt. Den wesentlichen Sachinhalt bot der „kurze Bericht" über die Provinzialsynode des Elias zu Grado. Außerdem sind für bestimmte Einzelheiten die Akten der Synode von Mantua und zwei Formulare des Liber diurnus (ed. Sickel nr. 90 und 91) benutzt worden. Die Arbeitsweise des Fälschers läßt sich insofern noch kontrollieren, und da bemerkt man, neben weitgehender Übereinstimmung mit der Vorlage, gerade bei entscheidenden Angaben doch auch gewisse Abweichungen und Zusätze, die über die Absicht des Fälschers willkommenen Aufschluß geben.

Die Akten nämlich zerfallen in zwei Teile. In dem „kurzen Bericht" war zu lesen, daß die Synode des Elias sich auch mit dem Konzil von Chalcedon beschäftigt habe, und so ist dieser Angelegenheit der zweite Teil der Akten gewidmet, den wir hier als für unsere Zwecke unwesentlich beiseite lassen können. Den eigentlichen Hauptgegenstand bildet vielmehr die Verlegung des Patriarchats von Aquileja nach Grado. Die Verhandlung darüber füllt den ersten Teil der Akten, und hier lenkt sogleich die Rede des Elias an die versammelten Bischöfe unsere Aufmerksamkeit auf sich. Man erkennt unschwer, wie der Fälscher sich bemüht hat, den Wortlaut der Rede in dem ursprünglichen Bericht soweit als möglich beizubehalten. In der handschriftlichen Überlieferung tritt diese Anlehnung sogar noch stärker hervor als in den beiden unzulänglichen Drucken. Um so bezeichnender heben sich andrerseits die Angaben ab, in denen der „kurze Bericht" und die Akten auseinandergehen.

Ich teile zu deutlicher Veranschaulichung des Sachverhalts die Rede des Elias in dem „kurzen Bericht" nach den Ableitungen bei Johannes Diaconus, im Patriarchenkatalog (des Codex Barberinus) und im Chron. Gradense (das ja in seinem zweiten Teile Bruchstücke eines Patriarchenkatalogs enthält), den entsprechenden Abschnitt der Rede in den Akten nach den beiden Drucken und nach den beiden Handschriften mit.

Johannes Diaconus, Monticolo S. 70 Z. 4ff.	Cronica de singulis patriarchis nove Aquileie, Monticolo S. 7 Z. 1ff.	Chronicon Gradense, Monticolo S. 49 Z. 10ff.
Karissimi fratres, intervenientibus malis nostris cottidie hostile perpetimur flagellum; et iam pridem ab Atila Unorum rege Aquilegia civitas nostra funditus distructa est	Karissimi fratres, intervenientibus malis nostris cottidie hostile perpetimur flagellum; et iam pridem ab Atila Unorum rege Aquilegia civitas nostra funditus destructa est,	Ungarorum Aquileia

Tomaso Diplovataccio, Nuovo Archivio Veneto N. S. (1903) Bd. 6, 321 f. nr. 3 und nr. 5. Leider habe ich mir keine Abschrift mehr davon verschaffen können. Doch genügen die beiden andern Abschriften vollauf zur Entscheidung der Frage.

<table>
<tr>
<td>et postea Gothorum incessu et ceterorum barbarorum cassata, vix aspirans, sed et nunc Langobardorum infande gentis flagella sustinere non potest; quapropter dignum ducit mansuetudo nostra, si vestre placet sanctitati, in hunc castrum Gradensem nostram confirmare metropolym.</td>
<td>et postea Gothorum incessu et cęterorum barbarorum cassata, vix aspirans, sed et nunc Longobardorum nefandę gentis flagella sustinere non potest; quapropter dignum ducit mansuetudo nostra, si vestrę placet sanctitati, in hoc castro Gradensi nostram confirmare metropolim.</td>
<td>vix aspirat, sed * nunc Longobardorum infande

in hoc castro Gradense
metropolim.</td>
</tr>
</table>

Dandolo, Muratori XII, 99 BC.

Dignum duxi, carissimi fratres, mansuetudini vestrae commemorare, quod, ut prelibavimus, intervenientibus malis nostris quotidie hostile perpatimur flagellum. Iam pridem ab Atila Hunnorum rege Aquileja civitas nostra funditus est destructa, et postea Gothorum incursu et ceterorum barbarorum quassata, vix respirat, etiam nunc Longobardorum nefandae gentis flagella sustinere non valens. Si ergo consensu beatissimi apostolicae sedis papae Pelagii cui iam ante communem nostram descripsimus necessitatem vestrae sanctitati placeat, hanc civitatem nostram confirmare perpetuo metropolim novamque eam vocare Aquilegiam.

Codex Marcianus Lat. Cat. Zanetti 400 c. 40 B.

Dignum *ergo*, karissimi fratres, mansuetudo *nostra* ducit ex consensu beatissimi apostolice sedis pape Pelagii, cui iam ante comuni nostram intuitu [*am Rande für im Text gelöschtes* introitu] descripsimus necessitudinem, si vestre placeat sanctitati, hanc civitatem Gradensem nostram perpetuo confirmare metropolim novamque eam vocare Aquilegiam, quoniam, ut prelibavimus, intervenientibus malis nostris cottidie hostile perpetimur flagellum. Iam pridem ab Atila Hunorum rege Aquilegia civitas funditus est destructa et postea Gothorum in*cesu* et ceterorum barbarorum cassata vix *as*spirat, *sed et nunc* Langobardorum nefande gentis flagella sustinere non valens ex consensu beatissimi apostolice sedis pape Pellagii, cui iam ante comuni nostram introitu [*durchgestrichen*] descripsimus necessitudinem, si vestre placeat sanctitati, hanc civitatem Gradensem nostram perpetuo confirmare metropolim novamque eam vocare Aquilegiam.

Italia sacra, Ughelli Bd. 5, 27 C.

Dignum vero, charissimi fratres, mansuetudo vestra duxit ex consensu beatissimi apostolicae sedis papae Pelagii, cui iam ante communi nostrum intuitu descripsimus necessitudinem, si vestrae

Liber Pactorum primus c. 54 A.

ergo
nostra ducit

necessitatem, si vestre

placeat sanctitati, hanc civitatem Gra-	placet
densem nostram perpetuo confirmare	
metropolim novamque* vocare Aqui-	novamque *eam* vocare
lejam. Quoniam, ut prelibavimus, inter-	
venientibus malis nostris, quotidie hos-	
tile perpatimur flagellum. Iam pridem	perpetimur
ab Attila Hunnorum rege Aquileja ci-	Athila
vitas nostra funditus est destructa et	
postea Gothorum incursu et caeterorum	incessu
barbarorum quassata vix respirat, sed	aspirat, sed
etiam nunc Longobardorum nefande	etiam nunc
gentis flagella sustinere non valens, ex	
consensu beatissimi apostolicae sedis	
papae Pelagii, cui iam ante descripsimus	cui iam ante nostram
necessitudinem, si vestrae sanctitati	si vestre placet
placeat, hanc civitatem Gradensem nos-	
tram confirmare perpetuo metropolim	
novamque eam vocare Aquileiam.	

Wir müssen indes die wesentlichen Verschiedenheiten noch des Näheren besprechen. In dem „kurzen Bericht“ läuft die Rede des Elias in den Antrag aus: 'in hunc castrum Gradensem nostram confirmare metropolym'. Nach der zugehörigen Vorbemerkung, und zwar in der Fassung, in der wir sie bei Johannes Diaconus lesen, hat ferner Elias 'ex consensu beatissimi pape Pelagii' die Verlegung des Patriarchats nach Grado herbeigeführt. Diese Fassung der Vorbemerkung war auch dem Fälscher bekannt; denn er läßt 'ex consensu beatissimi apostolice sedis pape Pelagii' den Elias seine Rede halten; der Fälscher setzt mithin voraus, daß Elias schon vor der Synode die Zustimmung des Papstes eingeholt hat. Nach den Akten hingegen stellt Elias zum Schluß seiner Rede den Antrag: 'hanc civitatem Gradensem nostram perpetuo confirmare metropolim novamque eam vocare Aquileiam'; ja Elias bringt diesen Antrag sogar zweimal vor, um ihn hierdurch um so angelegentlicher zu empfehlen. Mithin hat der Fälscher zu dem Antrag des Elias in dem „kurzen Bericht“ die Worte 'perpetuo' und 'novamque eam vocare Aquileiam' hinzugefügt. Das aber sind gerade die Worte, auf denen hier der Nachdruck liegt.

Die Akten fahren dann fort, die Synode habe dem Antrag zugestimmt, zugleich aber den Wunsch geäußert, es möge das Zustimmungsschreiben des Papstes verlesen werden. Das ist wieder Zutat des Fälschers, der so Gelegenheit hat, das angebliche Zustimmungsschreiben des Papstes selber in die Akten einzurücken. Während es im Formular auf Vorlagen aus dem Liber diurnus zurückgeht, ist es inhaltlich des Fälschers eigenste Erfindung.

Die entscheidenden Sätze daraus will ich wiederum nach den beiden

Drucken und nach den beiden Handschriften anführen. Überdies ist ein Bruchstück aus unserm Schreiben zu vergleichen, das, wie schon früher erwähnt, in den Bericht über die Urgeschichte Grados im Chronicon Altinate wörtlich übernommen ist. Man wird sofort bemerken, daß die Hauptstelle vollständig nur in der Dandolohandschrift und in jenem Bruchstück im Chronicon Altinate wiedergegeben ist, sodaß also die Lesart der Dandolohandschrift durch das Bruchstück im Chronicon Altinate eine sehr erwünschte Bestätigung erfährt.

Dandolo, Muratori XII, 99 E, 100 A. Igitur quia petisti a nobis per missa tuae venerandae fraternitatis brevia, consentientibus in eis suffraganeis tibi episcopis, quatinus Gradense castrum totius Venetiae fieri et Istriae metropolim ad regendam sanctam ecclesiam atque cum timore dei dispensandam, missa preceptione concedere deberemus...	Codex Marcianus c. 41 A. Igitur quia petisti a nobis per immissionis tue, venerande o frater, breviarium, consentientibns [inneis *getilgt*] suffraganeis tibi episcopis, quatenus Gradense castrum tocius Venecie fieri, immo et Istriae metropolim ad regendam scilicet ecclesiam atque cum dei timore dispensandam, emissa precepcione concedere deberemus...
Italia sacra, Ughelli Bd. 5, 27 D. Igitur quia petisti a nobis per immissionis tuae, venerande frater, breviarium, consentientibus suffraganeis tibi episcopis, quatinus Gradense castrum totius Venetiae fieri et Istriae metropolim ad regendam sanctam ecclesiam atque cum dei timore dispensandam, emissa praeceptione concedere deberemus...	Liber Pactorum primus c. 54 B. Igitur quia petisti a nobis permissionis tue venerandę fraternitatis brevia, consentientibus in eis suffraganeis tibi episcopis, quatenus Gradense castrum totius Venetiae fieri et Istriae metropolim, ad regendam scilicet ecclesiam...
Chron. Altinate, MG. SS. XII, 26ff. Constituerunt nove Aquilegie Gradus civitate metropolitanum esset, instituerunt 'totius Venecie fieri, immo et Ystrie, scilicet ad regendam ecclesiam atque cum dei timore dispensandam emissa vobis preceptione concedere debemus' etc.	

Aus dem Schreiben erhellt, daß Elias mit Zustimmung seiner Suffragane den Papst um die Erhebung des castrum Grado zur Metropole ganz Venetiens und besonders Istriens gebeten hat. 'Immo et Istriae', so ist nach dem vollständigen Wortlaut des Schreibens in der Dandolohandschrift und im Chronicon Altinate zu lesen[1]). Man sieht, um die Metropolitanrechte besonders auf Istrien handelt es sich, und die Bitte des Patriarchen erfüllt der Papst für alle Zukunft: 'perpetuo'.

Nun aber der Zweck dieser Abweichungen und Zusätze? Er ist leicht zu durchschauen. Wenn die Metropolitanrechte Grados nicht bloß auf ganz Venetien, sondern namentlich auf Istrien mit solchem Eifer geltend gemacht werden, so erinnern wir uns, daß die Vorbemerkung des „kurzen Berichtes“, wie wir sie bei Johannes Diaconus lesen, von Metropolitanrechten Grados nur auf ganz Venetien weiß. Es liegt hier also offenbar derselbe Gegensatz der Auffassung vor, der uns bereits bei der abgeänderten Vorbemerkung des Patriarchenkatalogs aufgefallen ist. Gerade die Entschiedenheit aber, mit der die Metropolitanrechte auch auf Istrien beansprucht werden, deutet darauf, daß die Akten einer späteren Rechtsanschauung zum Wort verhelfen sollen, die über die frühere, die von Metropolitanrechten nur auf ganz Venetien weiß, geflissentlich hinausgeht. Oder, um es anders auszudrücken, die Ausdehnung der Metropolitanrechte auch auf Istrien war ein Hauptziel der Fälschung. Auch der Sinn des Schlagworts 'Nova Aquileja' ist einleuchtend: Grado tritt damit schlechthin als Erbe des alten Aquileja auf, und wenn ferner die Rechte Grados gleich „für alle Zukunft“ bestätigt werden, so war damit von vornherein späterer Anfechtung vorgebaut. Eben darum genügt jetzt auch die bloße Zustimmung des Papstes nicht mehr, von der die Vorbemerkung des „kurzen Berichte“ (in der Fassung des Johannes Diaconus) erzählt. Das Zustimmungsschreiben selber wird den Akten einverleibt; es sichert ihnen als Papsturkunde höhere Beweiskraft. Fast unmerklich jedoch verschiebt sich so der Schwerpunkt des ganzen Tatbestands: gewiß, auch auf den Nachweis der rechtmäßigen Verlegung des Patriarchats kommt es an, noch weit mehr aber auf die Metropolitanrechte, die Grado daraus erwachsen.

b) Das Synodalschreiben Gregors III. von 731. Nur in einer Abschrift des zwölften Jahrhunderts (Atti diplomatici restituiti dal Governo Austriaco nr. 140 im Staatsarchiv zu Venedig) ist es überliefert[2]). Wie Rodenberg und Wilhelm Meyer gezeigt haben, benutzt der Fälscher folgende Urkunden: 1. den oft erwähnten Warnungsbrief Gregors II. an Serenus von Aquileja; 2. das Einladungsschreiben Gregors III. an Antonin von Grado zu der römischen Synode von 731; 3. die Akten der römischen

[1]) Der Herausgeber Simonsfeld hat Chron. Altinate S. 12 n. 4 zwar erkannt, daß eine Entlehnung aus dem angeblichen Pelagiusbrief vorliegt, läßt aber die Entlehnung erst bei den Worten 'scilicet ad regendam ecclesiam' einsetzen, während sie schon bei den Worten 'totius Venecie, immo et Ystrie', auf denen der eigentliche Nachdruck ruht, beginnt. Ich bemerke noch, daß die drei in Frage kommenden Handschriften des Chron. Altinate allesamt die Lesart 'immo et Ystrie' bieten.

[2]) a. a. O., MG. Ep. 3, 704 nr. 14.

Synode von 721. Auch beruft er sich, wie wir gleich hören werden, auf die Akten der Synode des Elias, und es scheint, als ob er (genau wie der Fälscher dieser Akten) die Vorbemerkung des „kurzen Berichtes“ ebenfalls in der bei Johannes Diaconus vorliegenden Fassung gekannt habe. Denn die Zahl der an der Synode des Elias teilnehmenden Bischöfe wird bei Johannes Diaconus genau auf zwanzig angegeben: 'facta synodo viginti episcoporum', und ganz entsprechend sagt der Fälscher des Gregorschreibens von dem Beschluß der Synode des Elias: 'episcoporum viginti sinodica promulgata sentencia'.

Um indes der Absicht des Fälschers auf die Spur zu kommen, müssen wir den Inhalt des Schreibens uns zuvor vergegenwärtigen. Im Anfang berührt der Papst andere Verhandlungen der Synode: 'ob imagines, quę ad instar domini redemptoris nostri facta proiciebantur atque ęcclesię ipsę in regia urbe ut vilia hominum habitacula efficiebantur' — davon wußte der Fälscher durch das Einladungsschreiben Gregors II. an Antoninus von Grado, 'et propter inlicitas quasdam coniunctiones que fiebant' — darüber berichteten die vom Fälscher benutzten Akten der römischen Synode von 721. Ausführlich verbreitet sich hierauf der Papst über den Rechtsstreit zwischen dem 'Patriarchen' Antoninus von Grado, und Serenus, dem 'Antistes Foroiulensis'. Er teilt nämlich mit, wie Antoninus vor versammelter Synode sich über den Serenus beschwert, weil dieser dem Warnungsbrief Gregors II. zum Trotz in das Gebiet der Gradenser Kirche eingegriffen habe. Serenus verweist den Gegner zur Ruhe. Antonin aber fordert jetzt den endgiltigen Austrag des Rechtsstreits auf Grund der beiderseitigen Rechtstitel. Und siehe da, er legt die Akten der Synode des Elias vor. 'Interea Antoninus Gradensis patriarcha sua protulit monimenta, in quibus continebatur de mutatione sue sedis ex veteri Aquilegia in Gradensem civitatem, pię memorationis decessoris nostri pape Pellagii auctoritate facta eamque episcoporum viginti sinodica promulgata sentencia totius Venetiae et Istrię metropolim confirmatam atque ad instar veteris novam dictam fuisse Aquilegiam'. Serenus seinerseits muß zugeben, er besitze bloß jenen Warnungsbrief Gregors II., der ihm zwar auf Bitten des Langobardenkönigs das Pallium verliehen habe, allein nur unter der Bedingung, daß er mit seinem Gebiet zufrieden, die Rechte des Gradenser Patriarchen nicht antaste, 'nihil se aliud prętər unum habere privilegium, quod a decessore nostro Gregorio pro usu sibi pallii concessum fuerat: in quo habebatur, quod, licet regis Longobardorum precibus pallii consecutus fuisset benedictionem, non ob id gloriaretur, set esset, quasi non accepisset, in eo tantum contentus, quod tunc usque obtinuisset, id est Foroiulensi ępiscopatu, nec unquam Gradensis dicionis iura patriarche contingere pręsumpsisset; quodsi inobediens aliqua fultus elatione comprobaretur, edicto apostolici vigore concilii ipse se gratia collati pallii ex prȩsumptione indignum ostenderet et iudicaret'. Die Schuld des Serenus ist mithin offenbar; dem Reuigen aber verzeiht der Papst, und es erfolgt, um den Streit endgiltig zu schlichten, ein Beschluß der Synode, der die Rechte Grados in dem durch die Akten der Synode des Elias festgestellten Umfang bestätigt und dem Serenus wie seinen Nachfolgern jeglichen Eingriff untersagt: 'consedentium fratrum definitione episcoporum liti finem imponentes stabilimus, ut nove Aquilegię id est Gradensis civitatis Antoninus patriarcha suique successores tocius Venetię et Istrię, quę nostra sunt confinia, remota omnium insolentia ac tergiversatione, primates perpetuo habeantur, Foroiulensem antistitem Serenum suosque successores Cormonensi castro, in quo ad prȩsens cernitur sedere, in finibus Langobardorum solummodo semper esse contentos'.

Dieser Beschluß, hat Wilhelm Meyer nun gemeint, helfe keinen Schritt weiter als der Brief Gregors II., höchstens, daß er jetzt durch eine große Synode gefaßt werde. Mir scheint jedoch, daß das Synodalschreiben in mehr als einer Hinsicht diesen Brief erheblich übertrumpft. So enthält der Brief doch nur eine gelegentliche Mahnung des Papstes, während jetzt eine endgiltige Entscheidung durch Papst und Synode herbeigeführt wird. Ferner nimmt der Brief zwar die Rechte Grados in Schutz, ohne sich aber über diese Rechte des Näheren zu äußern, während sie jetzt durch den Beschluß der Synode genau und endgiltig festgestellt werden, und zwar, dies ist die Hauptsache, nach Maßgabe der Akten der Synode des Elias, die Antonin als Beweismittel der römischen Synode vorlegt. Endlich wendet sich der Brief Gregors II. mit dem Verbot eines Eingriffs in die Rechte Grados doch nur an Serenus persönlich, während das Verbot jetzt auch auf die Nachfolger des Serenus ausgedehnt wird. Unnütz also ist das Synodalschreiben keineswegs, und der Fälscher wußte sehr genau, was er wollte; das zeigen eben die Punkte, in denen er über den Brief Gregors II. hinausgeht.

c) Zusammengehörigkeit der beiden Fälschungen. Wir dürfen freilich nicht auf halbem Wege stehen bleiben, indem wir uns mit der gesonderten Betrachtung der Akten und des Synodalschreibens begnügen: erst die Vergleichung beider Schriftstücke mit einander wird vollends Licht auf ihren Charakter werfen.

Schon in der äußeren Mache stimmen sie auffallend überein. Denn sie sind beide nicht etwa frei erfunden, sondern lehnen sich, soweit als möglich, an die jeweils benutzte Überlieferung an. Wie um den Verdacht der Fälschung abzulenken, berühren sie auch noch andere angebliche Gegenstände der Verhandlung, obwohl sie ernstlich nur die Rechtsstellung Grados im Auge haben, und die Entscheidung erfolgt in beiden, um der höheren Beweiskraft willen, durch eine Papsturkunde.

Schlagender noch ist der innere sachliche Zusammenhang. Er wird offen ausgesprochen, insofern ja das Synodalschreiben ausdrücklich auf die Akten sich beruft. Sodann wollen beide die Rechtsstellung Grados genau in demselben Sinne regeln und gegen spätere Anfechtung sichern. Hierbei bedarf das Synodalschreiben notwendig der Ergänzung durch die Akten. Denn nur die Akten liefern den urkundlichen Beweis dafür, daß die Rechtsstellung Grados schon durch die Synode des Elias, d. h. schon vor der Spaltung, begründet war. Und umgekehrt bedürfen die Akten notwendig der Ergänzung durch das Synodalschreiben. Denn erst das Synodalschreiben liefert den urkundlichen Beweis dafür, daß die ursprünglich durch die Synode des Elias begründete Rechtsstellung Grados auch nach der Spaltung den Aquilejern gegenüber in Kraft geblieben und endgiltig bestätigt worden ist. Die beiden Fälschungen sind also gewissermaßen von Hause aus auf einander zugeschnitten, und so erst, indem wir uns diese gegenseitige Beziehung vor Augen halten, wird der Grundgedanke vollends durchsichtig, auf dem sie beruhen.

Daß nun zwei Fälscher, unabhängig von einander und zu ganz verschiedener Zeit, sich dergestalt hätten in die Hand arbeiten können, das müßte beweisen, wer es etwa behaupten wollte. Nicht einmal zwei gemeinsam in derselben Richtung tätigen Genossen möchte man die Urheberschaft zutrauen. Die einfachste Lösung ist doch wohl, daß beide Fälschungen, in Art und Absicht einheitlich wie sie sind, auch von demselben Verfasser herrühren.

Indem sie aber so nach Art und Absicht zusammengehören, rücken sie zugleich ab von jener verlorenen Darstellung der Urgeschichte der beiden Patriarchate, deren Besonderheit wir bereits erläuterten. Ein rein formaler Unterschied liegt darin, daß wir es dort mit einem Erzeugnis der Geschichtschreibung, hier mit Urkundenfälschungen zu tun haben. Aber auch in dem beherrschenden Grundgedanken tritt ein scharf ausgeprägter Gegensatz hervor. Denn jene Darstellung der Urgeschichte zielte in der Hauptsache darauf ab, den rechtmäßigen Ursprung des Gradenser Patriarchats gegen die unrechtmäßigen Anfänge der Aquilejer Kirche auszuspielen. Die Urkundenfälschungen hingegen erstreben den urkundlichen Nachweis, daß Grados Rechtsstellung schon bei der Verlegung des Patriarchats fest geregelt und später nach der Spaltung auch den Aquilejern gegenüber von Neuem und endgiltig bestätigt worden sei. Zudem erscheint in der noch nicht abgeänderten Darstellung der Urgeschichte Grado als Metropole nur von ganz Venetien, während die Urkundenfälschungen namentlich deswegen auf die Unanfechtbarkeit der Rechtsstellung Grados pochen, weil sie es als Metropole nicht bloß von ganz Venetien, sondern insbesondere auch von Istrien angesehen wissen wollen.

So sind, wenn von der Rechtsanschauung der Gradenser die Rede ist, in der Tat zwei verschiedene Stufen der Entwicklung auseinanderzuhalten. Die eine hat in jener verlorenen Darstellung der Urgeschichte, die andre in den beiden Urkundenfälschungen ihren Niederschlag gefunden. Die Gradenser haben also im Laufe der Zeit ihren Rechtsstandpunkt geändert. Wann, das wird später zu erörtern sein. Einstweilen ist jedenfalls so viel sicher, daß es die verlorene Darstellung der Urgeschichte gewesen sein muß, die den früheren Rechtsstandpunkt widerspiegelte. Denn die beiden Urkundenfälschungen fußen bereits auf jener Darstellung und überbieten sie in der Auffassung der Rechtsfrage. Sie geben demnach den späteren Rechtsstandpunkt der Gradenser wieder. Es handelt sich mithin, um es kurz zu sagen, um den Gegensatz einer älteren und einer jüngeren Theorie, und diesen Gegensatz wird die weitere Untersuchung noch genauer aufhellen müssen.

2. Die jüngere Theorie in der sonstigen Überlieferung.

Ganz so einfach, wie es nach den vorangehenden Ausführungen scheinen könnte, liegt der Tatbestand indes nicht. Ich bemerkte schon, daß neben den beiden Urkundenfälschungen auch noch andere Quellen als Belege für die jüngere Theorie in Betracht kommen. Außer einigen Urkunden ist es vor allem die Geschichtschreibung, worin die jüngere Theorie nicht wenige Spuren hinterlassen hat. Im Chronicon Altinate, im Chronicon Gradense, bei Johannes Diaconus, und zumal im Patriarchenkatalog des Codex Barberinus werden uns solche begegnen. Die jüngere Theorie ist mithin auch in solche Quellen eingedrungen, aus denen wir zuvor die ältere Theorie abgeleitet haben. Eben hierdurch kompliziert sich der Tatbestand. Denn es ist nun wieder im einzelnen zu prüfen, inwiefern der Einfluß der jüngeren Theorie sich in diesen Quellen fühlbar macht, und es wird also erst danach möglich sein, das Verhältnis der jüngeren Theorie zur Überlieferung vollständig zu übersehen.

a) Die jüngere Theorie in Urkunden. Benedikt IX. gebraucht in seinem Privileg für Grado vom Jahre 1044 nur das Schlagwort 'Nova Aquileja'. Viel weiter geht die Konstitution Leos IX. von 1053 [1]). Nach der Ansicht Wilhelm Meyers wäre diese Konstitution „ganz nach dem Vorbild des Warnungsbriefs Gregors II. an Serenus und Gregors III. an Calixtus geschrieben“. Allein eine genauere Vergleichung zeigt, daß sie vielmehr an das gefälschte Synodalschreiben Gregors III. anknüpft.

[1]) Urkunde Benedikts IX. von 1044 April, Jaffé² nr. 4114; Leos IX. von 1053 April, Jaffé² nr. 4295.

Denn nach dem Synodalschreiben Gregors III. bestimmt die Synode: 'ut nove Aquilegię, id est Gradensis civitatis Antoninus patriarcha suique successores tocius Venetię et Istrię, quę nostra sunt confinia, remota omnium insolentia ac tergiversatione, primates perpetuo habeantur, Foroiulensem antistitem Serenum suosque successores Cormonensi castro, in quo ad pręsens cernitur sedere, in finibus Longobardorum solummodo semper esse contentos'.

Und demgemäß verfügt Leo IX: 'ut nova Aquileja totius Venetiae et Istriae caput et metropolis perpetuo haberetur secundum quod evidentissima praedecessorum nostrorum astruebant privilegia, Foroiulensis vero antistes tantummodo finibus Longobardorum esset contentus iuxta privilegium Gregorii secundi et retractationem tertii'.

Zu den 'evidentissima praedecessorum nostrorum privilegia', auf Grund deren Leo IX. die Rechtsstellung Grados festsetzt, gehört also ohne Zweifel das gefälschte Synodalschreiben Gregors III. (und vielleicht auch der gefälschte Pelagiusbrief in den Akten der Synode des Elias). Hingegen auf das 'privilegium Gregorii secundi' und auf die 'retractatio tertii' bezieht sich Leo IX. nur in dem gegen den 'Antistes Foroiulensis' gerichteten Teil seiner Konstitution, aber selbst hier folgt der Wortlaut der Konstitution nicht den genannten Papstbriefen, sondern dem gefälschten Synodalschreiben Gregors III.

Es ist daher ein Irrtum, wenn Wilhelm Meyer gemeint hat, nur der Redaktor des nach 1045 abgeschlossenen Patriarchenkatalogs wisse von diesem Synodalschreiben, und die Schwächen der Fälschung hätten damals die weitere Benützung des Schriftstücks verhindert; sondern im Gegenteil, gerade auf dieser Fälschung baut sich die endgiltige Entscheidung des Rechtsstreits durch Leo IX. auf, und es ist mithin die jüngere Theorie, die zuletzt den Sieg davongetragen hat.

b) Die jüngere Theorie und die Geschichtschreibung,

α) Der Bericht über die Urgeschichte Grados im Chronicon Altinate und im Chronicon Gradense.

Daß der Verfasser des Berichts über die Urgeschichte Grados im Chronicon Altinate mit der jüngeren Theorie vertraut ist, lehrt unmittelbar der Inhalt dieses Berichts. Bekanntlich wird darin erzählt, wie der Dux Beatus zu Papst Benedikt nach Rom kommt, um dort die Bestätigung des 'castrum Gradense' als 'Nova Aquileja' und als Metropole von ganz Venetien und Istrien zu erwirken, was ihm auch gelingt. Die jüngere Theorie wird hier also bereits in einen von dem ursprünglichen Tatbestand abweichenden Zusammenhang hinein verwertet: zu welchem Zwecke, das wird später zu erörtern sein. Vorerst genügt es, die Tatsache als solche festzustellen.

In den Bericht im Chronicon Altinate ist sogar, wie wir wissen, ein Bruchstück des Pelagiusbriefs aus den Akten der Synode des Elias wörtlich übernommen. Dieses Bruchstück hat Wilhelm Meyer in dem entsprechenden Bericht, den das Chronicon Gradense darbietet, vermißt, und er hat deshalb gemeint, es sei erst nachträglich in die Handschriften des Chronicon Altinate eingeschoben, nämlich erst nach der Fälschung der Akten der Synode des Elias, die er für „wahrscheinlich erst gegen Schluß des zwölften Jahrhunderts erdichtet“ hält. Doch ist hierauf zu erwidern, daß das Bruchstück aus dem Pelagiusbrief im Chronicon Gradense nicht etwa fehlt, sondern vielmehr bereits umgearbeitet ist, wie denn überhaupt der Bericht im Chronicon Gradense sich durchgehends als eine Bearbeitung des Berichts im Chronicon Altinate erweist.

Chronicon Altinate, MG. SS. XII, S. 12 Z. 19 — S. 13 Z. 1: 'Benedictum namque sanctissimum et benignissimnm pontificem, dux Metaumaucensem Beatum cum omnibus tribunis quod ad eum inquisitum habet per confirmatione in Gradensem civitatem metropolitanum pontificem consilium fecit decem et octo episcoporum; laudavit et confirmavit per privilegii preceptum subscriptionem pape sive toti istorum episcopi Paulus cardinalis de duodecim ordinalibus Romane sedis ecclesie, constituerunt nove Aquilegie Gradus civitate metropolitanum esset, instituerunt 'totius Venecie fieri, immo et Ystrie, scilicet ad regendam ecclesiam atque cum dei timore dispensandam, emissa vobis preceptione concedere debemus. Quapropter vestri compatentes merori necessitudini, per illum precepti seriem suprascriptam civitatem Gradensem tocius Venecie fieri cum omnibus vestre ecclesiis pertinentibus et Ystrie metropolim perpetuo confirmamus'. Subscriptione et confirmatione episcoporum sub illius scripsit et confirmavit privilegii preceptum gardinalis Romane universalis ecclesie, que archipresbiterii sive episcoporum in illorum ordine conpellentur, cum triginta alii presbiterorum'.

Chronicon Gradense, Monticolo S. 39 Z. 11 — S. 40 Z. 2: 'Tunc idem sanctissimus Benedictus summus Romanę sedis pontifex, benignitatis clementia motus, dignis eorum condescendit precibus, communicatoque XXXVIIII episcoporum concilio, Gradensem civitatem novam Aquileiam constituens, ex collaudatione supradictorum episcoporum et omnium sanctę Romanę ecclesię cardinalium tocius Venetię et Hystrię metropolim ordinavit, accersitoque duce et qui cum eo erant: per privilegii, inquit, preceptum sanctę Romane ęcclesię et collaudatione ac confirmatione omnium istorum fratrum, tam episcoporum quam cardinalium, tocius Venetię nec non et Hystrię Gradensem ecclesiam metropolim vobis ordinamus'.

Aber auch dem ganzen Zusammenhang nach ist das Bruchstück in dem Bericht des Chronicon Altinate gar nicht zu entbehren, es muß also auch um deswillen ihm schon von vornherein angehört haben[1]). Ich betone

[1]) Man beachte, daß im Chron. Altinate von den Metropolitanrechten Grados nur in dem aus dem Pelagiusbrief übernommenen Bruchstück die Rede ist. Wäre, wie Wilhelm Meyer meint, das Bruchstück aus dem Pelagiusbrief in die Handschriften des Chron. Altinate erst späterhin eingeschoben, so würde eine den Zusammenhang des ganzen Berichts unerträglich unterbrechende Lücke entstehen. Man beachte ferner, daß dieses doch nur ganz kurze Bruchstück aus dem Pelagiusbrief sich zweimal über die Metropolitanrechte Grados äußert. Das

das, weil sich daraus ergibt, daß die Akten mit dem Pelagiusbrief älteren Ursprungs sein müssen als der Bericht im Chronicon Altinate, der dann seinerseits wieder dem Bericht im Chronicon Gradense zugrunde liegt.

β) Das Chronicon Venetum des Johannes Diaconus. Von den Merkmalen der jüngeren Theorie kommt hier nur das Schlagwort 'Nova Aquileja' vor, aber auch dieses nur an einer einzigen Stelle. Wilhelm Meyer hat deshalb die Frage aufgeworfen, ob der Passus in der Handschrift des Johannes Diaconus nicht erst vom Schreiber zugesetzt sei. Doch ist m. E. ein ausreichender Anlaß zu dieser Vermutung nicht vorhanden. Andrerseits sind Simonsfeld und Monticolo der Ansicht, Johannes Diaconus habe diese Stelle anderswoher entlehnt. Außer Paulus Diaconus habe er hier nämlich den Patriarchenkatalog im Chronicon Altinate ausgeschrieben, der seines Teils auch wieder aus Paulus Diaconus geschöpft hat[1]).

Paulus Diaconus, Hist. Langob. II 10: 'Hoc etiam tempore Romanam ecclesiam vir sanctissimus Benedictus papa regebat. Aquileiensi quoque civitati eiusque populis beatus Paulus patriarcha praeerat. Qui Langobardorum barbariem metuens ex Aquileia ad Gradus insulam confugiit secumque omnem suae thesaurum ecclesiae deportavit'.

Chronicon Altinate, MG. SS. XII, S. 16 Z. 16: 'His diebus vir sanctissimus Benedictus Romanam sanctam regebat ecclesiam, Aquilegensi quoque civitati eiusque populo Paulus patriarcha preerat, qui Longobardorum *rabiem* metuens ex Aquilegia destructa ad Gradus insulam confugit secumque beatissimi martyris Hellarii et aliorum sanctorum corpora deportavit et *aput eandem Gradensem* civitatem *honore dignissimo condidit ipsamque novam Aquilegiam* nominavit'. (Vgl. Chronicon Altinate, S. 13 Z. 12—15).

Gleiche ist in dem entsprechenden Abschnitt des Chron. Gradense der Fall. Es erklärt sich das sehr einfach, wenn dem Verfasser des Chron. Gradense das Bruchstück aus dem Pelagiusbrief bereits vorlag. Daß er aber ganz von sich aus auch ohne dieses Vorbild der Metropolitanrechte Grados gleich zweimal kurz nacheinander gedacht hätte, darf man füglich bezweifeln. Umgekehrt sodann: wenn, wie Besta a. a. O. S. 23 ff. und S. 56 behauptet, das Chron. Altinate eine Bearbeitung des Chron. Gradense wäre, so müßte der auf die Metropolitanrechte Grados bezügliche Abschnitt des Chron. Gradense im Chron. Altinate geflissentlich übergangen und durch das Bruchstück aus dem Pelagiusbrief ersetzt sein; zu welchem Zwecke, — da doch der Bericht im Chron. Gradense eine in sich einheitliche Darstellung bietet, — das wäre freilich nicht einzusehen. Durchaus begreiflich dagegen ist, daß das Bruchstück aus dem Pelagiusbrief im Chron. Altinate, weil als solches dort nicht mehr erkannt, im Chron. Gradense mitumgearbeitet wurde. Ich glaube insofern, daß schon aus dem hier erörterten Tatbestand die Unhaltbarkeit der Auffassung Bestas sich ergibt. Auch mit den anderen von Besta vorgebrachten Belegen, soweit sie überhaupt zur Entscheidung der Frage dienlich sind, beispielsweise mit dem S. 30 n. 2 und n. 3 angeführten Fall, steht es nicht besser. Wir werden übrigens später, wenn wir auf die Tendenz der Urgeschichte Grados im Chron. Altinate einerseits und im Chron. Gradense andrerseits zu sprechen kommen, noch auf weitere durchschlagende Beweisgründe gegen Bestas Anschauung stoßen.

[1]) Vgl. Simonsfeld, Das Chron. Altinate S. 28—30, und die eingehende Untersuchung Monticolos, Bullettino IX cp. XXIV: Relazioni colle parti più antiche del Chronicon Altinate S. 219—224.

Johannes Diaconus, Monticolo S. 62 Z. 7—14: 'Eodem tempore Romanam ecclesiam vir sanctissimus Benedictus regebat, Aquilegensi quoque civitati eiusque populis beatus Paulus patriarcha preerat, qui Langobardorum *rabiem* metuens ex Aquilegia ad Gradus insulam confugit secumque beatissimi martyris Hermachore et ceterorum sanctorum corpora que ibi humata fuerant deportavit *et apud eundem Gradensem* castrum *honore dignissimo condidit ipsamque urbem Aquilegiam novam* vocavit'.

Vergleicht man die in Rede stehenden Nachrichten, so liegt zwar die Übereinstimmung des Johannes Diaconus mit den genannten Quellen klar zutage; dennoch möchte ich über sein Verhältnis zum Patriarchenkatalog des Chronicon Altinate keine bestimmtere Meinung äußern, zumal da eine weitere Benutzung des Chronicon Altinate durch Johannes Diaconus sonst nicht nachweisbar ist[1]). Bleibt mithin die unmittelbare Herkunft des Schlagworts bei Johannes Diaconus zweifelhaft, so ist doch, scheint mir, schon die bloße Tatsache bemerkenswert, daß ein der jüngeren Theorie wesentlicher Begriff bereits bei Johannes Diaconus uns begegnet.

γ) Um so deutlicher ist der Einfluß der jüngeren Theorie auf den Patriarchenkatalog im Codex Barberinus.

Wir haben früher gesehen, daß in diesem Patriarchenkatalog jene verlorene Darstellung der Urgeschichte der beiden Patriarchate benutzt ist, die im Sinne der älteren Theorie abgefaßt war, daß jedoch die Vorbemerkung zu dem „kurzen Bericht“ über die Synode des Elias abgeändert sein muß. Schon damals drängte sich uns der Verdacht auf, daß es wohl ein Wandel der Rechtsanschauung war, der den Anstoß zur Abänderung der Vorbemerkung gab; was aber früher nur Vermutung blieb, das läßt sich jetzt, nachdem wir die jüngere Theorie kennen gelernt haben, mit aller Sicherheit beweisen.

Es wird zu diesem Zwecke notwendig sein, die Vorbemerkung im Patriarchenkatalog nochmals mit der bei Johannes Diaconus zu vergleichen. Wir erinnern uns: bei Johannes Diaconus setzt Elias die 'urbs Gradensis' als 'metropolis totius Venecie' ein, mit Zustimmung des Papstes, auf einer Synode von zwanzig Bischöfen. Nach dem Patriarchenkatalog hingegen setzt Elias die 'ecclesia Gradensis' als 'caput et metropolis totius

---

[1]) Ich weiß natürlich, daß Johannes Diaconus sich auch noch an andern Stellen mit dem Chron. Altinate auf kurze Strecken inhaltlich und sogar im Wortlaut berührt: Stellen, die bisher den jüngeren Bestandteilen des Werkes zugerechnet wurden, die Besta indes neuerdings „derselben Werkstatt“, wie die älteren Stücke zuschreibt; vgl. Joh. Diaconus ed. Monticolo S. 63 Z. 1—4 und Chron. Altinate S. 49 Z. 12—13; ferner Joh. Diaconus S. 101 Z. 3 ff. und Chron. Altinate S. 56 Z. 40—44. Aber eine Entscheidung der Abhängigkeitsfrage ist auch da unmöglich, wie man aus dem höchst bezeichnenden Schwanken Simonsfelds ersieht, vgl. Simonsfeld, Das Chron. Altinate S. 46 ff. und andrerseits Chron. Venetum vulgo Altinate S. 56 n. 8; ferner Monticolo, Bullettino IX cp. XXV: Relazioni col racconto di Longino del Chron. Altinate S. 224—246.

provincię Histriensium et Venetiarum' ein, empfängt ein Schreiben des Papstes und die Zustimmung sämtlicher Bischöfe genannter Provinzen.

Die Worte 'ex consensu beatissimi pape Pelagii' in der Vorbemerkung des Johannes Diaconus hat nun, wie wir sahen, auch der Fälscher der Akten der Synode des Elias, die Worte 'facta synodo viginti episcoporum' hat der Fälscher des Synodalschreibens Gregors III. in seiner Vorlage ebenso gelesen. Es ist das eine erneute Bestätigung dafür, daß Johannes Diaconus, insoweit er sie abschreibt, die ursprüngliche Vorbemerkung wiedergibt. Ebenso durchsichtig aber ist andrerseits, daß die Abänderung der Vorbemerkung im Patriarchenkatalog lediglich darauf abzielt, den Patriarchenkatalog mit der jüngeren Theorie in Einklang zu bringen. Deshalb wird hier Grado als Metropole nicht bloß von ganz Venetien, sondern auch von Istrien bezeichnet; deshalb wird auf die Zustimmung sämtlicher Bischöfe beider Provinzen angespielt; deshalb ist aus der bloßen Zustimmung ein Schreiben des Papstes geworden. Auch erklärt sich so die wiederholte Anwendung des Schlagworts 'Nova Aquileja' im Patriarchenkatalog; ja in den Bruchstücken daraus, die den zweiten Teil des Chronicon Gradense bilden, kommt es sogar an einer Stelle vor, wo es im Patriarchenkatalog des Codex Barberinus fehlt, wo es mithin aus irgend einem Grunde ausgefallen sein mag[1]). So erklärt sich endlich, daß im Patriarchenkatalog des Codex Barberinus auch das gefälschte Synodalschreiben Gregors III. von 731 ausgeschrieben ist. Das Entscheidende ist mithin, wie hier neben der älteren auch die jüngere Theorie sich Geltung verschafft. Zwar beruht der Patriarchenkatalog von Hause aus auf jener verlorenen Darstellung, in der die Urgeschichte der beiden Patriarchate vom Standpunkte der älteren Theorie geschildert war. Zugleich aber hat er eine durchgreifende Bearbeitung nach den Anforderungen der jüngeren Theorie erfahren. Die zugrunde liegende Darstellung ist soweit übernommen, als sie sich in den Rahmen der jüngeren Theorie einfügte. Wo sie ihr dagegen widerstrebte, wie in der Vorbemerkung zu dem „kurzen Bericht" über die Synode des Elias, da ist sie unbedenklich im Sinne der jüngeren Theorie abgeändert worden. Bedeutsam ist namentlich die unmittelbare Berücksichtigung der beiden Fälschungen. Wir haben es insofern mit einer planmäßig und einheitlich durchgeführten Bearbeitung zu tun, und der Zweck des Patriarchenkatalogs in der uns überlieferten Gestalt ist offenbar der gewesen, jene verlorene, vom Standpunkt der älteren Theorie entworfene Darstellung durch eine der jüngeren Theorie sich anpassende Bearbeitung zu ersetzen.

Auf diese Beobachtung gestützt, dürfen wir sofort noch eine andere Folgerung wagen. Ich erwähnte soeben die Bruchstücke aus dem Patriarchen-

[1]) Vgl. Chron. Gradense, Monticolo S. 50 Z. 21 und Cronica de singulis patriarchis, Monticolo S. 9 Z. 17.

katalog, die den zweiten Teil des Chronicon Gradense bilden, und die vielfach abweichende und zum Teil bessere Lesarten darbieten als der Patriarchenkatalog im Codex Barberinus[1]). Mithin sind jene Bruchstücke nicht aus dem Patriarchenkatalog im Codex Barberinus entlehnt, sondern stammen mit diesem Patriarchenkatalog aus einer gemeinsamen Quelle, das heißt, aus einem älteren verlorenen Patriarchenkatalog. Alsdann aber kann die Bearbeitung im Sinne der jüngeren Theorie nicht erst im Patriarchenkatalog des Codex Barberinus durchgeführt worden, sie muß vielmehr schon in jenem älteren verlorenen Patriarchenkatalog vorhanden gewesen sein. Noch eine andere Folgerung ist danach unabweisbar. Den Auszug aus dem gefälschten Synodalschreiben Gregors III. lesen wir heute allerdings nur noch in dem allein vollständigen Patriarchenkatalog des Codex Barberinus. Wenn aber die durchgehende Bearbeitung im Sinne der jüngeren Theorie auch bereits für seine Quelle, den älteren verlorenen Patriarchenkatalog, anzunehmen ist, so wird auch der Auszug aus dem gefälschten Synodalschreiben Gregors III. nicht erst nachträglich für den Patriarchenkatalog im Codex Barberinus, er wird vielmehr gleich für diesen älteren verlorenen Patriarchenkatalog angefertigt sein. Alsdann ist es auch nicht erst der Redaktor des nach 1045 abgeschlossenen Patriarchenkatalogs im Codex Barberinus, von dem der Auszug aus dem Synodalschreiben herrührt, und zugleich entfällt damit jeder Anlaß, das Synodalschreiben ganz in die Nähe dieses Redaktors zu rücken oder ihn gar als den mutmaßlichen Fälscher zu verdächtigen.

* * *

Nach alledem ist das Verhältnis der jüngeren Theorie zur Überlieferung etwa so zu bestimmen: Das unmittelbare und eigentliche Mundstück der jüngeren Theorie, wenn ich so sagen darf, sind nur die beiden Urkundenfälschungen; alle übrigen Quellen verraten zwar irgendwie bereits den Einfluß der jüngeren Theorie, sind aber, den beiden Urkundenfälschungen gegenüber, doch bloß Belege zweiter Hand. Eben darum mußten die beiden Urkundenfälschungen zuerst für sich allein und vor den übrigen Quellen erläutert werden.

Es bleibt also dabei, daß die ältere Theorie auf dem Wege der Geschichtschreibung, die jüngere durch das Medium der beiden Urkundenfälschungen ans Licht trat. Während uns aber die ältere Theorie nicht mehr in originaler Fassung, sondern nur in Ableitungen daraus und noch dazu nur bruchstücksweise und überarbeitet vorliegt, haben wir für die jüngere Theorie sowohl die anfängliche Ausprägung in den beiden Urkunden-

---

[1]) Vgl. hierzu Monticolo, Cronach. Veneziane antichissime, Prefazione S. X, ferner Bullettino IX, 168.

fälschungen als auch sonst in mancherlei Belegen die Nachwirkung vor uns, die sie auf die Überlieferung ausgeübt hat.

Der erste Hauptabschnitt der uns hier beschäftigenden Untersuchung ist damit erledigt. Wir haben die Verschiedenheit des Rechtsstandpunktes der beiden Theorien und daneben die abweichende Art ihrer Überlieferung dargelegt. Der Fortschritt der Rechtsauffassung, die innere Entwicklung gleichsam, ist mithin aufgehellt. Die äußeren Umstände hingegen, unter denen diese Entwicklung vor sich gegangen ist, liegen noch im Dunkel. Es bleibt also die Aufgabe, auch die Entstehungszeit der beiden Theorien, und, wenn möglich, die besonderen Zeitverhältnisse festzustellen, aus denen heraus sie erwachsen sind. Dieser Aufgabe sei der zweite Hauptabschnitt unserer Untersuchung gewidmet.

III.

Zunächst müssen wir über eine Vorfrage uns verständigen. Man sollte erwarten, es werde ein Leichtes sein, das Alter der beiden Theorien zu berechnen, nach dem Alter der Quellen nämlich, in denen sie sich vorfinden. Und sicher ist ja, daß die ältere Theorie zu Beginn des elften Jahrhunderts, „vor 1008“, als Johannes Diaconus schrieb, bereits vorhanden gewesen sein muß. Nur ist mit diesem vorläufigen Anhalt nicht eben viel gewonnen. Denn das Alter aller übrigen Quellen ist ungewiß. Unbekannt ist zunächst die Abfassungszeit des verlorenen, im Sinne der jüngeren Theorie umgearbeiteten Patriarchenkatalogs, dem der Patriarchenkatalog des Codex Barberinus und die Bruchstücke eines Patriarchenkatalogs im Chronicon Gradense entstammen. Von dem Chronicon Gradense sodann ist zwar bisher angenommen worden, daß es zu Beginn des elften Jahrhunderts, spätestens „um 1032“, im Codex Urbinas handschriftlich vorlag; ich erwähnte aber schon[1]), daß die äußeren handschriftlichen Merkmale einen derart festen Zeitansatz nicht gestatten. Des Weiteren ist der Bericht über die Urgeschichte Grados im Chronicon Altinate bisher dem zehnten Jahrhundert zugeschrieben worden, aber nur, weil er älter ist, als der entsprechende, bereits davon abhängige Bericht im Chronicon Gradense, das bisher dem Beginn des elften Jahrhunderts zugeschrieben wurde, so daß also mit der Abfassungszeit des Chronicon Gradense auch das Alter des Berichts im Chronicon Altinate unsicher wird. Von den beiden Urkundenfälschungen endlich können wir zwar behaupten, daß sie früheren Ursprungs sein müssen, als der Bericht im Chronicon Altinate und im Chronicon Gradense, auch als der verlorene, im Sinne der jüngeren Theorie bearbeitete Patriarchenkatalog, insofern die beiden Fälschungen in allen

[1]) Vgl. oben S. 25.

diesen Quellen irgendwie bereits verwertet sind. Wennschon sie also gewiß nicht erst um die Mitte des elften (nach 1045) oder gar zu Ende des zwölften Jahrhunderts erdichtet sind, so ist doch darüber hinaus vor der Hand nichts Genaueres auszumachen.

Mithin steht es so, daß die Abfassungszeit der genannten Quellen, weil meist selber problematisch, einen Schluß auf das Alter der beiden Theorien nicht erlaubt. Wir können vielmehr nur hoffen, daß, wenn es auf anderem Wege gelingen sollte, das Alter der beiden Theorien zu ermitteln, von hier aus ein Rückschluß auch auf die Abfassungszeit der genannten Quellen möglich wird. In der Tat, es gibt einen solchen Weg, und zwar wird je nach der Besonderheit der beiden Theorien jeweils ein verschiedenes Verfahren einzuschlagen sein.

1) Entstehungszeit der älteren Theorie.

a) Die ältesten Gradenser Patriarchenkataloge[1]. Als Quelle der älteren Theorie kennen wir bisher nur die verlorene Darstellung der Urgeschichte der beiden Patriarchate, die bei Johannes Diaconus und im Patriarchenkatalog des Codex Barberinus zugrunde liegt. Daneben ist nun für die Angaben über die Gradenser Patriarchen bei Johannes Diaconus und im Patriarchenkatalog des Codex Barberinus ein und derselbe Patriarchenkatalog benutzt, und es läßt sich zeigen, daß dieser Gradenser Patriarchenkatalog von vornherein mit jener Darstellung der Urgeschichte der beiden Patriarchate verbunden war. Ja sogar die Abfassungszeit dieses Patriarchenkatalogs der älteren Theorie, um ihn kurz so zu nennen, läßt sich, wenigstens annähernd, noch berechnen. Zugleich ergibt sich, wenigstens ungefähr, die Entstehungszeit der älteren Theorie. Denn der Patriarchenkatalog der älteren Theorie dürfte zu einer Zeit angefertigt sein, als die Gradenser Ursache hatten, mit dieser Theorie hervorzutreten.

Wir wollen daher die noch vorhandenen Patriarchenkataloge auf ihre Herkunft untersuchen. Es sind deren noch drei: 1. der Patriarchenkatalog bei Johannes Diaconus, 2. der im Codex Barberinus, 3. der im Chronicon Altinate. Vergleicht man sie untereinander, so lehrt die bis auf Jahr, Monat und Tag genaue Übereinstimmung, die ihre Zeitangaben auszeichnet,

[1] Zur Literatur über die Gradenser Patriarchenkataloge vgl. u. a. Simonsfeld, Das Chron. Altinate S. 24—28; Cipolla, Ricerche sulle tradizioni intorno alle antiche immigrazioni nelle lagune. Appendice: I cataloghi del Chron. Altinate, Archivio Veneto (1885) Bd. 29, 331—353; Monticolo, Bullettino IX, 130—137 cp. XII: Le notizie intorno ai patriarchi di Grado: I cataloghi de' patriarchi; Cipolla, Le fonti ecclesiastiche adoperate da Paolo Diacono, besonders S. 21 ff.; Besta, Nuove ricerche sul Chronicon Altinate S. 36 ff. Eine Auseinandersetzung mit diesen Arbeiten liegt hier selbstverständlich nicht in meiner Absicht; sie würde eine besondere Untersuchung erfordern. Ich muß mich darauf beschränken, das zum Nachweis meiner Auffassung Wesentliche zu begründen.

daß sie aus ein und demselben Urkatalog entlehnt sein müssen[1]). Diese Übereinstimmung reicht, wie aus einer in Beilage 2 zusammengestellten Tabelle ersichtlich ist, bis herab auf die Zeit des Patriarchen Marinus, d. h. bis etwa zur Mitte des zehnten Jahrhunderts. Bis dahin also muß der zugrunde liegende Urkatalog sich erstreckt haben.

Von den drei noch vorhandenen Katalogen, die aus diesem Urkatalog geflossen sind, stehen nun aber wieder zwei, der bei Johannes Diaconus und der im Codex Barberinus, in einem engeren Zusammenhang, und zwar ist es die Art der Anlage, wodurch diese beiden Kataloge sich von dem des Chronicon Altinate unterscheiden.

Im Chronicon Altinate wird jeder einzelne Patriarch für sich allein aufgeführt, mit der Angabe des Heimatsortes, der 'nacio', und seit Venerius, dem ersten Venezianer auf dem Gradenser Stuhle, wird dann regelmäßig auch der Name des Vaters und zuweilen noch die eine oder andere kurze Bemerkung hinzugefügt[2]). Also z. B.:

'Ciprianus patriarcha, qui fuit nacione Pole civitate, vixit in patriarchatu a. 25, m. 3, d. 20'.

oder: 'Vitalis patriarcha, qui fuit tercius nacione nove Venecie, filius Janaceni Particiaci, qui rexit patriarchatum a. 19, m. 1, d. 6'.

Bei Johannes Diaconus und im Patriarchenkatalog des Codex Barberinus hingegen wird durch eine Wendung, wie etwa: 'mortuo vero X, huic successit Y', der Nachfolger stets zu seinem Vorgänger in Beziehung gebracht. Sodann fehlt die Angabe der 'nacio', wie später die des Vaters.

---

[1]) Ich bemerke ausdrücklich, daß Johannes Diaconus seiner ganzen Arbeitsweise gemäß zuweilen keine genauen Zeitangaben bringt, namentlich dann, wenn er seine Nachrichten über einen Patriarchen aus einer andern Quelle bezieht, vgl. Johannes Diaconus S. 100 und S. 121. Auch darf man eine schlechthin durchgehende Übereinstimmung der Zeitangaben nicht erwarten. Vielmehr weichen die Zeitangaben im Patriarchenkatalog des Codex Barberinus (= PKB) mitunter von denen bei Johannes Diaconus (= JD) und im Patriarchenkatalog des Chron. Altinate (= PKA), die im PKB und PKA mitunter von denen bei JD ab; z. B. *Marcianus* PKB: 3 Jahre 1 Monat 5 Tage, JD und PKA: 3 Jahre 0 Monate 5 Tage; *Ciprianus* PKB: 15 Jahre 3 Monate 20 Tage, JD und PKA: 25 Jahre 3 Monate 20 Tage; oder *Petrus* PKB und PKA: 4 Jahre 6 Monate 8 Tage, JD: 4 Jahre 6 Monate 0 Tage; *Victor iunior* PKB und PKA: 17 Jahre 11 Monate 13 Tage, JD: 18 Jahre; *Dominicus* PKB und PKA: 7 Jahre 11 Monate 3 Tage, JD: 7 Jahre 11 Monate. Hier liegen offensichtlich Überlieferungsfehler oder Ungenauigkeiten auf Seiten der alleinstehenden Quelle vor. — Der Herausgeber des Patriarchenkatalogs im Chron. Altinate hat sich in der Regel an die Zeitangaben des Codex Vaticanus 5273 gehalten, während nicht selten die Zeitangaben in den andern Handschriften zutreffender sind, wie sich aus einem Vergleich dieser Zeitangaben mit denen im PKB und bei JD ergibt.

[2]) Vgl. hierzu Monticolo, Bullettino IX, 134. — Die Angabe der 'nacio' hört bei dem Patriarchen Petrus auf. Man darf aber daraus nicht, wie das wohl geschehen ist, den Schluß ziehen, daß damals die erste Redaktion des Katalogs erfolgt sei. Vielleicht ist die Angabe der 'nacio' fortan nur deshalb unterblieben, weil mittlerweile die venezianische Herkunft der Patriarchen zur Regel geworden war.

Andrerseits liest man im Patriarchenkatalog des Codex Barberinus bis etwa 900 regelmäßig, und bei Johannes Diaconus wenigstens hie und da die Angabe des Begräbnisplatzes*).

Offenbar geht nun die übereinstimmende Anlage des Katalogs bei Johannes Diaconus und im Codex Barberinus schon auf den zugrunde liegenden Katalog zurück. Dieser Katalog aber kann der Urkatalog nicht sein. Das folgt aus der abweichenden Gestalt des Katalogs im Chronicon Altinate, der ja seinerseits auch aus dem Urkatalog geschöpft ist. Es muß also einen Katalog gegeben haben, der, aus dem Urkatalog abgeleitet, bereits die gleiche Art der Anlage aufwies, die noch jetzt der Katalog bei Johannes Diaconus und im Codex Barberinus hat, und erst dieser verlorene Katalog ist demnach als die Quelle des bei Johannes Diaconus und im Codex Barberinus erhaltenen Patriarchenkatalogs anzusehen.

Wir finden somit, daß bei Johannes Diaconus und im Patriarchenkatalog des Codex Barberinus nicht bloß die verlorene Darstellung der älteren Theorie, sondern auch ein verlorener, aus dem vorauszusetzenden Urkatalog bereits abgeleiteter Katalog benutzt ist. Nicht leicht aber wird Jemand glauben, daß bei Johannes Diaconus und im Patriarchenkatalog des Codex Barberinus zwei verschiedene Quellen, beide Gradenser Ursprungs, nebeneinander ausgeschrieben seien. Zudem entbehren die Bruchstücke der verlorenen Darstellung der älteren Theorie, die bei Johannes Diaconus und im Patriarchenkatalog des Codex Barberinus übrig sind, zwar nicht des einheitlichen Grundgedankens, wohl aber des verbindenden äußeren Zusammenhanges, und eben den verlieh ihnen, wie das noch jetzt im Patriarchenkatalog des Codex Barberinus der Fall ist, die Angliederung an den verlorenen Patriarchenkatalog. Das nicht wohl anfechtbare Ergebnis ist mithin, daß die verlorene Darstellung der älteren Theorie von Anfang an mit dem verlorenen, aus dem Urkatalog entlehnten Patriarchenkatalog vereinigt war, und erst von hier aus wird das Verfahren, das die Gradenser befolgten, vollends deutlich.

*) Die gleiche Art der Anlage des Katalogs bei Johannes Diaconus und im Codex Barberinus hat auch Monticolo, Bullettino IX, 135 bemerkt; auf den Gedanken aber, daß bereits der zugrunde liegende Katalog die gleiche Art der Anlage aufwies, ist er nicht gekommen. Unrichtig ist es, wenn er meint, daß der PKB „degli elementi originari ne conservò uno, che manca nel catalogo del chronicon altinate, cioè la designazione del luogo, ove ciascuno de' patriarchi fu sepolto". Vielmehr hat der Urkatalog die Angabe des Begräbnisplatzes noch nicht enthalten, und erst in dem daraus abgeleiteten Patriarchenkatalog, der bei Johannes Diaconus und im Codex Barberinus zugrunde liegt, ist sie, wie wir noch sehen werden, geflissentlich hinzugefügt worden. — Weil die Angabe des Begräbnisplatzes im PKB bei dem Patriarchen Vitalis (II.) iunior um 900 aufhört, hat man auch da einen Wechsel in der Redaktion erwogen, vgl. Waitz in der Ausgabe des PKB, SS. rer. Langob. S. 397 n. 2; Simonsfeld, Das Chron. Altinate S. 24; Monticolo, Cron. Veneziane antichissime, Prefazione S. XI. Man hat aber nicht beachtet, daß die Angabe des Begräbnisplatzes bei Johannes Diaconus ganz in der bisher üblichen Weise auch noch weiterhin bei dem Patriarchen Laurentius auftritt.

Sie besaßen ein Verzeichnis der Patriarchen, den Urkatalog. Als sie sich nun anschickten, die ältere Theorie auf dem Wege der Geschichtschreibung zu formulieren, da erinnerten sie sich dieses Urkatalogs und verknüpften ein daraus geschöpftes, in der Art der Anlage aber bereits abweichendes Verzeichnis der Patriarchen mit einer Darstellung der Urgeschichte der beiden Patriarchate im Sinne der älteren Theorie. So entstand der ältere verlorene Patriarchenkatalog, der bei Johannes Diaconus und (mittelbar) im Patriarchenkatalog des Codex Barberinus zugrunde liegt, und der dann später nach den Anforderungen der jüngeren Theorie umgearbeitet wurde.

Indes nicht bloß die Existenz, auch die Abfassungszeit dieses verlorenen Patriarchenkatalogs der älteren Theorie läßt sich aus einer Vergleichung der drei erhaltenen Kataloge, wenigstens annähernd, noch erschließen.

Wir erkannten bereits, daß der Urkatalog bis auf die Zeit des Patriarchen Marinus, d. h. bis etwa zur Mitte des zehnten Jahrhunderts, sich erstreckt haben muß. Denn bis dahin reicht die genaue Übereinstimmung in den Zeitangaben der drei noch vorhandenen Kataloge. Allerdings nennt Johannes Diaconus den Marinus nur noch als den Nachfolger seines Vorgängers: 'ipso etiam tempore Laurentius patriarcha hominem exivit, qui Gradensem ecclesiam rexerat annis 12, mensibus 9, diebus 24, tumulatusque est in sancte Eufimię atrio; quem Marinus patriarcha successit'[1]). Die Dauer der Regierung des Marinus aber gibt Johannes Diaconus nicht mehr an. Daß trotzdem der Urkatalog einen Eintrag für Marinus noch enthalten haben muß, geht aus den einander genau entsprechenden Zahlen des Katalogs im Chronicon Altinate und desjenigen im Codex Barberinus hervor: a. 24. m. 3, d. 7[2]). Die weitere Fortsetzung im Chronicon Altinate scheint dann nicht mit einem Male, sondern in mehrfachen Zusätzen nachgetragen zu sein. So hebt sich die summarische Angabe für den Patriarchen Bonus, den Nachfolger des Marinus, mit neun Jahren, und für den Patriarchen Vitalis III., den Nachfolger des Bonus, mit einem Jahre und fünf Monaten auffallend von der Genauigkeit der früheren Angaben ab. Es folgt eine anscheinend zur Zeit des Patriarchen Vitalis IV. niedergeschriebene Bemerkung über Vorgänge aus dessen Regierungszeit[3]), worauf die weiteren Angaben für den Patriarchen Vitalis IV. mit fünfzig Jahren und sechs Monaten und für den Patriarchen Ursus mit siebenunddreißig Jahren und fünfundvierzig Tagen nicht vor dem elften Jahrhundert hinzugefügt sein können. Johannes Diaconus hingegen schweigt sich über die beiden

---

[1]) Joh. Diaconus, ed. Monticolo S. 132 Z. 14.

[2]) Die richtige Angabe: 'XXIV' Jahre bietet nur die Dresdener Handschrift des Chron. Altinate.

[3]) Vgl. hierzu Simonsfeld, Das Chron. Altinate S. 24f.

Nachfolger des Marinus, über die Patriarchen Bonus und Vitalis III. völlig aus; erst über Vitalis IV., der sein Zeitgenosse ist, weiß er aus eigener Erfahrung mancherlei zu berichten. Der Katalog im Codex Barberinus endlich bietet auch noch für den Nachfolger des Marinus für den Patriarchen Bonus, einen auf Jahr, Monat und Tag genauen Eintrag. Man liest hier, Bonus, für den im Katalog des Chronicon Altinate nur rund neun Jahre angegeben sind, habe neun Jahre, sechs Monate, zwei Tage regiert. Dann aber bricht das Verzeichnis im Katalog des Codex Barberinus ab; für den Patriarchen Vitalis III., den Nachfolger des Bonus, findet sich kein Eintrag. Erst für die Patriarchen Vitalis IV. und Ursus liegen wieder Angaben vor, die mit den im Chronicon Altinate vorhandenen genau übereinstimmen.

Was nun den aus dem Urkatalog abgeleiteten Katalog der älteren Theorie betrifft, so hat er sicherlich so weit gereicht, wie der Urkatalog, möglicher Weise aber auch nur so weit, da der Katalog bei Johannes Diaconus bereits mit dem Patriarchen Marinus abbricht. Doch ist zu bedenken, daß Johannes Diaconus den Patriarchenkatalog der älteren Theorie offenbar von dem Augenblick an beiseite gelassen hat, wo er beginnt, aus eigener Kenntnis zu erzählen. Und da der Patriarchenkatalog im Codex Barberinus in auffallendem Gegensatze zum Patriarchenkatalog des Chronicon Altinate auch noch für den Patriarchen Bonus eine ganz genaue Zeitangabe bringt, so scheint es mir ratsamer, den Einschnitt hier zu machen: alsdann wäre die Abfassung des Patriarchenkatalogs der älteren Theorie am ehesten wohl nicht lange nach dem Tode des Patriarchen Bonus erfolgt. Man wird indes auch noch die Möglichkeit in Betracht ziehen müssen, daß der Eintrag für den Patriarchen Vitalis III., den Nachfolger des Bonus, der im Patriarchenkatalog des Codex Barberinus fehlt, dort bloß durch eine Unachtsamkeit des Schreibers ausgefallen sein könnte wegen der Namensgleichheit mit seinem Nachfolger, dem Patriarchen Vitalis IV., daß er aber in dem verlorenen Patriarchenkatalog der älteren Theorie vielleicht doch vorhanden war. Allein, da Vitalis III. nach dem Katalog des Chronicon Altinate nur ein Jahr, fünf Monate regiert hat, so würde sich an dem Ergebnis nichts Wesentliches ändern. Denn über Vitalis III. hinaus kann, da sein Nachfolger Vitalis IV. noch bis ins zweite Jahrzehnt des elften Jahrhunderts gelebt hat, der Patriarchenkatalog der älteren Theorie nicht gereicht haben. Nicht früher mithin, als um die Mitte des zehnten Jahrhunderts, und nicht später, als zu Beginn des elften — „vor 1008" —, vermutlich bald nach dem Tode des Patriarchen Bonus (oder Vitalis III.), d. h. bald nach 960, würde daher die Abfassung des Patriarchenkatalogs der älteren Theorie anzusetzen sein. Um jene Zeit also, wenn anders unsere Berechnung zutrifft, dürften die Gradenser sich veranlaßt gesehen haben, die ältere Theorie in dem angegebenen Sinne zu formulieren.

b) Die römische Synode von 967/8. In diesen Zusammenhang greift eine Nachricht Dandolos ein, die ausdrücklich besagt, auf der römischen Synode von 967/8 sei über die Rechtsstellung Grados verhandelt worden: 'visis et discussis privilegiis Gradensis ecclesiae definitione synodi terminatum est, dictam ecclesiam esse patriarchalem et metropolim totius Venetiae'[1]). Freilich ist diese Nachricht erst ganz später Herkunft, und eben darum ist sie, wie wir hörten, von Wilhelm Meyer beanstandet und verworfen werden. Das seien, meint er, die Anschauungen der Zeit Dandolos; die alten Gradenser hätten noch nicht gewagt, solche Folgerungen zu ziehen. Allein, was die alten Gradenser anlangt, so haben wir uns mittlerweile vom Gegenteil überzeugt, und, so wenig man an sich geneigt sein wird, Dandolo in dieser Sache ohne Weiteres Vertrauen zu schenken, so stellt sich gerade bei eindringender Prüfung seine Nachricht als durchaus zeitgemäß und insofern als glaubwürdig heraus. Wenn die ältere Theorie, wie wir soeben darlegten, bald nach 960 formuliert sein dürfte, wenn sie auf den Nachweis abzielte, daß Grado von Rechtswegen Sitz des Patriarchats und Metropole von ganz Venetien sei, so war es offenbar jener Beschluß der römischen Synode von 967/8, der diesen Rechtsstandpunkt anerkannte, der somit der älteren Theorie zum Siege verhalf. Die Nachricht Dandolos, weit entfernt, anfechtbar zu sein, ergänzt und bestätigt vielmehr unsere Beweisführung und wird umgekehrt durch sie beglaubigt[2]).

---

[1]) Ich möchte die gleich noch näher zu erörternde Nachricht Dandolos im Zusammenhange anführen, Muratori SS. XII, 209 AB, vgl. Simonsfeld, Textvarianten zu Andrea Dandolo, Neues Archiv (1893) Bd. 18, 340: 'Nono quoque sui [ducatus] anno dux cum patriarcha, episcopis, clero et populo Venetiarum misit Joannem Contareno et Joannem Deneum diaconum Joanni papae et Ottoni imperatori Romae existentibus in synodo ibi congregata, ubi visis et discussis privilegiis Gradensis ecclesiae definitione synodi terminatum est, dictam ecclesiam esse patriarchalem et metropolim totius Venetiae, cui et episcopis et ecclesiis sibi subiectis concessit Otto privilegium in acquirendis iustitiis, sicut universalis ac sancta Romana habet ecclesia in annos legales, ita ut liceat eis' etc.

[2]) Nach der Urkunde Ottos II. für Grado von 974 April 2, DO. II. nr. 71 S. 84, die an der in Betracht kommenden Stelle allerdings interpoliert ist, wäre auf der römischen Synode von 967/8 die Urkunde eines Papstes Gregor vorgelegt worden, der Streitigkeiten zwischen den beiden Patriarchen (von Grado und von Aquileja) dadurch beendigte, daß er beiden die Patriarchenwürde 'patriarchales infulas' verlieh. Ich stimme mit Meyer S. 20 und S. 28 darin überein, daß hier der oft angeführte Warnungsbrief Gregors II. an Serenus von Aquileja gemeint ist, des Inhalts, Serenus habe auf Bitten des Langobardenkönigs das Pallium empfangen, jedoch unter der Bedingung, daß er die Rechte seiner Nachbarn, insbesondere des Gradenser Stuhls, nicht antaste. Eben dieser Warnungsbrief war nun, wie wir gesehen haben, auch in dem verlorenen Patriarchenkatalog der älteren Theorie zu lesen. Er diente dort als Beleg für die Auffassung der Gradenser, daß das langobardische Patriarchat, wie seinen Ursprung, so auch seine erst nachträgliche Anerkennung durch den Papst der gewaltsamen Einmischung der Langobarden verdanke. Ist unsere Anschauung über die Entstehung des Patriarchenkatalogs der älteren Theorie bald nach 960 zutreffend, so wird man es in der Tat für sehr wohl möglich halten dürfen, daß der Warnungsbrief Gregors II. an Serenus als Beleg für die ältere Gradenser Theorie auf der römischen Synode von 967/8 zur Erörterung kam.

Es kommt hinzu, daß wir, einmal auf dieser Fährte, eben diesen Verlauf der Entwicklung auch noch durch andere Erwägungen bestimmter zu begründen in der Lage sind.

Was zunächst die Rechtsfrage angeht, so erinnern wir uns, daß nach dem Beschlusse der Mantuaner Synode von 827 nicht bloß Istrien von Grado abgetrennt und dem Stuhl von Aquileja unterstellt werden sollte; die Selbständigkeit Grados überhaupt sollte aufhören, indem es gleichfalls dem Stuhle von Aquileja untergeordnet wurde. Dieser Beschluß der Mantuaner Synode hatte indes nicht völlig durchgeführt werden können. Istrien allerdings ging verloren. Gerade aus den sechziger Jahren des zehnten Jahrhunderts besitzen wir eine Urkunde des Patriarchen von Aquileja, die seine istrischen Suffragane aufzählt[1]). Grado selbst dagegen bewahrte den Anfeindungen der Patriarchen von Aquileja zum Trotz unter dem Schutze des venezianischen Staates seine Selbständigkeit; es blieb die geistliche Oberbehörde, die Metropole „ganz Venetiens". Je weniger nun die Aquilejer gesonnen waren, den Rechtsstandpunkt der Mantuaner Synode aufzugeben, um so eher mußten die Gradenser danach trachten, die Unabhängigkeit Grados nicht bloß tatsächlich zu behaupten, sondern auch grundsätzlich gebilligt zu sehen. Diese Lage der Dinge ist es, der die ältere Theorie Rechnung trägt. Man begreift, warum sie über die Zugehörigkeit Istriens sich ausschweigt. Es galt zunächst einmal, die Anerkennung des Status quo durchzusetzen, und zu diesem Zwecke war nur der Nachweis erforderlich, daß Grado von Rechtswegen Sitz des Patriarchats und Metropole ganz Venetiens sei. Von hier aus erklärt sich auch ein der älteren Theorie anhaftender Mangel an Folgerichtigkeit, insofern Grado, wenn von Rechtswegen Sitz des Patriarchats, nicht bloß auf ganz Venetien, sondern ebenso auf Istrien hätte Anspruch erheben können.

Sodann aber ebneten die besonderen Zeitverhältnisse einem Siege der älteren Theorie den Weg. Patriarch von Grado war damals Vitalis IV., ein Sohn des regierenden Dogen Peters IV. Candiano. Dandolo freilich läßt die römische Synode von 967/8 noch unter dem Patriarchen Bonus stattfinden. Allein nach allen anderweitig vorliegenden Nachrichten ist es völlig unzweifelhaft, daß ihm hier ein Versehen begegnet, daß Vitalis IV. schon um 961/2 von seinem Vater, dem Dogen Peter IV. Candiano, auf den Gradenser Stuhl befördert sein muß[2]). Staat und Kirche Venedigs

---

[1]) Urkunde von 966?, Schenkung der terra Rovigno durch Patriarch Rodoald an Bischof Adam von Parenzo, Ughelli-Coleti Bd. 5, 401, vgl. De Rubeis, Monumenta S. 467 f.; aus anderer Überlieferung Kandler, Codice dipl. Istriano zu 966.

[2]) Dandolo läßt den Patriarchen Bonus Sp. 206 C nach der Thronbesteigung des Dogen Peter IV. Candiano im Jahre 959 Sp. 206 A und vor dem Erlaß der Urkunde von 960 [Juni] Sp. 206 DE sein Amt antreten und es neun Jahre bekleiden. Das römische Konzil von 967/8, zu dem Doge und Patriarch Gesandte schicken, erwähnt er a. a. O. Sp. 209 AB, dann

standen also in jenen Jahren unter der Leitung eines und desselben Geschlechtes, das noch dazu mit dem neuen Herrn Italiens in verwandtschaft-

Sp. 209 C zu 968 die Kaiserkrönung Ottos II. [Weihnachten 967] und in unmittelbarem Anschluß daran Sp. 209 CD den Übergang des Patriarchats auf Vitalis (III.), der ein Jahr fünf Monate regiert; weiter berichtet er zu 969 Sp. 210 A die Thronbesteigung des Johannes Tzimiskes, danach Sp. 210 B die Erhebung des Vitalis (IV.) Candiano zum Patriarchen durch seinen Vater, den Dogen Peter IV. Candiano, worauf Sp. 210 BC eine Inhaltsangabe des bekannten Erlasses von 971 [Juli] folgt, der den Transport von Waffen jeglicher Art nach sarazenischen Ländern unbedingt verbot. Nach Dandolos Rechnung würde also Patriarch Bonus von etwa 959—968, Vitalis III. von etwa 968—969, Vitalis IV. von etwa 969 (—1019/20) sein Amt inne gehabt haben. — Freilich gehen auch die Angaben, die sich in der Literatur über die Regierungsjahre des Patriarchen Vitalis IV. und seines Nachfolgers Ursus finden. in ganz auffallender Weise auseinander. So umfaßt nach Simonsfeld, Das Chron. Altinate S. 24, die Regierungszeit des Patriarchen Vitalis IV. die Jahre c. 965—1012, während er in der Ausgabe des Chron. Altinate MG. SS. XIV S. 18 Z. 17 als Regierungszeit des Patriarchen Ursus, des Nachfolgers Vitalis' IV., die Jahre 991—1029 bezeichnet! Waitz hingegen in seiner Ausgabe des PKB, SS. rer. Langob. S. 397 n. 4, führt als Regierungszeit eben dieses Ursus die Jahre 1018—1045 an, eine Bestimmung, die, wenn ich nicht irre, aus Gams, Series episcoporum S. 791, übernommen ist. Gams seinerseits aber stützt sich dabei offenbar auf die Nachricht bei Dandolo Sp. 236 C, wonach Ursus 27 Jahre 1 Monat 15 Tage regiert hat. Allein dieser Nachricht widerspricht die andere, wenige Seiten später, Sp. 242 E, die dem Patriarchen Ursus (diesmal in Übereinstimmung mit dem PKB und PKA) eine Regierungszeit von 37 Jahren 45 Tagen zuschreibt. (In der Tat hat, wie mir auf meine Anfrage Giuseppe Dalla Santa freundlichst mitteilt, der älteste Dandolocodex der Marciana Catal. Zanetti 400 an der der ersten Nachricht Sp. 236 C entsprechenden Stelle = c. 100b: 27 Jahre 1 Monat 15 Tage; c. 103 = Sp. 242 E indessen fehlt die Zeitangabe 'qui vixit annis XXXVII diebus XLV' im Kontext, und nur am inneren Rande sind die Worte 'Ursus vixit annos XXXVII dies XLV' hinzugefügt.) Urkundlich nachweisbar ferner ist Ursus, soviel ich sehe, zuletzt 1044 April, Jaffé[2] nr. 4114, und 1044 Febr. m. V., d. h. 1045, Ughelli-Coleti Bd. 10, 76—79. — Um nun dieser Ungewißheit gegenüber zu einigermaßen gesicherten Ergebnissen zu gelangen, wird es notwendig sein, die in den Katalogen überlieferten Zeitangaben mit den urkundlich bezeugten Nachrichten zu kombinieren; (ein Ansatz dazu bei Kretschmayr Bd. 1, 402 ff.). Den festen Ausgangspunkt bilden die Palliumverleihungen Leos IV. von 852 April 1 für Patriarch Victor, und Benedikts III. von 858 März 30 für Patriarch Vitalis, Graf v. Hacke, Palliumverleihungen S. 148 u. S. 150, Jaffé[2] nr. 2616 und 2677. Vitalis regiert 19 Jahre 1 Monat 6 Tage. Er muß, wennschon er das Pallium 858 März 30 erhält, sein Amt etwas früher angetreten haben, da sein Nachfolger Petrus bereits 876 Nov. 24 urkundlich nachweisbar ist, Jaffé[2] nr. 3067. Petrus regiert 4 Jahre 6 Monate bis etwa 881. Ihm folgt Victor iunior mit 17 Jahren 11 Monaten 3 Tagen bis etwa 899, Georgius (Gregorius) mit 1 Jahr 6 Monaten 22 Tagen bis etwa 900, Vitalis (II.) iunior mit 3 Jahren 3 Monaten 14 Tagen bis etwa 904 (er kommt urkundlich im Februar 901 vor, vgl. Lazzarini, Un privilegio del doge Pietro Tribuno per la badia di S. Stefano d'Altino, Atti dell' Istituto Veneto (1909) LXVIII, 991 ff.; die Ansetzung Lazzarinis zu 900, vgl. S. 977, ist mir zweifelhaft), Dominicus mit 7 Jahren 11 Monaten 3 Tagen bis etwa 912, Laurentius mit 12 Jahren 9 Monaten 24 Tagen bis etwa 925, Marinus mit 24 Jahren 3 Monaten 7 Tagen bis etwa 949/50, Bonus mit 9 Jahren 6 Monaten 2 Tagen bis etwa 960 (noch in der Urkunde von 960 Juni, vgl. Tafel und Thomas, Fontes rer. Austriac. XII, 17 nr. 13, wird er als Zeuge angeführt), Vitalis III. mit 1 Jahr 5 Monaten bis etwa 961/2, Vitalis IV. mit 50 Jahren 6 Monaten bis etwa 1012/3 (urkundlich zuletzt 1012 Mai nachweisbar, bei Gloria, Codice Padovano Bd. 1, 123 nr. 92), endlich Ursus mit 37 Jahren 45 Tagen bis etwa 1049/50. Dazu stimmt, daß von 1050 Mai 5 eine nur bruchstücksweise erhaltene Palliumverleihung Leos IX. für einen Patriarchen von Grado (wohl Dominicus Marango) vorhanden ist, bei Kehr, Papsturkunden in Venedig, Nachrichten der Göttinger Ges. d. Wiss. (1896) S. 293 ff..

liche Verbindung trat. Waldrada, die zweite Gemahlin des Dogen, war eine Schwester Markgraf Hugos von Tuszien, und als solche eine Nichte der Kaiserin Adelheid [1]). Wir hören denn auch, daß die von dem Dogen und von seinem Sohne, dem Patriarchen, bei Otto I. beglaubigten Gesandten, die den Kaiser von Ravenna nach Rom zur Synode begleiteten, die Vermittlung der Kaiserin nachgesucht haben; ein von ihnen erwirktes Diplom gedenkt ausdrücklich der Fürbitte Adelheids [2]). Wir hören ferner, daß Otto I. selber während der Synode zugunsten Grados geurkundet hat [3]). Es muß also Wunsch und Wille des Kaisers gewesen sein, daß der Spruch der Synode

---

[1]) Johannes Diaconus, ed. Monticolo S. 138, erzählt, daß der Doge Peter IV. Candiano bald, 'non post multum tempus', nach seiner Erhebung [959] seine erste Gemahlin 'Johania' verstoßen und zum Eintritt in das Kloster San Zaccaria genötigt, daß er seinen Sohn aus dieser Ehe, Vitalis, nach der Weihe zum Geistlichen, nach einer Weile, 'postmodum', zum Patriarchen von Grado habe erheben lassen, und daß er dann, 'deinde', Waldrada, die Schwester des Markgrafen Hugo von Tuszien, heimgeführt habe, die ihm eine reiche Mitgift an Land und Leuten zubrachte; dies alles, wie man sieht, ohne bestimmte Zeitangabe. Dandolo dagegen, obwohl er nur auf Johannes Diaconus fußt, schließt Sp. 210 DE die Nachricht von der Verstoßung der 'Joanna', der Weihe des Vitalis zum Geistlichen und der Heirat mit Waldrada mit 'interea' erst an die Nachricht von der Kaiserkrönung Ottos II. [Weihnachten 967/8] an. Deshalb offenbar sagt Kretschmayr Bd. 1, 113, daß der Doge „nach der Gewinnung eines engeren Verhältnisses zu Kaiser Otto, etwa um 967/8", die Verbindung mit Johanna gelöst, Vitalis zur Wahl des geistlichen Standes gezwungen und dann mit Waldrada sich vermählt habe. Allein die Darstellung Dandolos ist nachweislich ungenau. Denn die verstoßene erste Gemahlin des Dogen, die dann in das Kloster San Zaccaria ging, kommt schon 963 August 26 als Äbtissin dieses Klosters urkundlich vor, vgl. Dümmler, Jahrbücher Ottos des Großen S. 346, von Ottenthal reg. 346, und dazu stimmt auch, daß der zum Geistlichen geweihte Sohn aus erster Ehe Vitalis schon um 961/2, wie wir sahen, zum Patriarchen von Grado befördert sein muß. Dann aber wird auch die Ehe mit Waldrada vor 967/8 anzusetzen und die Anrufung der Fürbitte der Kaiserin Adelheid durch den Dogen (in der gleich zu erwähnenden Urkunde Ottos I. von 967 Dezember 2) auf die durch diese Ehe angeknüpften verwandtschaftlichen Beziehungen zurückzuführen sein. Es hat sonach den Anschein, als ob der Doge eben durch diese zweite Ehe alsbald Fühlung mit dem neuen Herrn Italiens erstrebt habe, genau so wie er vor seiner Erhebung zum Dogen im Einverständnis mit Berengar war, vgl. Johannes Diaconus S. 137. Für seine geradeswegs auf eine Gewaltherrschaft über Staat und Kirche losgehende und deshalb Anlehnung an die festländischen Machthaber suchende Politik ist dieser ganze Zusammenhang überaus bezeichnend.

[2]) Besitzbestätigung Ottos I. von 967 Dezember 2, von Ottenthal reg. 460, DO. I. nr. 351 S. 483, Constitutiones I nr. 15 S. 36: 'quia Petrus dux Veneticorum per Adeleidam dilectam coniugem nostram ac per nuntios suos . . . nostram deprecati sunt maiestatem'.

[3]) Verlorene Besitzbestätigung Ottos I. für Grado von 968 Januar 2, von Ottenthal reg. 466, von der wir durch ein in die Besitzbestätigung Ottos II. von 974 April 2 eingeschobenes Regest erfahren, die aber durch eben diese Nachurkunde beglaubigt wird. Außerdem eine ausführliche Inhaltsangabe bei Dandolo Sp. 210 AB, von der Sickel in der Vorbemerkung zu der Nachurkunde Ottos II., DO. II. nr. 71 S. 84, meint, daß sie sich z. T. geradezu als Auszug aus dem Präzept Ottos I. erweise. Indessen könnte der Inhalt von DO. I., wie Dandolo ihn angibt, lediglich aus DO. II. erschlossen sein, gerade weil DO. II. als Bestätigung des DO. I. auftritt. Auch würde Dandolo die Synode von 967/8 schwerlich als in die Regierungszeit des Patriarchen Bonus fallend bezeichnet haben, wenn er die Besitzbestätigung Ottos I., die zweifellos bereits für den Patriarchen Vitalis IV. ausgestellt war, noch selbst vor Augen gehabt hätte.

zum Vorteile Grados ausfiel. Man sieht, wenn irgend wann, so verbürgte diese Konstellation der älteren Theorie den Sieg.

So rundet sich die Beweiskette. Was zunächst nur rein quellenkritisch über Zweck und Entstehungszeit der älteren Theorie sich ermitteln ließ, das empfängt, im Rahmen der Zeitgeschichte erwogen, seine innere Rechtfertigung und damit seine endgiltige Bekräftigung.

2. Entstehungszeit der jüngeren Theorie.

Wann die beiden Urkundenfälschungen angefertigt sind, mit denen die jüngere Theorie operiert, das entzieht sich leider, wie wir bemerkten, einer genaueren Zeitbestimmung. Man kann nur etwa behaupten, die jüngere Theorie werde späteren Ursprungs sein, als die römische Synode von 967/8. Denn es hatte keinen Sinn, die jüngere Theorie auszuhecken, bevor die ältere anerkannt war. Wir müssen also versuchen, mit anderen, d. h. inhaltlichen Kriterien weiter zu kommen, und da liegt es nahe, den speziellen Zweck dieser Theorie ins Auge zu fassen. Nun wissen wir, was die jüngere Theorie anstrebte, das war vor allem die Wiederausdehnung der Metropolitanrechte auch auf Istrien. Nicht so leicht aber werden die Gradenser einen solchen Anspruch verkündet haben, wofern nicht einige Aussicht auf Erfolg sich ihnen bot. Steht es etwa so, daß die kirchlichen Verhältnisse in Istrien irgendwie dazu einluden?

a) Verhältnisse Istriens. Daß im zehnten Jahrhundert der Patriarch von Aquileja die geistliche Herrschaft in Istrien ausübt, das bezeugt die bereits erwähnte Urkunde aus den sechziger Jahren. Diese geistliche Herrschaft ist dann, wie wir deutlich wahrnehmen können, durch Machtzuwachs verschiedener Art noch weiter befestigt worden. So hat z. B. Patriarch Rodoald den Ort Isola, den Otto I. dem Venezianer Vitalis Candiano geschenkt hatte, durch Kauf an sich gebracht, wie es scheint, zu einer Zeit, als das Geschlecht der Candiani mit Venedig verfeindet war, und, als Otto II. im April 977 zu Ingelheim diesen Kauf bestätigte, da erwirkte der Patriarch, daß ihm auch noch die Abgaben der Einwohner von Isola überwiesen wurden, die sie bisher in Capodistria an den Kaiser entrichtet hatten[1]). Später bestätigt Otto III. in einer bekannten Urkunde vom Juni 996 eine angebliche Schenkung Karls des Großen, die dem Patriarchen u. a. die Temporalien von vier istrischen Bistümern zuwies; der Patriarch erhielt das Recht, 'episcopos dandi sive ordinandi'[2]). Einige Jahre danach, vermutlich 1001, eignete ihm der Kaiser auch noch die Städte Pedena und Pisino im Inneren Istriens zu und an der Ostküste den Hafen

[1]) Urkunde Ottos II. von 977 April 16, DO. II. nr. 154 S. 177, Stumpf reg. 703.
[2]) Urkunde Ottos III. von 996 Juni 26, DO. III. nr. 215 S. 626, Stumpf reg. 1084.

Fianona mit allem Zubehör[1]). Indes auch gewaltsame Bereicherung hat der damalige Patriarch Johannes nicht verschmäht. Einer seiner Vorgänger hatte Rovigno an den Bischof von Parenzo geschenkt. Dieses Ortes bemächtigte sich der Patriarch. Allein der Bischof setzte sich zur Wehr und strengte in Rom bei Silvester II. Klage an. Eine dreimalige Vorladung des Papstes schlug der Patriarch in den Wind, und es fruchtete auch nichts, daß Silvester sich bei Herzog Heinrich von Baiern für den Bischof verwandte. Man begreift, daß die Entscheidung des Papstes nunmehr gegen den Patriarchen ausfiel. Aber der Streit war damit nicht zu Ende. Unter Sergius IV. erneuerte der Bischof seine Klage, und der Papst bestätigte die Entscheidung seines Vorgängers[2]). Das Bedeutsame an diesem Handel ist, daß der Patriarch kein Bedenken trug, in einem Rechtsstreit, den er mit einem Mitglied der istrischen Geistlichkeit durchfocht, es ruhig auf ein Zerwürfnis auch mit dem Papsttum selber ankommen zu lassen. Dieses Zerwürfnis aber, sollte es vielleicht die Gradenser dazu ermutigt haben, ihre Metropolitanrechte auch auf Istrien wieder anzumelden, und hat etwa deswegen die jüngere Theorie so geflissentlich auf angebliche Papsturkunden sich gestützt?

b) Die Privilegien Silvesters II. und Sergius' IV. Wieder sind es Nachrichten Dandolos, die uns auf festen Boden helfen. Er erwähnt kurz den Inhalt zweier Privilegien, die Silvester II. und Sergius IV. der Gradenser Kirche erteilt haben. Von Silvester II. heißt es, Sp. 231 E: 'Hic papa metropolitana iura Gradensis sedis super episcopos Venecie et Ystrie supplicante Vitale patriarcha per privilegium renovavit'. Von Sergius IV. dagegen liest man, Sp. 235 D: 'Hic ad supplicationem Vitalis patriarche Gradensis ius metropolicum ecclesie sue super suf[f]raganeos Venecie et Ystrie per privilegium ap[p]robavit'[3]). Diese Privilegien, die Wilhelm Meyer als für die Gradenser Theorie unerheblich bei Seite geschoben hat, bringen im Gegenteil höchst erwünschten Aufschluß. Beachten wir, daß Dandolo oder vielmehr die Quelle, woraus er diese Nachrichten geschöpft hat, zwischen den Privilegien der beiden Päpste unterscheidet. Silvester II. „erneuert",

---

[1]) Verlorene Urkunde Ottos III., erwähnt in der Urkunde Heinrichs II. von 1012 April 30, DH. II. nr. 243 S. 279, Stumpf reg. 1554a und 1562, nach der Vorbemerkung mit DO. III. nr. 402 S. 835, Stumpf reg. 1260, von 1001 April 28 nahe verwandt.

[2]) Urkunde Sergius' IV. von 1010 März für den Bischof Andreas von Parenzo, Ughelli-Coleti Bd. 5, 402, Jaffé[2] nr. 3966, worin erzählt wird, wie Sylvester II. sich dem Patriarchen gegenüber sowohl auf das kanonische Recht, tit. 87 des Concilium Africanum, wie auf die mundana lex, lib. 8 der Institutionen Kaiser Justinians, berufen habe.

[3]) Ich habe, um sicher zu gehen, die in Rede stehenden Angaben Dandolos Sp. 231 E und Sp. 235 D mit den entsprechenden Stellen des ältesten Dandolocodex der Marciana Catal. Zanetti 400 c. 99 und c. 99v verglichen und oben im Text die Lesart dieser Handschrift gegeben. Die Sergius IV. betreffende Angabe Sp. 235 D ist am Rande nachgetragen, wie übrigens auch — was bei Simonsfeld, Textvarianten, nicht vermerkt ist — die Nachricht über die Palliumverleihung Sp. 170 B = c. 74v.

Sergius IV. „bestätigt“ die Metropolitanrechte Grados. Da jedoch Grado als Sitz des Patriarchats und als Metropole ganz Venetiens bereits durch die römische Synode von 967/8 anerkannt war, so kann sich die Erneuerung der Metropolitanrechte durch Silvester II. im eigentlichen Sinne des Wortes nur auf Istrien beziehen. Mithin befriedigt das Privileg Silvesters II. genau so den Anspruch der jüngeren Theorie, wie die römische Synode von 967/8 den Anspruch der älteren Theorie befriedigt hatte. Daraus folgt, daß mit dem Privileg Silvesters II. die jüngere Theorie zum Siege gelangt sein muß. Auch ist es schwerlich ein bloßer Zufall, daß dieselben beiden Päpste, die in dem Rechtsstreit des istrischen Bischofs gegen den Patriarchen von Aquileja einschritten, auch zuerst die Metropolitanrechte Grados auf Istrien wieder guthießen; die Halsstarrigkeit des Patriarchen von Aquileja wird den Sieg der Gradenser erleichtert haben. Vergessen wir endlich nicht, daß Venedig damals unter dem großen Dogen Peter II. Orseolo als die führende Macht an der nördlichen Adria auftrat[1]). Auch die Wiederausdehnung der Metropolitanrechte Grados auf Istrien gehört in diesen Zusammenhang: mit der politischen geht die kirchliche Machterweiterung Hand in Hand.

* * *

Das Ziel auch des zweiten Hauptabschnitts dieser Untersuchung ist damit erreicht: wir kennen jetzt die Entstehungszeit der beiden Theorien, und, soweit sie noch nachweisbar ist, ihre jeweilige Verkettung mit der Zeitgeschichte. Die Meinung Wilhelm Meyers: die Rechtsanschauung der Gradenser sei hauptsächlich in den heftigen Kämpfen des elften Jahrhunderts, von 1019 bis 1044, ausgebildet und fest formuliert worden, hat sich dabei nicht bewahrheitet. Vielmehr sind beide Theorien, als diese Kämpfe ausbrachen, lange schon vorhanden. Der ganze Verlauf des Rechtsstreits hat so gleichsam ein neues Gesicht bekommen, und es wird nun erst möglich sein, die gesamte Entwicklung von innen heraus einheitlich zu begreifen.

Bevor wir jedoch dieser Aufgabe uns zuwenden, harrt eine andere Frage noch der Lösung, die von der Gradenser Theorie nicht zu trennen ist. Allmählich erst hat sie als solche sich enthüllt. Je weiter die Untersuchung vorrückte, um so deutlicher trat zutage, daß die Gradenser Theorie nicht bloß gelegentlich auf die Überlieferung eingewirkt, sondern daß sie unmittelbar zur Geschichtschreibung angeregt hat. Nach dieser Richtung hin wollen wir die Untersuchung wieder aufnehmen und weiter ausbauen.

[1]) Daß Peter II. Orseolo auch der Stadt Grado seine Fürsorge zuwandte, ist aus Johannes Diaconus S. 150 bekannt. Er ließ sie aufs stärkste befestigen, stellte Mauern und Bedachung der dortigen Kirchen wieder her, und erbaute sich daselbst neben dem südlichen Turm ein Haus.

7. Kapitel.

Die Gradenser Theorie und die Geschichtschreibung.

Das Einfachste ist wohl, wir vergegenwärtigen uns, wie die an die Gradenser Theorie anknüpfende Geschichtschreibung nach und nach entstanden ist. Wir werden sehen, daß eine regelrechte Polemik sich entsponnen hat, indem neben einer streng kirchlichen auch eine staatsfreundliche Anschauung sich zum Worte drängt. Verwandtschaft und zugleich Gegensatz der betreffenden Geschichtsquellen wird erst hierbei ausreichend sich erklären.

Wir beginnen damit, unsere früheren Beobachtungen zusammenzufassen und zu vervollständigen.

1.

Um die Mitte des zehnten Jahrhunderts gab es in Grado, obwohl man doch bereits eine lange und bewegte Vergangenheit hinter sich hatte, noch keine einheimische Geschichtschreibung. Der einzige Gewährsmann für die ferne Vorzeit war Paulus Diaconus. Daneben besaß man noch ein genaues Verzeichnis der Patriarchen, den Urkatalog, und das Archiv, das, wenn der Aussage eines Gradensers auf der Mantuaner Synode zu trauen ist, zu jener Zeit arg verwahrlost war[1]), scheint jetzt wieder über einen ansehnlicheren Urkundenbestand verfügt zu haben.

Wir wissen nun schon, wie das Aufkommen der älteren Theorie oder vielmehr der Wunsch, sie auf unverfängliche Weise zu rechtfertigen, in Grado den Anstoß zur Geschichtschreibung gab. Wohl bald nach 960 ist hier jener ältere verlorene Patriarchenkatalog abgefaßt worden, der bei Johannes Diaconus und (mittelbar) im Patriarchenkatalog des Codex Barberinus zugrunde liegt, und es läßt sich noch erkennen, daß er in Anlehnung an das schon vorhandene Patriarchenverzeichnis, den Urkatalog, und mit Benutzung des Paulus Diaconus sowie urkundlichen, ohne Zweifel archivalischen Materials angefertigt worden ist. Aus dem besonderen Zweck erhellt, sowohl was man darin aufzunehmen, als was man davon auszuschließen für gut hielt. An sich wäre zu erwarten, daß die Nachrichten, je näher der Abfassungszeit des Patriarchenkatalogs, desto reichlicher flössen. Wenn nun gerade umgekehrt für die letzten anderthalb Jahrhunderte lediglich das Patriarchenverzeichnis mitgeteilt war, so ist der Grund wohl der, daß man über diese Zeit der Anfechtung sich nicht weiter auszulassen

[1]) Monticolo, Bullettino IX, 183 f., Cipolla, Le fonti ecclesiastiche S. 27 f.

wünschte, und, was besonders bezeichnend ist, man beschwieg die Synode von Mantua, obwohl man doch die Akten dieser Synode für den „kurzen Bericht" über die angebliche Synode des Elias zur Hand hatte. Vielmehr fällt alles Licht auf die früheren Jahrhunderte, d. h. auf die Urgeschichte, und die offenkundige Absicht hierbei ist, den rechtmäßigen Ursprung des Gradenser Patriarchats den unrechtmäßigen Anfängen der Aquilejer Kirche entgegenzusetzen[1]). Über die hierher gehörigen Nachrichten bei Johannes Diaconus wie im Patriarchenkatalog des Codex Barberinus ist das Erforderliche bereits bemerkt worden.

Allein auch noch andere Nachrichten, die nur in einer dieser beiden Quellen überliefert sind, dürften auf den verlorenen Patriarchenkatalog zurückzuführen sein, zumal solche, die ausdrücklich auf das Alter gewisser Besitzungen und Rechte der Gradenser Kirche hinweisen, wie sich deren im Patriarchenkatalog des Codex Barberinus mehrere finden. So wenn wir hören, daß das Grabmal des Patriarchen Paulus oder daß das Testament des Patriarchen Severus noch jetzt vorhanden sei, oder wenn wir anläßlich der Erhebung des Patriarchen Primogenius durch Papst Honorius lesen, daß der Gradenser Patriarch noch immer von Rom das Pallium empfange, gleich als ob solche Erinnerungen an eine ehrwürdige Vergangenheit die Legitimität Grados um so heller erstrahlen ließen[2]).

Auch die im Wortlaut eingeschalteten Urkunden entstammen wohl schon dem verlorenen Patriarchenkatalog. Von dem schon oft erwähnten Warnungsbrief Gregors II. an Serenus, (dessen sich die Theorie von der erst nachträglichen Anerkennung des langobardischen Stuhls durch den Papst bedient), ist das so gut wie sicher, da er bei Johannes Diaconus und im Patriarchenkatalog des Codex Barberinus erhalten und hier wie dort in demselben Sinne ausgedeutet ist. Desgleichen dürfte das in derselben Angelegenheit an die Bischöfe Venetiens und Istriens gerichtete Schreiben Gregors II.[3]), obwohl es nur im Patriarchenkatalog des Codex Barberinus vorkommt, doch schon dem verlorenen Patriarchenkatalog entlehnt sein,

[1]) Monticolo, Cron. Veneziane antichissime, Prefazione S. X f. bemerkt, daß die Cronica de singulis patriarchis nove Aquileje (= PKB) zuletzt in einen trockenen Patriarchenkatalog auslaufe, indem von Venerius an die Urkunden des Metropolitanarchivs nicht mehr benutzt worden seien, während sie doch gerade für den zur Zeit des Venerius und Maxentius um 827 wieder entbrennenden Streit zwischen Grado und Aquileja zahlreiche wichtige Nachrichten hätten liefern können: laonde sembra assai strano, che l'autore della cronica a un tratto non abbia voluto più oltre attingere a quella fonte, e si presenta il dubbio, che il catalogo da Venerio in poi sia stato aggiunto da altri!

[2]) *Paulus*: 'cuius sepulchrum usque modo ibi manet', Monticolo S. 6 Z. 8; *Severus*: 'cuius et testamenti cartula apud ecclesiam Gradensem manet', ebenda S. 9 Z. 10/11; *Primogenius*: 'et usque hodie pontifex civitatis Gradensis pallei benedictionem a summa sede apostolica promeruit', ebenda S. 10 Z. 25 — S. 11 Z. 2.

[3]) Gregor II. an Serenus, MG. Ep. 3, 698 nr. 8; derselbe an die Bischöfe Venetiens und Istriens, Ep. 3, 699 nr. 9.

da es inhaltlich zu jenem Warnungsbrief gehört, wie denn überhaupt der Patriarchenkatalog des Codex Barberinus dem verlorenen Patriarchenkatalog der älteren Theorie in allem Wesentlichen entsprechen wird, soweit er nicht durch die jüngere Theorie bedingte Änderungen und Zusätze erfahren hat. Andrerseits ist auch das nur bei Johannes Diaconus vorliegende, viel erörterte Schreiben eines Papstes Gregor an Antoninus von Grado[1]) mit der Aufforderung, Antoninus möge den in Venetien weilenden Exarchen zur Wiedergewinnung Ravennas antreiben, vermutlich aus dem verlorenen Patriarchenkatalog abgeschrieben, da Johannes Diaconus, von den beiden genannten Papstbriefen abgesehen, sonst nirgends Urkunden im Wortlaut einflicht, und die beiden Papstbriefe schwerlich anderswoher geschöpft haben wird, als aus ein und derselben Gradenser Quelle, d. h. eben aus dem verlorenen Patriarchenkatalog.

Selbst die örtliche Zugehörigkeit des Verfassers läßt sich noch erraten. Nicht umsonst war der Kirche der heiligen Eufemia mit sichtlicher Vorliebe gedacht. So beginnt der Patriarchenkatalog nicht mit der Flucht des Patriarchen Paulus nach Grado, — erst später wird auf dieses Ereignis zurückgegriffen —, sondern mit der Stiftung jener Kirche durch den dritten Nachfolger des Paulus, den Patriarchen Elias. Auch seine berühmte Synode hält Elias in S. Eufemia ab. Bekanntlich liegen dem „kurzen Bericht" über diese Synode die Bruchstücke einer Urkunde des Patriarchen Elias zugrunde, die in den Akten der Mantuaner Synode zu lesen sind. In diesen Bruchstücken aber wird als Versammlungsort der Synode nur ganz allgemein das 'castrum Gradense' genannt. Daß die Synode in S. Eufemia tagte, war also, wie sich aus dem übereinstimmendem Bericht bei Johannes Diaconus und im Patriarchenkatalog des Codex Barberinus ergibt, ein Zusatz, den erst der verlorene Patriarchenkatalog darbot. Aber er ist wichtig, insofern er S. Eufemia zum Schauplatz des für die künftige Rechtsstellung Grados entscheidenden Ereignisses macht. Auch daß S. Eufemia häufig als Begräbnisstätte der Patriarchen angeführt wird, war, wie wir sahen, eine Eigentümlichkeit des verlorenen Patriarchenkatalogs, durch die er sich von dem Patriarchenkatalog des Chronicon Altinate unterscheidet. Nun war S. Eufemia die Kathedralkirche, die als solche vermutlich auch das Archiv des Gradenser Stuhls beherbergte. Da ist denn wohl die Folgerung unabweisbar, daß dort der Ursprung des verlorenen Patriarchenkatalogs zu suchen, daß er aus den Kreisen der mit der Rechtsfrage vertrauten Domgeistlichkeit hervorgegangen ist.

[1]) Das Schreiben eines Papstes Gregor, wohl des dritten dieses Namens, an Antoninus, Ep. 3, 702 nr. 12. Zu der umfassenden Literatur darüber vgl. neuerdings wieder Monticolo in der Neuausgabe der Vite de' Dogi des Marin Sanudo S. 101 n. 3 und Besta, Un sigillo inedito di Leone l'Isaurico, Estratto dagli Studi in onore di Carlo Fadda (1906) S. 17 n. 3.

Man gewinnt so immerhin eine leidlich bestimmte Vorstellung von diesem frühesten Denkmal der Gradenser Geschichtschreibung: ein eigentümliches Machwerk, wie es nun vor uns steht, eine Parteischrift, die Vergangenheit verschleiernd und doch auch durch urkundliche Mitteilungen sie enthüllend, zugleich von nachhaltigem Einfluß auf Anschauung und Geschichtschreibung der Folgezeit.

So fällt von hier aus, um das doch beiläufig zu erwähnen, ein höchst bezeichnendes Streiflicht auch auf die Chronik des Johannes Diaconus. Wir bemerkten, wie er seine Nachrichten über die Urgeschichte Grados arglos von da und dort zusammenträgt, wie sich ihm dergestalt die verschiedenen Schichten der Überlieferung: Paulus Diaconus, ältere Theorie, und sogar ein Schlagwort der jüngeren Theorie, in- und übereinander schieben, so daß wir hier ein frühes Beispiel jener Geschichtsklitterung vor uns haben, die es so sehr erschwert, die älteste venezianische Geschichte zu entwirren.

Des Weiteren ist der verlorene Patriarchenkatalog der älteren die Vorstufe zur jüngeren Theorie. Den sachlichen Unterschied der älteren und der jüngeren Theorie haben wir zur Genüge erörtert. In formaler Beziehung schritt man dabei, wie wir sahen, von der Geschichtserzählung auf urkundlicher Grundlage zu umfassenden Urkundenfälschungen fort.

Die jüngere Theorie mit ihren Urkundenfälschungen hat dann aber ihrerseits wieder die Geschichtschreibung befruchtet. Der im Sinne der älteren Theorie abgefaßte, jetzt nicht mehr zeitgemäße Patriarchenkatalog wird einer der jüngeren Theorie entsprechenden Bearbeitung unterzogen. Auch diese Bearbeitung besitzen wir nicht mehr in völlig ursprünglicher Gestalt. Nur spätere Abschriften liegen vor: der Patriarchenkatalog im Codex Barberinus, worin das Verzeichnis der Patriarchen bis zur Mitte des elften Jahrhunderts fortgesetzt ist, und jene Bruchstücke eines Patriarchenkatalogs, die den zweiten Teil des Chronicon Gradense bilden. Wann diese Bearbeitung entstanden ist, bleibt allerdings unsicher; aber man darf annehmen, daß sie zu einer Zeit erfolgte, als die jüngere Theorie noch durchaus aktuell war, und vielleicht ist der Verdacht nicht allzu kühn, daß es der Urheber der jüngeren Theorie selber ist, von dem die Bearbeitung herrührt. Zum mindesten hatte Niemand sonst ein gleich hohes Interesse daran, die Urkundenfälschungen der jüngeren Theorie in dem abzuändernden Patriarchenkatalog auszuschreiben und den Patriarchenkatalog der älteren Theorie durch eine mit der jüngeren Theorie übereinstimmende Bearbeitung unschädlich zu machen[1]).

---

[1]) Ich möchte hier auf eine schon früher, vgl. oben S. 36, angeführte Beobachtung Wilhelm Meyers S. 30 n. 1 zurückgreifen. Er bemerkt da: „Mansi, Concilia XII, 262 überschreibt die Akten der römischen Synode von 721 (doch wohl nach seinen Handschriften) mit 'adversus illicita coniugia', der Fälscher [des Gregorbriefes von 731, der diese Akten benutzt hat,]

Daneben aber tritt nun, die Gradenser Theorie in eigentümlicher Weise umformend, eine neue abweichende Darstellung der Urgeschichte Grados auf, zuerst sprachlich roh und ungeschlacht in dem Bericht des Chronicon Altinate, dann stark überarbeitet in dem Bericht, den wir im ersten Teil des Chronicon Gradense lesen.

2.

Was ist der Sinn dieser sonderbaren Darstellung? Wilhelm Meyer, der sich hierbei freilich nur auf den abgeleiteten Bericht im Chronicon Gradense, nicht auf den ursprünglichen, durch sein barbarisches Latein abschreckenden Bericht im Chronicon Altinate stützt, schreibt ihm, wie wir sahen, u. a. folgende Absicht zu. Es gelte, meint er, die kirchliche in Einklang zu bringen mit der politischen Urgeschichte. Deshalb sei die Verlegung des Patriarchats von Aquileja nach Grado aus der Zeit Alboins hinaufgeschoben in die Zeit Attilas. Es wird hier also ohne Weiteres vorausgesetzt, daß die „politische Sage“ den Ursprung Venedigs auf den Einfall Attilas zurückführe. Allein noch um das Jahr 1000 ist die „politische Sage“ durchaus nicht fest ausgeprägt. Der klassische Zeuge dafür ist Johannes Diaconus, der sich über Attila ausschweigt, und mit dem Einbruch der Langobarden beginnend, vielmehr Alboin für die allgemeine Flucht auf die Inseln verantwortlich macht, so daß später Dandolo gegen Johannes Diaconus, übrigens ohne ihn zu nennen, polemisiert[1]). Erst im vierzehnten Jahrhundert ist, wenn ich nicht irre, die Tradition endgiltig fixiert worden. Ein Ausgleich der politischen mit der kirchlichen Urgeschichte war also nicht erforderlich. Ohnehin aber ist es mir sehr zweifelhaft, ob das frühere Mittelalter bei seiner Sorglosigkeit in chronologischen Dingen selbst ein Auseinandergehen der kirchlichen und der politischen Urgeschichte als einen der Vermittlung bedürftigen Widerspruch empfunden hätte. Wird doch gerade

dunkel 'inlicitas quasdam coniunctiones', dagegen der Redaktor des [nach 1045 abgeschlossenen] Patriarchenkatalogs wiederum: 'illicita coniugia'; ist das nicht merkwürdiger Zufall, so ist der Fälscher des Gregorbriefes und der Redaktor des Patriarchenkatalogs ein und dieselbe Person". Nun ist zwar der Ausdruck 'inlicitas coniunctiones' nicht ganz so ungewöhnlich; er kommt genau in der gleichen Bedeutung z. B. in Pippins Capitulare Italicum von 782/86 cp. 8, MG. Capitul. I, 191 f. vor. Wir haben ferner gesehen, daß es sicher nicht der Redaktor des nach 1045 abgeschlossenen Patriarchenkatalogs ist, der darin den Gregorbrief von 731 ausgeschrieben hat. Daran aber wird man festhalten dürfen, daß es doch wohl der Fälscher des Gregorbriefes selber war, der — eben wegen der Rückkehr zu dem Ausdruck 'illicita coniugia' seiner Vorlage — auch den Auszug aus dem Gregorbriefe angefertigt hat. Insofern jedoch der Auszug aus dem Gregorbriefe der durchgehenden Bearbeitung angehört, die der Patriarchenkatalog der älteren Theorie im Sinne der jüngeren Theorie erfuhr, wird wohl auch diese Bearbeitung ein Werk des Fälschers sein.

[1]) Johannes Diaconus, S. 63 f.; Dandolo Sp. 88 BC aus Anlaß des bekannten Cassiodorbriefs [epistola]: 'quae etiam errorem dicentium Venetiam primo inchoatam fuisse ex adventu Longobardorum excludit'.

in dem uns hier beschäftigenden Berichte der Doge Beatus, der zu Anfang des neunten Jahrhunderts lebte, dem Papste Benedikt, der von 574—578 auf dem Stuhle Petri saß, höchst unbefangen an die Seite gestellt[2])! Wenn also der Doge in seiner Rede an den Papst der fünf Gradenser Patriarchen gedenkt, die nach der Zerstörung Aquilejas ohne päpstliche Erlaubnis in Grado residierten, so liegt darin m. E. nicht eine, sei es auch nur versteckte, Anspielung auf Attila als den Urheber der Zerstörung, — dessen Name in diesem Zusammenhange überhaupt nicht erwähnt wird —, sondern der Hinweis auf die mangelnde päpstliche Erlaubnis hat nur den Zweck, die Reise des Dogen nach Rom zum Papste und sein Eintreten zugunsten der Anerkennung Grados als Metropole zu motivieren.

Nun aber glaubt Wilhelm Meyer noch eine andere Absicht in dem Berichte wirksam. Die „Gradenser Priestersage", meint er, habe den Venezianern nicht genügt; sie hätten ihre Rechte an dem heimischen hohen Priesteramte fester begründet sehen wollen, und ein Hauptziel der Fälschung sei, daß nach dem angeblichen Privileg des Papstes Benedikt der Patriarch von Klerus und Volk gewählt, von dem Dogen eingesetzt und von den Suffraganen geweiht werden solle, um endlich in Rom vom Papste das Pallium zu empfangen. Diese Deutung ist dem wirklichen Sachverhalt bereits auf der Spur. Gleichwohl irrt sie, insofern zwei unumgänglich notwendige Unterscheidungen außer Acht gelassen sind. Erstens hat es seine Bedenken, die ursprüngliche Fassung des Berichts im Chronicon Altinate ihres barbarischen und teilweise fast unverständlichen Lateins wegen zu übergehen; denn ob Original und Bearbeitung dem Sachinhalt nach sich decken, das ist von vornherein nichts weniger als ausgemacht. Und zweitens ist es nicht schlechthin die „Gradenser Priestersage", sondern wohlgemerkt, wie sich inzwischen ergeben hat, die jüngere Theorie, insbesondere der gefälschte Brief des Papstes Pelagius, der dem Bericht im Chronicon Altinate zugrunde liegt.

Es wird also darauf ankommen, zu prüfen, inwieweit die ursprüngliche Gestalt des Berichts im Chronicon Altinate von der jüngeren Theorie abweicht.

Stellen wir sogleich fest, daß hinsichtlich der Auffassung der Rechtsfrage kein Gegensatz besteht. Der Bericht im Chronicon Altinate eignet sich den Rechtsstandpunkt der jüngeren Theorie mit geradezu peinlicher Sorgfalt an. Denn die Bestimmungen des gefälschten Pelagiusbriefs über die Rechtsstellung Grados sind, wie wir bereits gezeigt haben, in das angebliche Privileg des Papstes Benedikt wortgetreu übernommen.

---

[2]) Über andere chronologische Unstimmigkeiten ähnlicher Art im Chron. Altinate vgl. Besta, Nuove ricerche sul Chronicon Altinate S. 12.

Wohl aber geht unser Bericht seinen eigenen Weg in der Schilderung des äußeren Tatbestands, auf dem die Rechtsstellung Grados beruht. Denn nach der jüngeren (wie übrigens schon nach der älteren) Theorie sind es die zuständigen geistlichen Behörden, der Patriarch und seine Suffragane, die mit Einwilligung des Papstes auf einer Synode zu Grado den entscheidenden Beschluß fassen. Eben daß es bloß die zuständigen geistlichen Behörden sind, ist für die Gradenser Theorie wesentlich. Den Gegensatz dazu bildet die widerrechtliche gewaltsame Einmischung der weltlichen Machthaber, der Langobarden, bei den Anfängen des Aquilejer Stuhls.

Der Bericht im Chronicon Altinate hingegen hebt gerade umgekehrt die Mitwirkung eines Nichtgeistlichen geflissentlich hervor. Denn hier geht die Initiative von dem Dogen aus. Mit dem Papste zusammen erscheint er als der Begründer der Rechtsstellung Grados, und, was dann noch besondere Beachtung verdient, indem in Rom gleichzeitig auch das Verfahren bei der Wahl des Patriarchen geregelt wird, wird dem Dogen überdies die Befugnis eingeräumt, mit dem Volke den Patriarchen zu wählen. Das Eigentümliche an dem Bericht im Chronicon Altinate ist also der entscheidende Anteil, den er dem Dogen, d. h. dem Vertreter des Staats, an der Ordnung der Rechtsverhältnisse Grados zuspricht. Von einem solchen Anteil weiß die Gradenser Theorie nichts. Der bloße Gedanke daran liegt ganz außerhalb ihres Gesichtskreises. Um so bezeichnender ist es, wenn der Bericht im Chronicon Altinate zwar die Rechtsstellung Grados im Sinne der jüngeren Theorie unbedingt anerkennt, andrerseits aber deutlich zu verstehen gibt, daß der Gradenser Stuhl diese Rechtsstellung dem Staate mitverdanke, daß der Doge mit dem Volk, d. h. der Staat ein Anrecht auf die Wahl des Patriarchen habe.

Um es anders auszudrücken, der Bericht im Chronicon Altinate wendet sich gegen die Gradenser Theorie, nicht um ihren Rechtsstandpunkt zu bekämpfen, sondern um einzuschärfen, was sie ignoriert, nämlich, daß die Hilfe des venezianischen Staates dazu nötig war, um diesen Rechtsstandpunkt durchzusetzen, und wer möchte behaupten, daß Grado seine Unabhängigkeit bewahrt und seine ehemalige Rechtsstellung zurückgewonnen hätte, ohne den mächtigen Schutz des venezianischen Staates! Als Repräsentant dafür also tritt der Doge Beatus auf, und die ihm nacherzählte Geschichte gehört zu jenen, die im Kerne wahr und dennoch in allen Einzelheiten erfunden sind. Auch das angebliche Anrecht auf die Wahl des Patriarchen ist nicht willkürlich ersonnen, sondern hat seine Analogie in der Herkunft der damaligen Patriarchen aus dem Geschlecht des jeweils herrschenden Dogen. Vitalis IV. Candiano und Orso Orseolo, die nacheinander und gerade zur Zeit des Rechtsstreits an die neunzig Jahre den Gradenser Stuhl inne hatten, sind beide Dogensöhne gewesen. Es war also mindestens tatsächlich so, daß der Doge seine Hand über die Wahl des Patriarchen hielt. Der Bericht im Chronicon Altinate ist mithin eine Art pseudonymer Zeitgeschichte, die, wie so oft, in die ferne Vergangenheit zurückgespiegelt wird. Und sollte vielleicht auch sein barbarisches Latein durch diesen Ursprung aus nicht rein geistlicher Sphäre sich erklären[1])?

Wenn dies aber vom Original gilt, gilt es ebenso auch von der Bearbeitung im Chronicon Gradense? Das ist die Frage, die nunmehr Antwort heischt.

Wir besitzen über das Chronicon Gradense die schon erwähnte grundlegende Untersuchung von Waitz, der sich auch über die Beziehungen zum Chronicon Altinate äußert[2]). Er fällt in dieser Hinsicht ein sehr bestimmtes Urteil. Eine nähere Vergleichung, meint er, zeige, daß es sich in der Tat ganz und gar als Ableitung verhält, einiges fast wörtlich wiedergegeben, anderes ausgelassen, dabei der barbarische und mitunter fast unverständliche Ausdruck der Vorlage gebessert, auch wohl einzelnes zur Erläuterung hinzugefügt sei. Eine Bearbeitung vorwiegend stilistisch-formaler Art läge demnach vor, die den Sachinhalt nicht berührt. Indes schon Waitz selber führt ein Beispiel an, das geeignet ist, Argwohn zu erwecken. Er betrachtet es als „erläuternde Erweiterung", wenn es heißt:

Chronicon Altinate, SS. XIV, S. 14 Z. 3—4.	Chronicon Gradense, Monticolo S. 43 Z. 10—19.
In Venetia autem constituit sex episcoporum fieri. Dux concessit investitionem, populo autem lectionem.	In Venetia autem sex episcopatus fieri constituit, quorum electiones uniuscuiusque parrochię, clero et populo comittens, sicut a beato Benedicto sanctę Romanę sedis antistite fuerat sanccitum nec non et privilegii scripto confirmatum, duci investicionem concessit.

[1]) Daß der Verfasser des Chron. Altinate Geistlicher und als solcher wohl Notar war, hat Besta a. a. O. S. 57 ff. auf Grund anderer Beobachtungen vermutet. In der Tat könnte man bei einem Notar es sich noch am ehesten denken, daß er auch für das bisher ignorierte Interesse des venezianischen Staates Verständnis hatte und insofern als sein publizistischer Anwalt auftrat. — Ich bemerke ausdrücklich, daß ich mich hier mit Absicht auf die Erörterung der Urgeschichte Grados im Chron. Altinate beschränke, obwohl an sich eine Untersuchung auch der weiteren Frage nahe läge, was es denn mit der Verbindung der Urgeschichte Torcellos und Grados im Chron. Altinate für eine Bewandtnis hat. Aber diese Frage hat 1. mit der Gradenser Theorie, die uns hier zunächst beschäftigt, nicht unmittelbar zu tun, und 2. würde es dazu notwendig sein, das ganze, höchst verwickelte Problem der Komposition des Chron. Altinate aufzuwerfen.

[2]) Waitz, Über das Chron. Gradense im Codex Vaticanus Urbinas 440, Neues Archiv (1877) Bd. 2, 375—381, insbesondere S. 377.

Wie man sieht, ist von der Wahl der Bischöfe die Rede. Während aber das Chronicon Altinate nur der Mitwirkung der Laien gedenkt, dem Dogen die Investitur, dem Volke die Wahl zuweist, fügt das Chronicon Gradense ergänzend hinzu, daß die Wahl nach dem Privileg des Papstes Benedikt Klerus und Volk zustehe, und die Investitur durch den Dogen, die das Chronicon Altinate an die Spitze stellt, wird in die zweite Reihe zurückgeschoben. Nicht so sehr um eine „erläuternde", als um eine berichtigende Erweiterung handelt es sich mithin. Dem Laienstandpunkt des Chronicon Altinate gegenüber betont das Chronicon Gradense den Anteil auch der Geistlichkeit auf Grund des päpstlichen Privilegs. Es ist das nicht die einzige derartige Beobachtung, die wir machen können. So bezeichnet z. B. das Chronicon Altinate S. 12 Z. 21 den Patriarchen Paulus als den ersten in Grado 'per constitutionis ordine', ein neutraler Ausdruck, den das Chronicon Gradense S. 41/42 durch die nicht mißzuverstehende Wendung 'primus per apostolicam concessionem' ersetzt. Vollends aber vergleiche man die Rolle, die der Doge Beatus neben Papst Benedikt bei der Regelung der Rechtsstellung Grados einerseits nach dem Chronicon Altinate und andrerseits nach dem Chronicon Gradense spielt:

Chronicon Altinate S. 11 Z. 40 ff.	Chronicon Gradense S. 37 Z. 27 ff.
Beatus dux Metamaucensis cum omnibus tribunis Venetie ad Romam adempti sunt iter, ut ad sancte Romane sedis pontificem nomine Benedictum universalis orbis apostolicum principem. Quod ante pontificem venit dux, inquisivit ad eum, nove Aquilegie civitatis Gradense ut metropoli institeret secundum veteris Aquilegie civitatis consuetudo; et ostendit ad eum nomina pontificum . . .	Hisdem autem temporibus Beatus dux Metamaucensium cum quibusdam tribunis et nobilibus ad universalem Romane sedis pontificem nomine Benedictum adgressi sunt iter, at quem cum pervenissent, suppliciter fusis precibus, quatinus Gradense castrum novam Aquileiam institueret et tocius Venetię et Hystrię metropolim ordinaret, deprecabantur. nomina quoque patriarcharum . . . refferebant . . .
Chronicon Altinate S. 12 Z. 21 f.	Chronicon Gradense S. 39 Z. 11.
Benedictus namque, sanctissimum et benignissimum pontificem dux Metamaucensem Beatum cum omnibus tribunis quod ad eum inquisitum habet, per confirmatione in Gradensem civitatem metropolitanum pontificem consilium fecit decem et octo episcoporum; laudavit et confirmavit per privilegii preceptum. . . .	Tunc idem sanctissimus Benedictus summus Romanę sedis pontifex, benignitatis clemencia motus, dignis eorum condescendit precibus, communicatoque XXXVIIII episcoporum concilio, Gradensem civitatem novam Aquileiam constituens. . . .

Chronicon Altinate S. 13 Z. 1ff.	Chronicon Gradense S. 40 Z. 2f.
Concessit Benedictus papa, Beatus dux cum omni populo Venecie metropolitanum patriarcha Gradense nove Aquilegie civitatis ut eligeret, et dux investiret, ut per manu Romane sedis pontificem investitionem acciperet, et illum debet consecrare et cum privilegii preceptum per concilium cum laude et confirmacione episcoporum et cum palii beneditione in Aquilegie nove civitatis Gradus metropoli revertere.	Eiusdem vero presulis electionem clero et populo liberam faciendi tribuimus facultatem. prefate preterea regionis duci post factam electionem investicionis potestatem committimus, qua ab ipso duce accepta, eiusdem suffraganeis consecrandi licenciam concedimus. quibus expletis, ad huius sanctę Romane ęcclesię sedem ad pallii benedictionem suscipiendam properare iniungimus.

Nach dem Original im Chronicon Altinate „ersucht" der Doge kurzhin, und der Papst „heißt gut und bestätigt"; nach der Bearbeitung im Chronicon Gradense dagegen erscheint der Doge als „der in Demut bittende", der Papst als „der in Gnaden gewährende". Unversehens aber rückt damit der Tatbestand selbst in völlig neue Beleuchtung. Während nach dem Original Doge und Papst gemeinsam die Rechtsstellung Grados ordnen, indem der Doge vorschlägt und der Papst zustimmt, wird im Chronicon Gradense der Papst zum allein entscheidenden Faktor, dem der Doge ehrfürchtig als Bittender naht. Demgemäß ist auch die im Original dem Dogen erteilte Befugnis, mit dem Volke den Patriarchen zu ernennen, in der Bearbeitung getilgt. Vielmehr wird hier Klerus und Volk das Recht freier Wahl eingeräumt, und zwar verleiht der Papst dies Privileg dem Dogen und allen seinen Nachfolgern, womit implicite auch ein künftiger Anspruch des Dogen auf die Wahl des Patriarchen abgelehnt wird[1]).

Über das Verhältnis von Original und Bearbeitung kann man danach nicht wohl zweierlei Meinung sein: offenbar hat das Original mit seiner staatsfreundlichen Gesinnung in kirchlichen Kreisen Anstoß erregt, deren abweichende Auffassung daher die Bearbeitung zum Ausdruck bringt.

Nun folgen ja auf diese Bearbeitung im zweiten Teil des Chronicon Gradense noch Bruchstücke aus dem Patriarchenkatalog der jüngeren Theorie. Das ist insofern auffallend, als der Ursprung der Metropolitanrechte Grados hier auf die Synode des Elias, dort auf die römischen Verhandlungen zwischen Beatus und Benedikt zurückgeführt wird. Vielleicht aber hat dieser uns heute befremdliche Widerspruch sich gar nicht als

[1]) Daß das Chron. Altinate bei der Wahl sowohl der Bischöfe wie des Patriarchen sich über den Anteil des Klerus ausschweigt, ist, wie Besta a. a. O. S. 29/30 mit Recht bemerkt, kein Zufall; nur handelt es sich hier sicher nicht, wie Besta meint, um eine „Auslassung" im Chron. Altinate, sondern um einen Zusatz im Chron. Gradense.

solcher aufgedrängt, und wenn bei dieser Verkoppelung überhaupt irgend eine Absicht vorlag, so war es etwa die, daß nach der kirchlich einwandfreien Bearbeitung des Originals auch noch die reine unverfälschte Theorie zum Wort kommen sollte, wie der Patriarchenkatalog sie an die Hand gab.

Übrigens gewährt (in Ermanglung äußerer Merkmale) die Polemik über die Beziehungen zwischen Staat und Kirche wenigstens einen gewissen Anhalt hinsichtlich der mutmaßlichen Entstehungszeit. Soviel ist sicher, erst nach dem Aufkommen der jüngeren Theorie ist diese Polemik denkbar, und sie war andrerseits kaum noch am Platze, seit der Doge aufgehört hatte, den Patriarchen nach Gutdünken zu ernennen. Mit dem Sturz der Orseoli in den zwanziger Jahren trat diese Wendung ein, und so dürfte jener Meinungskampf am ehesten noch der Zwischenzeit, d. h. dem beginnenden elften Jahrhundert angehören.

3.

Durch die Erkenntnis des tatsächlichen Verhältnisses zwischen Original und Bearbeitung wird endlich auch die Bahn frei zur Aufhellung einer vielumstrittenen Frage, die ich absichtlich bisher bei Seite gelassen habe; es ist die nach dem Verfasser des Chronicon Gradense. Die Debatte mit allen Einzelheiten aufzurollen, ist hier nicht der Ort; nur meinen Standpunkt zur Sache möchte ich darlegen. Untersuchen wir zunächst, was es mit den angeblichen Beziehungen des Johannes Diaconus zum Chronicon Gradense auf sich hat.

Bekanntlich hat Pertz den Johannes Diaconus für den Verfasser auch des Chronicon Gradense gehalten, weil er nach brieflichen Mitteilungen Giesebrechts glaubte, daß das Chronicon Gradense im Codex Urbinas von derselben Hand geschrieben sei, wie das Chronicon Venetum, das er als Autograph des Johannes Diaconus ansah. Dagegen bezweifelte Kohlschütter aus sprachlichen, Simonsfeld aus inhaltlichen Bedenken, daß Johannes Diaconus der Verfasser des Chronicon Gradense sei. Als dann Waitz nachwies, daß das Chronicon Gradense aus zwei Stücken verschiedener Herkunft sich zusammensetze, da verzichtete er doch auf ein bestimmteres Urteil darüber, inwieweit es in der uns vorliegenden Gestalt von Johannes Diaconus herrühre. Der Unterschied, meinte er, sei nicht groß, ob man ihm das Werk in der Gestalt seiner Handschrift zuschreibe oder ob man annehme, daß er es mit seinen Mängeln wörtlich in seine Handschrift übertragen und so doch gewissermaßen zu dem seinen gemacht habe. Auch Cipolla begnügt sich mit einer Vermutung: höchstens die Verbindung der beiden von Hause aus nicht zusammengehörigen Stücke will er Johannes Diaconus zutrauen, während Monticolo eine Entscheidung ablehnt[1]).

Zum Teil nun erledigt sich diese Kontroverse schon durch die Beobachtung, daß Pertzens Angabe über die handschriftliche Überlieferung sich als unzutreffend herausstellte, daß das Chronicon Gradense im Codex Urbinas gar nicht von derselben Hand geschrieben ist wie das Chronicon Venetum des Johannes Diaconus, sondern unzweifelhaft von einer andern, anscheinend jüngeren Hand. Denn daraus folgt, daß Johannes Diaconus mit der Eintragung des Chronicon Gradense in den Codex Urbinas auch nicht das Mindeste zu tun hat, und schon danach besteht eigentlich kein Grund mehr, ihn noch länger mit der Urheberschaft des Chronicon Gradense zu behelligen. Den Ausschlag vollends geben inhaltliche Erwägungen. Wir sahen, daß es Johannes Diaconus durchaus fern liegt, die Gradenser Theorie planmäßig zu verwerten, wie er harmlos verschiedene Schichten der Überlieferung durcheinander mengt. Niemand wird glauben, daß derselbe Mann den Bericht im Chronicon Altinate im Sinne der kirchlichen Anschauung umgearbeitet und Bruchstücke aus dem Patriarchenkatalog der jüngeren Theorie hinzugefügt habe, während er doch im Chronicon Venetum nur den Patriarchenkatalog der älteren Theorie und selbst den nur beiläufig heranholt. Die Übereinstimmungen zwischen Johannes Diaconus und dem Chronicon Gradense, soweit solche vorhanden sind, beruhen vielmehr lediglich auf der Abhängigkeit hier von dem Patriarchenkatalog der jüngeren, dort von dem der älteren Theorie. Es entfällt mithin jeder Anlaß, dem Johannes Diaconus noch irgend welche persönliche Beziehungen zum Chronicon Gradense nachzusagen, und die Kontroverse über diesen Punkt dürfte damit geschlichtet sein.

Indem aber Johannes Diaconus aus der Debatte ausscheidet, gewinnt eine spätere Überlieferung, die wir bisher noch nicht berücksichtigt haben, erhöhte Bedeutung. Sie findet sich in dem sogenannten Liber pontificatus ecclesie Aquilegiensis, einer erst zu Ende des fünfzehnten Jahrhunderts, wohl nicht vor 1495 entstandenen Kompilation, die handschriftlich in der Bibliothek des Seminario Patriarcale zu Venedig aufbewahrt wird[2]). Dort ist in die Lebensbeschreibung des Patriarchen Vitalis IV. Candiano der erste Teil des Chronicon Gradense eingeschoben, d. h. also der umgearbeitete Bericht über die Urgeschichte von Torcello und Grado, und die

[1]) Kohlschütter, Venedig unter dem Herzog Peter II. Orseolo (1868) S. 63; Simonsfeld, Andrea Dandolo S. 56ff.; Waitz, Neues Archiv Bd. 2, 379; Cipolla, Ricerche sulle tradizioni intorno alle antiche immigrazioni nella laguna, Archivio Veneto (1884) Bd. 28, 306f.; Monticolo, Bullettino IX, 162—175 cp. XIX: Relazioni col Chronicon Gradense.

[2]) Vgl. über den Liber pontificatus A. Rossi, in der ältesten Ausgabe der Cronaca Veneta, detta Altinate, Archivio storico Italiano (1845) Bd. 8, 106; Simonsfeld, Andrea Dandolo S. 58 n. 1; Monticolo, Bullettino IX, 171f.

gleiche Hand hat mit roter Tinte zwei Zusätze hinzugefügt, die von der schriftstellerischen Tätigkeit eines Patriarchen Vitalis handeln. Fol. 36a liest man: 'Vitalis iste secundus, patriarcha Gradensis, scripsit initium Torcellensis civitatis et episcopatus, omnesque predictas visiones reperit, et quomodo patriarchatus Gradensis sit effectus metropolis, vitasque antecessorum suorum diligenter perquisivit et invenit multaque privilegia a pontificibus obtinuit pro tempore', dann fol. 37b: 'ad ipsum denique Vitalem patriarcham tandem deveniamus qui premissa omnia scripsit'.

Diese Überlieferung hat freilich verschiedene, zum Teil recht seltsame Auslegungen erfahren. Ich beschränke mich hier auf eine rasche Aufzählung. Der erste Herausgeber des Chronicon Altinate, Antonio Rossi, der erste zugleich, der auf jene Nachricht im Liber pontificatus aufmerksam machte, deutete sie auf den Patriarchen Vitalis II., Giesebrecht auf den vierten Patriarchen dieses Namens. Cipolla trat für den Patriarchen Vitalis I. ein. Waitz sodann ließ unbestimmt, ob das Chronicon Gradense oder ein ganz anderes Werk gemeint sei. Simonsfeld hinwieder möchte nur den ersten Teil des Chronicon Gradense dem Patriarchen Vitalis IV. zuschreiben, den Verfasser des zweiten Teils, d. h. der Bruchstücke aus dem Gradenser Patriarchenkatalog, vermutet er in dem Patriarchen Vitalis II., so daß für Johannes Diaconus noch die Vereinigung beider Stücke zum Chronicon Gradense des Codex Urbinas übrig blieb! Monticolo endlich ist nicht abgeneigt, den Patriarchen Vitalis IV. als Verfasser des Chronicon Gradense gelten zu lassen, will darin aber nur eine Art Materialsammlung zu einer Geschichte der Gradenser Kirche sehen [1].

Mir scheint, trotz solcher Zersplitterung der Ansichten ist im Grunde doch nur eine ganz bestimmte Auffassung möglich. Insofern die Nachricht nämlich in der Lebensbeschreibung des Patriarchen Vitalis IV. begegnet, kann m. E. kaum ein anderer als der vierte Patriarch dieses Namens gemeint sein, obgleich er, was dann freilich ein Irrtum ist, 'Vitalis iste secundus patriarcha' genannt wird. Der Hinweis ferner auf die Urgeschichte von Torcello und Grado und auf das Leben seiner Vorgänger als Gegenstand der schriftstellerischen Tätigkeit des Patriarchen zielt unverkennbar auf die beiden Teile des Chronicon Gradense. Zwar ist im Liber pontificatus selber nur der erste Teil eingeschoben; wie indes schon Monticolo gezeigt hat, ist er hier aus dem Codex Marcianus Latinus X 126 geschöpft, der das Chronicon Gradense vollständig enthält und durch den Codex Vaticanus

---

[1]) Rossi a. a. O. S. 106; Giesebrecht in Schmidts Zeitschrift für Geschichtswissenschaft, Über neuere Erscheinungen der historischen Literatur in Italien (1845) Bd. 4, 45; Cipolla, Ricerche S. 319—322; Waitz a. a. O. S. 379; Simonsfeld, Das Chron. Altinate S. 26ff.; Monticolo, Bullettino IX, 175.

5269 auf den Codex Urbinas zurückgeht[1]). Mithin lag auch dem Kompilator des Liber pontificatus das Chronicon Gradense vollständig vor, und so hat er den Patriarchen doch wohl als den Verfasser eben des Werkes bezeichnen wollen, das heute den Namen des Chronicon Gradense trägt.

Angenommen aber, dies sei wirklich der Sinn der Überlieferung, ist denn einer so späten Nachricht noch Vertrauen zu schenken? Monticolo bemerkt zugunsten des Kompilators, daß er auch sonst den schriftstellerischen Leistungen der Patriarchen nachspüre[2]). In der Tat ist nicht einzusehen, wie er diese Nachricht frei hätte erfinden können; man darf daher vermuten, daß er sie anderswoher überkommen hat, zumal, wenn sie irgendwie vereinbar sein sollte mit dem, was wir sonst von dem Patriarchen Vitalis IV. wissen. Nun muß man sich erinnern, daß es Vitalis IV. war, der auf der römischen Synode von 967/8 die Wiederanerkennung der Metropolitanrechte Grados auf ganz Venetien und später bei Silvester II. und bei Sergius IV. die Wiederausdehnung dieser Metropolitanrechte auch auf Istrien erreicht hat. Er also hat erst die ältere, dann die jüngere Theorie zum Siege geführt. Daß er aber als Patriarch von den darauf gerichteten Bestrebungen nichts gewußt, daß er sie nicht gebilligt haben sollte, das ist schlechthin undenkbar, und wenn dann ein Werk wie das Chronicon Gradense nach der staatsfreundlichen Abwandlung der Gradenser Theorie wiederum den spezifisch kirchlichen Standpunkt hervorkehrt, sollte er vielleicht auch hierbei die Hand im Spiele haben, und ein Nachhall davon in jener späten Überlieferung übrig sein?

Ein überraschender Ausblick tut sich vor uns auf. Unleugbar würde ein derart unmittelbarer Anteil des Patriarchen der durch die Gradenser Theorie entbundenen publizistischen Bewegung einen noch einheitlicheren Charakter, eine obendrein persönliche Note geben. Immerhin freilich nur eine hohe Wahrscheinlichkeit spricht dafür, und die Hauptsache bleibt doch stets der sachliche Zusammenhang dieser publizistischen Bewegung als solcher.

Ja ein dauernder Grundzug venezianischer Geschichtschreibung tritt uns hier zuerst in seiner Eigentümlichkeit entgegen. Es ist gelegentlich gesagt worden, sie sei gänzlich offizieller und politischer Natur. Fast könnte man glauben, dies Wort sei bereits auf jene frühen Anfänge geprägt. Eben der Nachweis, daß dieser publizistische Grundzug sich gleich so kräftig ankündigt, macht den speziellen Reiz der vorangehenden Untersuchung aus.

* * *

Der Einfluß der Gradenser Theorie auf die Geschichtschreibung wird graphisch in folgender Weise dargestellt werden können. Ich bemerke, daß alles

---

[1]) Monticolo a. a. O. S. 166 f.

[2]) Monticolo a. a. O. S. 174 n. 2; ferner Cron. Venez. antichissime, Prefazione S. XXI.

nur Erschlossene kursiv gedruckt ist, und daß kritisch unwesentliche und unkontrollierbare Zwischenglieder selbstverständlich außer Acht gelassen sind.

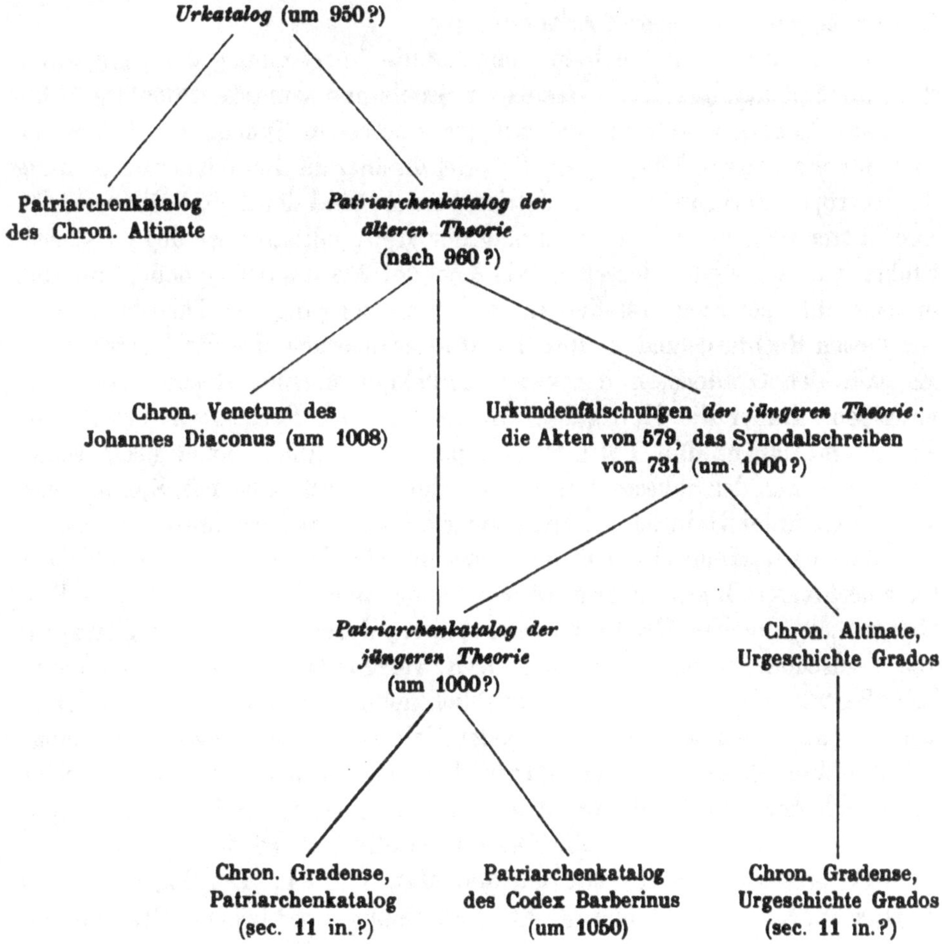

Kapitel 8.

Der Ausgang des Rechtsstreits.

Die Gradenser Theorie mit ihren mannigfachen Verzweigungen hat uns lange festgehalten. Wir kehren nunmehr zur Geschichte des Rechtsstreits zurück, um seinen Ausgang im elften Jahrhundert zu verfolgen. Der äußere Verlauf ist hier durch die neuere Forschung, insbesondere durch die Darlegungen Breßlaus, in allem Wesentlichen bereits klar gestellt[1]). Wir können uns insofern entsprechend kürzer fassen. Nur das Schicksal der Rechtsfrage bedarf, namentlich im Hinblick auf unsere bisherigen Ausführungen, noch genauerer Erläuterung.

1. Die ältere Theorie hatte zunächst die Anerkennung des Status quo, d. h. die Selbständigkeit des Gradenser Stuhls und seiner Metropolitanrechte auf ganz Venetien erstrebt und auf der römischen Synode von 967/8 den Sieg davongetragen. Die jüngere Theorie, die hierauf die Wiederausdehnung der Metropolitanrechte auch auf Istrien betrieb, fand den Beifall Silvesters II. und später Sergius' IV. Der Umfang der Metropolitanrechte des Gradenser Stuhls war so wieder derselbe, wie vor der Mantuaner Synode, nur daß er jetzt auf dem Sieg erst der älteren, dann der jüngeren Theorie beruhte. An diesen Rechtszustand knüpft der Wiederausbruch des Rechtsstreits an. Es galt, den Gradensern die kaum zurückgewonnenen Rechte wieder zu entreißen. Daher die Heftigkeit, mit der nun der Rechtsstreit entbrannte. Es kommt hinzu, daß Patriarch Poppo von Aquileja auch kraft seines Temperaments der zäheste Vorkämpfer der Ansprüche seines Stuhles war. Eine noch unter Heinrich II. angestrengte Klage war erfolglos geblieben[2]). Als aber nach Heinrichs Tod der venezianische Staat durch den Sturz des Geschlechts der Orseoli inneren Wirren anheimfiel, da benutzte Poppo diese Gelegenheit, um sich Grados zu bemächtigen, durch Lug und Trug, wie die venezianische Überlieferung versichert. Er verschaffte sich alsbald eine päpstliche Bestätigung, die ihm indes angeblich nur unter dem Vorbehalt gewährt wurde, daß er seinen Rechtstitel jeder Zeit zu erweisen habe. Der lange gehegte Wunsch der Aquilejer Patriarchen nach dem Besitze Grados schien so endlich doch in Erfüllung zu gehen. Nicht lange freilich sollte Poppo sich daran erfreuen. Denn die Orseoli, vorübergehend wieder zur Macht gelangt, eroberten Grado mit leichter Mühe zurück. Der Papst, es war Johann XIX., erklärte hierauf die von Poppo erschlichene Urkunde für

---

[1]) Breßlau, Jahrbücher Konrads II. Bd. 1, 149—159 und Exkurs 6: Zur Chronologie einiger Bullen und Konzilien im Streit zwischen Grado und Aquileja, sowie der venezianischen Vorgänge von 1024—1027, ebenda S. 456—459; über die im Original erhaltene Urkunde Johanns XIX. von 1024 Dezember, Atti dipl. restituti nr. 143 St.-A. Venedig; Kaltenbrunner, Wiener Sitzungsberichte, Phil.-hist. Klasse XCIV, 650; Pflugk-Harttung, Acta pontificum Bd. 2, 66f.; bei Jaffé[2] nr. 4070 irrig zu 1025 September gestellt, vgl. Breßlau in den Mitteilungen des Instituts für österreich. Geschichtsforschung (1888) Bd. 9, 27 n. 2; über die Urkunde Johanns XIX. von 1027 September, Jaffé[2] nr. 4085, vgl. Breßlau, Handbuch der Urkundenlehre (1889) Bd. 1, 191 n. 4. — Ferner Kehr, Nachrichten der Göttinger Ges. der Wiss. (1896) S. 280 n. 5 und Meyer S. 18.

[2]) Von der Klage erfahren wir nur durch das Protokoll der römischen Synode von 1027. Ob sie während des zweiten oder dritten Römerzugs Heinrichs II. und ob sie bereits von Poppo erhoben worden ist, läßt sich nicht mehr feststellen, vgl. Breßlau, Jahrbücher Konrads II. Bd. 1, 150 n. 2.

ungiltig und verurteilte ihn zum Verzicht (Dezember 1024)[1]). Aber der Patriarch ließ sich dadurch in seinem Vorhaben nicht beirren. Als einige Jahre später Konrad II. nach Italien kam, wußte Poppo ihn sogleich gegen die Venezianer aufzureizen und für seine Ansprüche zu gewinnen. Nun erst erfolgte auf der römischen Synode von 1027 der Hauptschlag: genau zweihundert Jahre nach der Mantuaner Synode wurde deren Entscheidung erneuert und bestätigt[2]). Der Papst, der erst kurz zuvor die Unabhängigkeit Grados vom Aquilejer Stuhl feierlich verbrieft hatte, mußte sich jetzt dazu

---

[1]) Vgl. den ausführlichen Bericht über diese Vorgänge in der Urkunde Johanns XIX. vom Dezember 1024, Jaffé[2] nr. 4063, und dazu die eingehende Erläuterung Breßlaus a. a. O. Bd. 1, 151 ff. und Exkurs 6, Bd. 1, 456—459; dazu die gleichzeitige Besitzbestätigung Johanns XIX. für Grado, Jaffé[2] nr. 4070, die, wie Breßlau, MIÖG. Bd. 9, 27 n. 2 gezeigt hat, unmittelbar hinter Jaffé[2] nr. 4063 als nr. 4063[a] einzureihen ist.

[2]) Gleichzeitige Aufzeichnung über die in Rom abgehaltene Synode in Sachen Grados und Aquilejas bei De Rubeis, Monumenta col. 512—514, neuerdings nach notarieller Abschrift vom Ende des 12. Jahrhunderts, MG. Constitutiones I nr. 38 S. 82 ff. Über den Verlauf der Synode, Breßlau, Jahrbücher Bd. 1, 157—159. — Das Synodalprotokoll a. a. O. Constitutiones I S. 84 Z. 24—31, beruft sich ausdrücklich auf die Mantuaner Synode: 'Relecta sunt ergo ad hec in eadem synodo scripta Aquileiensis ecclesie, que inter plurimas Aquileiensium patriarcharum proclamaciones asserebant, beatum Eugenium papam tempore Luduwici et Lotharii imperatorum hanc inveterate proclamacionis controversiam inter Maxencium Aquilegensem patriarcham et Venerium Gradensem in Mantuana synodo ventilasse atque apostolica necnon synodali auctoritate Gradensem plebem Aquilegensi ecclesie restituisse atque pontificali sede ibidem omnino prohibita, predictam Aquilegensem ecclesiam capud et metropolim tocius Venecie constituisse'. — Nun aber stimmt, was hier als Entscheidung der Mantuaner Synode angeführt wird, nicht eigentlich mit den Akten dieser Synode überein. Dort heißt es, daß Aquileja immer Metropole und Herrin der Gradenser gewesen, daß es gegen die kirchlichen Gesetze geteilt sei, und daß es daher wie früher als 'prima' und 'metropolis' gelten solle; vgl. De Rubeis col. 417 D: 'et quia Aquileja semper metropolis extitit dominaque fuit Gradensium, novimus'; col. 408 D: 'statuit igitur sancta synodus, ut Aquileja metropolis, quae contra patrum statuta divisa in duos metropolitanos fuerat, deinceps quod et antiquitus erat, prima et metropolis habeatur'. Hingegen, daß die Kirche von Aquileja, wie das Protokoll der römischen Synode von 1027 besagt, auf der Mantuaner Synode als 'capud et metropolis tocius Venecie' eingesetzt worden sei, davon ist genau genommen in den Akten der Mantuaner Synode nichts zu lesen. Wohl aber erinnert diese Formulierung auffallend an den entgegenstehenden Beschluß der römischen Synode von 967/8, daß Grado die Patriarchalkirche und Metropole ganz Venetiens sei, und ich kann mich insofern des Verdachtes nicht erwehren, daß die römische Synode von 1027 nicht so sehr die Entscheidung der Mantuaner Synode erneuern, als vielmehr den Beschluß der römischen Synode von 967/8 umstoßen sollte. Es ist in dieser Hinsicht doch sehr bemerkenswert, daß in dem Protokoll der römischen Synode von 1027 nirgends von den Metropolitanrechten Aquilejas auf Istrien die Rede ist, obwohl in den Akten der Mantuaner Synode auch diese ausdrücklich der Aquilejer Kirche zugesprochen werden, und obwohl sie mittlerweile auf das Betreiben der jüngeren Gradenser Theorie hin durch Silvester II. und Sergius IV. dem Gradenser Stuhle erneuert und bestätigt worden waren. Der Grund ist, daß Aquileja, wie wir noch sehen werden, die geistliche Herrschaft in Istrien gleichwohl behauptet hatte, daß es also nicht nötig hatte, sie zurückzuverlangen. Was es indes erstrebte, das war eben die Aufhebung des entgegenstehenden Beschlusses der römischen Synode von 967/8, und deshalb wohl ist die Entscheidung der Mantuaner Synode, auf die das Synodalprotokoll von 1027 sich beruft, in dem entsprechenden Sinne umredigiert worden.

verstehen, gemeinsam mit dem Kaiser, dessen willenloses Werkzeug er war, dem Patriarchen von Aquileja die Investitur über Grado zu erteilen. Es war ein Akt tiefer Demütigung für das Papsttum [1]), der auch die kirchliche Selbständigkeit Venedigs wieder in Frage stellte. In der Tat glückte es Poppo kurz vor seinem Tode abermals, Grado in seine Gewalt zu bringen, wenn auch nur für kurze Zeit [2]). Auf die Dauer freilich, indem Venedig den

[1]) Sehr wirksam hebt Hauck, Kirchengeschichte Deutschlands (1896) Bd. 3, 558 die Demütigung des Papsttums hervor.

Besonderer Erörterung bedarf hier noch die Bulle Johanns XIX. von 1027 September, Jaffé² nr. 4085, worin er der Kirche von Aquileja nicht nur den Anspruch auf Grado, sondern auch noch weitere Vorrechte, insbesondere den Vorrang vor allen Kirchen Italiens bestätigt. Betreffs der Überlieferung vgl. Kehr, Nachrichten der Göttinger Ges. der Wiss. (1899) S. 258. In den Jahrbüchern Konrads II. Bd. 1, 158 n. 4 hat Breßlau (und so auch Hauck a. a. O. S. 558) diese früher stets für echt gehaltene Urkunde noch als echt angesehen, seitdem aber im Handbuch der Urkundenlehre Bd. 1, 191 n. 4 sie (gleich der anderen, Jaffé² nr. 4071, für denselben Empfänger) als Fälschung erkannt, und, wenn er es auch offen läßt, inwieweit die Fälschung den Inhalt der Urkunde ergriffen habe, doch jedenfalls den auf den Vorrang Aquilejas vor allen Kirchen Italiens bezüglichen Satz „schlechtweg für gefälscht" erklärt, da er mit den tatsächlichen Verhältnissen der Zeit und mit der Stellung, die Mailand und Ravenna einnahmen, in keiner Weise zu vereinbaren sei. Diese den Vorrang Aquilejas prätendierende Fälschung steht nun, wie ich hinzufügen möchte, nicht für sich allein. Auch in die Palliumverleihung Leos VIII. für den Patriarchen Rodoald von Aquileja von 963 Dezember 13, Jaffé² nr. 3701, die nur in jungen Handschriften vorliegt, vgl. Kehr, Nachrichten (1896) S. 280; (1899) S. 253; 256; 258; (1900) S. 388, dazu Meyer S. 17 und Graf von Hacke, Palliumverleihungen S. 42, 81, 122, ist eine ganz ähnliche Bestätigung angeblicher Vorrechte, insbesondere wieder des Vorrangs vor allen Kirchen Italiens eingeschoben, vgl. Ughelli-Coleti Bd. 5, 45 A: 'ob amorem B. Marci evangelistae pastoris nostri gloriosissimi Petri apostolorum principis discipuli, qui vestrae praesedit cathedrae, renovamus vobis per praesens privilegium illud antiquum sanctissimo Hermagorae beati Marci Evangelistae successori a beatissimo Petro contraditum, verum peccatis nostris promerentibus a paganorum saevitia concrematum; volumus scilicet et apostolica auctoritate iubemus, ut inter omnes Italicas ecclesias Dei sedes prima post Romanam Aquileiensis, cuius Deo auctore praees, habeatur'. Ferner wissen wir, daß im Jahre 1047 auf einer von Papst Clemens II. abgehaltenen Synode bei dem bekannten Rang- und Etikettenstreit zwischen Ravenna, Mailand und Aquileja über den Ehrenplatz zur Rechten des Papstes, zur Sache vgl. Steindorff, Jahrbücher Heinrichs III. Bd. 1, 320, 321 und Breßlau, Jahrbücher Konrads II. Bd. 1, 149, von Seiten Aquilejas, vgl. die Urkunde Clemens' II. für Ravenna von 1047 Januar, Jaffé² nr. 4141, Ughelli-Coleti Bd. 2, 361 D: 'ostensum est privilegium a Joanne XIX. papa actum de sessione ad dexteram partem'. Es scheint damit ein uns nicht erhaltenes Privileg Johanns XIX. gemeint zu sein, da in dem angeblichen Privileg Johanns XIX. von 1027 September, Jaffé² nr. 4085, von der 'sessio ad dexteram partem' nichts verlautet. Jedenfalls aber liegt danach der Verdacht sehr nahe — zu eingehender Untersuchung ist hier nicht der Ort —, daß die zweifellose Verfälschung der Urkunden Leos VIII., Jaffé² nr. 3701, und Johanns XIX., Jaffé² nr. 4085, gerade insofern sie den angeblichen Vorrang Aquilejas vor allen Kirchen Italiens bestätigen, mit dem Streit um den Ehrenplatz zur Rechten des Papstes in Zusammenhang steht.

[2]) 1034 März 8 hat Konrad II., als Poppo über den ihm vorenthaltenen Besitz der Insel Grado Beschwerde führte, diesen Besitz abermals bestätigt und ihm außerdem das einst venezianische Gebiet zwischen Piave und Livenza zugesprochen, DK. II. nr. 205 S. 277, Stumpf reg. 2053, vgl. Breßlau, Jahrbücher Konrads II. Bd. 2, 263. Daß Poppo kurz vor seinem Tode (1042) Grado nochmals erobert hat, ergibt sich aus der gleich anzuführenden Urkunde Benedikts IX. von 1044 April, danach nicht ohne Mißverständnisse Dandolo, Muratori XII, 242 CD.

inneren Wirren, das Papsttum dem Drucke des Kaisertums sich entwand, ließ das Urteil der römischen Synode sich doch nicht aufrecht halten. Schon 1044 weist Benedikt IX. in einer Urkunde für Grado, wie einst Johann XIX., die Besitzansprüche Aquilejas zurück, allerdings ohne sich noch über die Rechte Grados zu äußern, nur daß Grado wieder mit dem Schlagwort der jüngeren Theorie als 'Nova Aquileja' bezeichnet wird. Auch der venezianische Staat intervenierte für sein kirchliches Oberhaupt; die Urkunde des Papstes gedenkt ausdrücklich der Fürbitte des Dogen und des Volkes [1]). Hierauf setzte Leo IX., wie er überhaupt die Kirche wieder zu regieren begann, auch die Rechte Grados fest. In seiner Konstitution von 1053 [2]) präzisiert er sie in engster Anlehnung an das der jüngeren Theorie zugrunde liegende, gefälschte Synodalschreiben Gregors III. von 731. Daß er sich dabei auf die 'evidentissima predecessorum nostrorum privilegia' berufen konnte, war ganz in seinem Sinn. Auch hebt die Konstitution geflissentlich hervor, daß der Gradenser Patriarch durch seine Teilnahme an den Reformkonzilien das Wohlwollen des Papstes sich erworben, während sein Aquilejer Kollege ihnen fern geblieben war [3]).

Die Bedeutung dieser Konstitution Leos IX. ist, daß sie den Rechtsstreit zum Austrag brachte. Das Urteil der römischen Synode von 1027 wurde damit vollends aufgehoben, und die jüngere Theorie, die, zuerst von Sylvester II. anerkannt und von Sergius IV. bestätigt, ihre Geltung hernach wieder eingebüßt hatte, behauptete zuletzt doch das Feld. Formell also schließt der Rechtsstreit mit einem glänzenden Siege Grados ab.

2. Allein man darf sich dadurch nicht täuschen lassen. Vergleicht man den Rechtszustand vor Beginn des Rechtsstreits mit demjenigen, der im Verlaufe desselben tatsächlich eintrat, so stellt sich das Ergebnis wesentlich anders dar.

Erinnern wir uns, daß zunächst die Frage nach der Rechtsnachfolge des heiligen Markus und Hermagoras im Vordergrunde steht. Wir sahen,

---

[1]) Urkunde Benedikts IX. von 1044 April, Jaffé² nr. 4114, Ughelli-Coleti Bd. 5, 1116 B: 'praedictam Gradensem ecclesiam perpetua stabilitate patriarchatum esse sancimus tibique illic praesidenti tuisque successoribus totum metropolitae atque patriarchae officium libere peragendum concedimus'; er bestätigt ferner die Besitzungen und kassiert das von Poppo erschlichene Privileg 'de subiectione Gradensis patriarchatus'; über den Umfang der Metropolitanrechte Grados spricht er sich nicht aus. Ebenda col. 1114 A: 'Ursonem Gradensis ecclesiae novae Aquilejae patriarcham'; die durch Gesandte übermittelte Bitte des Dogen und des Volkes, col. 1115 A. — Hauck Bd. 3, 583 betrachtet diese neue Entscheidung als einen Stoß gegen die königliche Autorität. Ganz fehlerhaft ist die Darstellung dieser Dinge bei Kretschmayr Bd. 1, 149.

[2]) Konstitution Leos IX. von 1053 [April], Jaffé² nr. 4295.

[3]) Über den Patriarchen Dominicus von Grado als einen vertrauten Anhänger Leos IX. vgl. Drehmann, Papst Leo IX. und die Simonie, Beiträge zur Kulturgeschichte des Mittelalters und der Renaissance, herausgegeben von W. Götz, Heft 2 (1908) S. 35 f.

diese Nachfolge kam von Rechtswegen dem Gradenser Stuhle zu, wie er denn auch bis unmittelbar vor dem Ausbruch des Rechtsstreits als der Sitz der beiden Heiligen betrachtet wurde. Da erst erhob der Aquilejer Stuhl den entgegenstehenden Anspruch, die Mutterkirche des heiligen Markus und Hermagoras zu sein.

Nun aber ist das Merkwürdige, daß diese Rechtsfrage im weiteren Verlaufe des Rechtsstreits völlig zurücktritt, ja gleichsam spurlos daraus verschwindet, als ob nie die Rede davon gewesen wäre.

Selbst die Aquilejer Patriarchen, so sehr sie im übrigen auf dem Rechtsstandpunkt des Maxentius beharrten, haben einen dahin zielenden Anspruch nie wieder vorgebracht, auch Poppo nicht, obwohl er doch auf die Mantuaner Synode zurückgriff. Vielmehr geht die Kirche von Aquileja, wie vor dem Ausbruch des Rechtsstreits, unter dem Namen der Jungfrau Maria und des heiligen Hermagoras und Fortunat, nie indes unter dem des Evangelisten als des eigentlichen Titulars[1]).

---

[1]) In den Urkunden Lothars I. von 832 November 30, Mühlbacher reg. 1033 (999), und Karlmanns von 879 Mai 8, Mühlbacher reg. 1541 (1499), werden als Patrone der Kirche von Aquileja die Jungfrau Maria, der hl. Petrus und der hl. Markus genannt, dies jedoch auf Grund der Vorurkunde Karls des Großen von 792 August 4, Urk. der Karolinger nr. 174 S. 233, Mühlbacher reg. 319 (310), die vor dem Rechtsstreit ausgestellt ist, und eines Deperditum Ludwigs des Frommen. In den Urkunden der Ottonen kommt als Titular der Kirche von Aquileja, wenn überhaupt, nur die Jungfrau Maria vor, z. B. DO. I. von 972 Juli 25 (29) nr. 413 S. 563, Stumpf reg. 509, von Ottenthal reg. 544; DO. II. von 983 Juni 11 nr. 304 S. 360, Stumpf reg. 851; DO. III. von 990 Juni 18 nr. 65 S. 471, Stumpf reg. 937; DH. II. von 1020 April 26 nr. 426 S. 541, Stumpf reg. 1745. Dagegen setzt das in Anwesenheit des Patriarchen Poppo 1027 zu Verona ergangene Hofgerichtsurteil, De Rubeis col. 500—502, zur Sache Breßlau, Jahrbücher Konrads II. Bd. 1, 182 ff., als Patrone der Kirche von Aquileja die Jungfrau Maria und den hl. Hermagoras voraus, und das Gleiche gilt, soweit sie sich darüber äußern, von den Privilegien Heinrichs IV., z. B. von 1077 Juni, Stumpf reg. 2802, 2803, von 1093 Mai 12, Stumpf reg. 2919, insbesondere auch von 1081 Juli 20, Stumpf reg. 2839, vgl. Breßlau, Neues Archiv (1878) Bd. 3, 127 f.: 'prefatę ecclesię nomini sanctę Dei genitricis Marię et sancti Hermagorę specialiter attitulatę', während in einer Urkunde Heinrichs III. von 1040 Januar 3, Stumpf reg. 2152, die Kirche von Aquileja als zu Ehren der Jungfrau Maria, und in einer andern von 1040 Januar (11), Stumpf reg. 2156, als zu Ehren des hl. Hermagoras und Fortunat erbaut bezeichnet wird. Entscheidend ist, daß Poppo selber den Neubau des Doms der Jungfrau Maria und dem hl. Hermagoras und Fortunat geweiht hat, Ughelli-Coleti Bd. 5, 51 C: 'inspirante deo omnium auctore hanc ecclesiam fabricavi et eo auxiliante eam in honorem S. dei genitricis et perpetuae virginis Mariae, SS. martyrum Hermagorae et Fortunati una cum pluribus episcopis consecravi', vgl. auch col. 51 A und col. 52 D. — Nur scheinbar in Gegensatz dazu steht, daß in den Privilegien Leos VIII. von 963 Dez. 13, Jaffé² nr. 3701, und Johanns XIX. von 1027 September, Jaffé² nr. 4085, die Vorrechte der Kirche von Aquileja auf ein von dem Apostel Petrus, sei es dem hl. Hermagoras als dem Nachfolger des Evangelisten, sei es dem hl. Markus und Hermagoras übergebenes, aber seither zugrunde gegangenes Privileg zurückgeführt und bestätigt werden. Denn es wird hier nicht eigentlich die Rechtsnachfolge des hl. Markus und Hermagoras, sondern vielmehr auf Grund jenes angeblichen Privilegs der Vorrang vor allen Kirchen Italiens in Anspruch genommen. In beiden Urkunden aber sind, wie ich schon dargelegt habe, zum mindesten die hier in Betracht kommenden Abschnitte gefälscht.

Aber auch der Gradenser Stuhl hat des früheren Anrechts sich begeben. Im neunten Jahrhundert zwar wird er einmal noch wie vor dem Ausbruch des Rechtsstreits und gewiß mit Absicht als der Sitz des heiligen Markus und Hermagoras bezeichnet, in dem Vertrag von 880, der dem Patriarchen von Aquileja nach dem mißglückten Handstreich auf Grado abgenötigt wurde. Dagegen ist aus dem zehnten Jahrhundert kein zuverlässiges Zeugnis mehr dafür bekannt, daß der frühere Rechtstitel nochmals hervorgesucht worden wäre, sondern nur als die Kirche des heiligen Hermagoras tritt Grado urkundlich jetzt auf, und es stimmt dazu, wenn Johannes Diaconus erzählt, daß der Doge Peter II. Orseolo, als er auf seiner berühmten Ausfahrt nach Dalmatien im Jahre 1000 Grado berührte, von dem Patriarchen mit dem siegreichen Banner des heiligen Hermagoras ausgerüstet wurde. Vor allem aber, auch die Gradenser Theorie entsinnt sich des früheren Anrechts nicht, die ältere so wenig wie die jüngere, und da sie nur die jüngere Theorie wiederholt, so schweigt auch die Konstitution Leos IX. sich darüber aus[1]).

Der Grund ist, daß diese Rechtsfrage mittlerweile gegenstandslos geworden war. Denn eben aus Anlaß des Rechtsstreits, wie man annehmen darf, waren ja die Gebeine des Evangelisten nach dem Rialto überführt worden, und hier, wo seine Gebeine ruhten, wo er einer stets wachsenden Verehrung genoß, da war nun auch der Sitz des Evangelisten, so daß der Streit über die Rechtsnachfolge ganz von selbst einschlief und in Vergessenheit geriet[2]).

---

[1]) Urkunde von 880 Januar, Ughelli-Coleti Bd. 5, 41. Der Aquilejer Patriarch hat dem Dogen versprochen, 'servare erga sanctam Dei nostram Gradensem metropolim, id est, ut nullam amplius adversus eandem ecclesiam subtractionem sive contrarietatem faciatis vel facere iubeatis nec per vos ipsos nec per aliorum .....(?) aut aliqua quaestione in sedibus beatorum martyrum Marci evangelistae et Hermagorae nec non in rebus in propriis ecclesiis' etc. — Als Sitz des hl. Markus und Hermagoras wird Grado noch einmal in der Urkunde Ottos II. von 974 April 2 DO. II. nr. 71 S. 84, Stumpf reg. 462 erwähnt, aber der „sehr verderbte und mehrfach erweiterte Text" scheint auch an der betreffenden Stelle mindestens teilweise interpoliert. Dagegen ist schon in dem Vertrag mit Capodistria von 933 März, z. B. bei Tafel und Thomas, Fontes rer. Austriac. XII, 10 nr. 11, wiederholt von dem 'patriarchatus vester S. Hermagore' die Rede, und dem entspricht, daß Patriarch Vitalis IV. Candiano bei der berühmten Ausfahrt Peters II. Orseolo nach Dalmatien im Jahre 1000 die Rechte des Dogen 'victrici sancti Hermachore signo condecoravit', Johannes Diaconus, ed. Monticolo S. 156.

[2]) Diese höchst merkwürdige Folge der Translation des Evangelisten ist bisher nicht beachtet worden. Sie hat aber dann noch weiterhin einen sehr nachhaltigen Einfluß auf die Beziehungen zwischen Staat und Kirche ausgeübt, wie sich das in dem ganz verschiedenen Verhalten des Staates einerseits dem Sitz des Schutzpatrons und andrerseits der geistlichen Oberbehörde, dem Gradenser Stuhl, gegenüber zeigt. — Man sieht ferner, wie notwendig es ist, sich diese Wandlungen des Rechtsstreits vor Augen zu führen, und wie wenig es doch den Kern der Sache trifft, wenn Wilhelm Meyer am Schluß S. 36 f. Wesen und Verlauf des Rechtsstreits dahin zusammenfaßt, daß der päpstliche Stuhl Jahrhunderte lang bald Grado, bald Aquileja als berechtigten Erben des hl. Markus und Hermagoras anerkannt habe.

Zum andern aber hat Grado auch in der Frage der Metropolitanrechte seinen Rechtsstandpunkt nicht durchsetzen können: trotz der Privilegien Silvesters II. und Sergius' IV. und trotz der Konstitution Leos IX. hat es die geistliche Herrschaft in Istrien nicht wieder erlangt, sondern der Patriarch von Aquileja blieb hier im Besitz[1]), wie er denn auch über die Temporalien sämtlicher istrischer Bistümer verfügte[2]).

Die Praxis widersprach mithin der Theorie, und, obwohl auf der römischen Synode von 1078 über die beiden Patriarchate nochmals verhandelt wurde[3]), so ist doch ein die Konstitution Leos IX. umstoßender Beschluß offenbar nicht erfolgt. Denn in allen späteren Privilegien der Päpste für Grado ist diese Konstitution die Grundlage, auf die sie sich beziehen[4]). Nur hat das andrerseits die Päpste in ihren Privilegien für

---

[1]) Es genügt hierfür, auf die bei Benussi, Nel medio evo, Pagine di storia Istriana (1897) S. 294 n. 290 zusammengestellten urkundlichen Nachrichten, namentlich auch aus der Zeit Poppos, zu verweisen.

[2]) Vgl. im allgemeinen Ficker, Vom Reichsfürstenstand (1861) § 217 S. 309. Fälschung, angebliches Original Karls des Gr. von 803 August 4, Urk. der Karolinger nr. 270 S. 398, Mühlbacher reg. 399 (391); Originaldiplom Ottos III. von 996 Juni 26, DO. III. nr. 215 S. 626, Stumpf reg. 1084: Schenkung von 6 Bistümern, darunter auch Rovigno, das damals allerdings kein Bistum war, von dem aber in der Urkunde Sergius' IV. von 1010 März, Jaffé[2] nr. 3966, als von einem ehemaligen Bistum gesprochen wird; Urkunde Heinrichs III. von 1040 Jan. 3 Stumpf reg. 2152; Urkunden Heinrichs IV. von 1081 Juli 20, Stumpf reg. 2838 und 2839: Schenkung der Bistümer Parenzo und Triest, vgl. Meyer von Knonau, Jahrbücher Heinrichs IV. Bd. 3, 396 n. 85; Urkunde Heinrichs IV. von 1082 Juli 23, Stumpf reg. 2845: die Schenkung des Bistums Triest bestätigend, von bestrittener Echtheit, zur Literatur Meyer von Knonau, ebenda Bd. 3, 455 n. 27; Urkunde Heinrichs IV. von 1093 (Mai): „erteilt dem Patriarchen das Recht, den Bischof von Pola frei zu wählen", Stumpf reg. 2920 nur nach dem Regest im Thesaurus ecclesiae Aquileiensis, ed. Bianchi (1847) S. 227 nr. 536; Urkunde Heinrichs IV. von 1094: „bestätigt dem Patriarchen von Aquileja aufs neue das Bistum Pola", Stumpf reg .2923 nur nach dem Regest im Thesaurus eccl. Aquileiensis S. 227 nr. 539. Da die Urkunde im Thesaurus nr. 536 als 'privilegium Henrici imperatoris, quod patriarcha Aquilegensis libere possit eligere episcopum Polensem sub data MXCIII', die im Thesaurus nr. 539 nur als 'transscriptum privilegii donationis facte per Henricum imperatorem Aquilegensi ecclesie de episcopatu Polensi sub data MXCIV' bezeichnet wird, so bin ich trotz der abweichenden Jahresangabe im Zweifel, ob nicht im Grunde ein und dieselbe Urkunde gemeint ist, da die Schenkung des Bistums, vgl. die beiden Urkunden Heinrichs IV. von 1081, das Recht freier Wahl des Bischofs einschließt. Die Unterordnung von Pola unter Aquileja in der Urkunde Ottos III. von 990 Juni 18, DO. III. nr. 65 S. 471, Stumpf reg. 937, ist allem Anschein nach interpoliert. Bestätigung der 'regalia omnium episcopatuum Istriae' in der Urkunde Friedrichs I. von 1180 Januar 25, Stumpf reg. 4297.

[3]) Römische Synode von 1078 November, Registrum Gregors VII. ed. Jaffé II, 330 f.: 'De synodo Romana. Constituta etiam sunt illic ad utilitatem sanctae ecclesiae quaedam capitula, quae in sequentibus denotantur: De patriarcha Aquileiensi, de patriarcha Gradensi. De imperatore Constantinopolitano' etc.

[4]) Spätere Privilegien für Grado, aufgezählt bei Meyer S. 35. Die von ihm vermißte Urkunde Anastasius' IV. von 1154 Mai 27 (nicht April 6), Jaffé[2] nr. 9909[a], steht bei Cornelius, Ecclesiae Venetae Bd. 3, 129 nach Transsumpt von 1433. In dem ältesten der noch erhaltenen späteren Privilegien, dem Innocenz' II. von 1136 Juni 12, Jaffé[2] nr. 7783, lautet der in Be-

Aquileja nicht gehindert, dessen Metropolitanrechte über die istrischen Bistümer ausdrücklich gutzuheißen[1]). Dem gegenüber hielt der venezianische Staat sich einfach an den Status quo, wenn in der Ausstattungsurkunde für Grado vom Jahre 1074 der Gradenser Stuhl als Metropole ganz Venetiens bezeichnet wird[2]).

Endlich aber schickte sich auch der Gradenser Patriarch in das Unvermeidliche. Den Anstoß gab wohl, daß Friedrich I. im Januar 1180 dem Aquilejer Stuhl das Verfügungsrecht über die Temporalien sämtlicher istrischer Bistümer bestätigte. Bald danach im Juli kam ein vom Papst gebilligter Vergleich der beiden Patriarchen zustande, worin der Gradenser Stuhl u. a. seinen Herrschaftsansprüchen auf die einzeln aufgezählten istrischen Bistümer entsagte[3]). Damit wurde der tatsächliche Rechtszustand, obwohl er der Konstitution Leos IX. zuwiderlief, nach hundertundsiebenundzwanzig Jahren auch offiziell als zu Recht bestehend anerkannt.

Das Ergebnis des Rechtsstreits ist mithin dieses. In der Rechtsfrage an sich hatte Grado zweifellos das Recht auf seiner Seite, und auch die Entscheidung in der Rechtsfrage fiel zuletzt zu seinen Gunsten aus. Dennoch erlitt es eine zwiefache Einbuße. Weder die Rechtsnachfolge des Evangelisten, noch die geistliche Herrschaft über Istrien vermochte es festzuhalten. Was es allein durch alle Wandlungen des Rechtsstreits hindurch wahrte, das ist seine tatsächliche Unabhängigkeit und die geistliche Herrschaft über ganz Venetien: es blieb das Haupt der venezianischen Landeskirche.

---

tracht kommende Passus, vgl. Ughelli-Coleti Bd. 5, 1120 C: 'Igitur praedecessorum nostrorum Pelagii, Alexandri et Urbani II. auctoritatem sequentes, illius praecipue constitutionis tenorem servantes, quem praedecessor noster Leo IX. sanctissimus et synodali iudicio et privilegii pagina confirmavit'.

[1]) Die ältesten erhaltenen sind die Innocenz' II. von 1132 Juni 29, Jaffé² nr. 7576, und Alexanders III. o. D. zwischen 1170 und 1181, Jaffé² nr. 14238, die Bestätigung der 'potestas super sexdecim episcopatus', darunter auch die Istriens, aussprechend. In dem Druck der Urkunde Innocenz' II. bei Ughelli-Coleti Bd. 5, 62 C ist, wie sich aus der Nachurkunde Alexanders III. ebenda Bd. 5, 66 A ergibt, nicht 'comitatus, marchiam et ducatum', sondern 'comitatum, marchiam et ducatum' zu lesen.

[2]) Ausstattungsurkunde für Grado, Muratori, Antiquitates Italicae Bd. 1, 243 und Cicogna, Delle iscrizione Veneziane Bd. 4, 290. Dementsprechend wird der Patriarch von Grado offiziell jetzt des öfteren als 'patriarcha Venetiae' oder 'patriarcha Venetus' bezeichnet; die betreffenden Urkunden angeführt bei Kretschmayr Bd. 1 S. 445 und S. 463 n. 2 und bei Besta, Un sigillo inedito di Leone l'Isaurico S. 11 n. 4.

[3]) Urkunde Friedrichs I. von 1180 Jan. 25, Stumpf reg. 4297; Vergleich von 1180 Juli 24, Ughelli-Coleti Bd. 5, 1129 A—C, vom Papste anerkannt 1180 Juli 30, Jaffé² nr. 13687.

Kapitel 9.

Der Rechtsstreit und die Anfänge des venezianischen Staats.

Richten wir hier, am Ende der Untersuchung angelangt, noch einmal den Blick auf das gesamte Phänomen als solches. Es handelt sich — das wird bei der Notwendigkeit einer Schritt für Schritt vorgehenden Betrachtungsweise nur zu leicht übersehen — nicht um ein für sich allein stehendes Problem; sondern das Wesentliche ist gerade, daß es zugleich einem allgemeineren Zusammenhange angehört: es berührt sich seiner ganzen Ausdehnung nach unablässig mit den Schicksalen des venezianischen Staats. Eben diesen allgemeineren Zusammenhang müssen wir uns zum Schlusse noch kurz ins Gedächtnis rufen[1]).

Der Einbruch der Langobarden in Italien macht den Anfang. Er sprengt die vordem weit über die Terra ferma sich erstreckende byzantinische Provinz Venetien und Istrien. Das langobardische Festland sondert sich ab, nur der Rest verbleibt innerhalb des byzantinischen Machtbereichs. Die Spaltung des alten Erzbistums Aquileja ist das kirchliche Gegenstück dazu. Wohl ist es eine Glaubensfrage, der Dreikapitelstreit, der die Spaltung veranlaßt. Allein vorbereitet ist sie längst schon durch die staatliche Trennung, und auch nachdem der Dreikapitelstreit erloschen ist, da ist es wiederum die staatliche Trennung, die, indem sie andauert, auch die kirchliche Spaltung aufrecht hält. Der langobardische Patriarch von Aquileja-Friaul tritt so dem byzantinischen von Grado an die Seite, der Venetien und Istrien, d. h. den Rest des byzantinischen Besitzes unter sich hat.

Dann kommt die fränkische Eroberung Italiens, die gleichfalls eine politische und eine kirchliche Neuordnung herbeiführt; der frühere Einklang aber fehlt diesmal. Denn der Frieden Karls des Großen mit Byzanz stellt Venetien politisch, wenn auch unter byzantinischer Oberhoheit, auf sich selbst. Die Synode von Mantua dagegen bedroht die kirchliche Unabhängigkeit Venetiens, insofern sie den Gradenser Stuhl dem fränkischen Patriarchen von Aquileja unterwirft. In seinem Sonderdasein kann sich so Venetien nur behaupten durch eine innere Umbildung, die Staat und Kirche fest aneinander bindet. Noch entbehrte es eines unbestrittenen Vororts und Mittelpunkts. Jetzt erhebt sich der Rialto dazu als Sitz der Zentralregierung und als Sitz des Schutzpatrons. Der Doge selbst ist es, der dem

[1]) Ich darf mich hier um so knapper fassen, als ich inzwischen in meinem Vortrag: Die Epochen der älteren venezianischen Geschichte, Histor. Zeitschrift (1910) Bd. 104 S. 237—277, vom Gesichtspunkt der staatlichen Entwicklung aus dieselbe Anschauung ausführlicher zur Erörterung gestellt habe.

Evangelisten die Grabeskirche baut, und, wie er die Angriffe des Patriarchen von Aquileja auf Grado abwehrt, so beteiligt sich der Patriarch von Grado mit der Geistlichkeit an der Verwaltung des Staats.

Auch weiterhin ist der kirchliche durch den politischen Machtaufschwung bedingt. Die Wiederanerkennung der Selbständigkeit des Gradenser Stuhls und seiner Metropolitanrechte auf ganz Venetien durch die römische Synode von 967/8 verknüpft sich mit dem Versuch des Dogen Peter IV. Candiano, auf seine festländischen Beziehungen gestützt, eine Gewaltherrschaft über Staat und Kirche zu begründen, und die Wiederausdehnung der Metropolitanrechte auch auf Istrien durch die Päpste Sylvester II. und Sergius IV. trifft zusammen mit der Machtausbreitung Venedigs an der Adria unter dem Dogen Peter II. Orseolo. Das literarische Widerspiel dazu aber bildet die Publizistik, die, dem Streit um die Ansprüche des Gradenser Stuhls entspringend, nicht bloß die Rechte der Kirche, sondern daneben auch die Rechte des Staates an der Kirche diskutiert.

Kaum jedoch ist der Staat zu solcher Höhe emporgehoben, da beginnt auch schon die grundsätzliche Einschränkung der Dogenmacht, und während der Krise, durch die der Staat hindurch muß, gerät mit der Bestätigung der Mantuaner Synode auf der römischen Synode von 1027 sogar die kirchliche Unabhängigkeit vorübergehend wieder in Gefahr. Erst die Konstitution Leos IX. von 1053 bringt den Austrag; sie sichert, wenn auch nicht die Ansprüche des Gradenser Stuhls, obwohl sie sie gutheißt, so doch fortan wenigstens seine Selbständigkeit.

Man durchschaut von hier die wahre Natur des Rechtsstreits: Hat die fränkische Eroberung Italiens die Grundlagen der weiteren Entwicklung geschaffen, so ist der Rechtsstreit die Form, in der zusammen mit der politischen die kirchliche Konsolidierung des venezianischen Staates sich vollzieht.

Beilage 1.

Über das Aufkommen des Patriarchentitels bei den Erzbischöfen von Aquileja und von Grado.

Seit wann führen die Erzbischöfe von Aquileja und von Grado den Patriarchentitel? Ich will gleich bemerken, daß die Unzulänglichkeit der Überlieferung der Erkenntnis hier ganz bestimmte Schranken setzt. Allein bei der Unklarheit der vorhandenen Ansichten dürfte es sich immerhin verlohnen, wenigstens diese Grenzen abzustecken.

1.

Bekanntlich ist die Bezeichnung 'patriarcha' anfangs Ehrenname eines jeden Bischofs, und in Italien war dies, wie aus Cassiodors Varien hervorgeht, noch zur Gothenzeit der Fall. Allmählich jedoch bildet sich ein durchgreifender Unterschied heraus. Im eigentlichen Sinne als ein mit bestimmten Befugnissen ausgestattetes Amt kommt das Patriarchat im Osten nur noch den Bischöfen von Alexandria, Antiochia, Konstantinopel und Jerusalem, im Westen bloß dem römischen Bischof zu. Daneben wird der Titel im Abendlande noch das ganze Mittelalter hindurch als Ehrenbezeichnung verwendet, aber nur gelegentlich, so in Italien im sechsten Jahrhundert bei den Erzbischöfen von Mailand und von Ravenna. Einzig die beiden Patriarchen von Aquileja und von Grado machen eine Ausnahme; denn sie führen den Titel als stehendes Prädikat, ohne im übrigen eine andere Stellung als gewöhnliche Metropoliten zu haben, nur daß ihnen zeitweise ein gewisser Ehrenvorrang eingeräumt worden ist[1]).

---

[1]) Zur Literatur vergl. im allgemeinen Hinschius, System des kathol. Kirchenrechts (1869) Bd. 1 § 74 S. 538ff.: Die Patriarchen, namentlich Abschnitt V über die okzidentalischen Titularpatriarchen a) die Patriarchen von Aquileja, Grado und Venedig S. 567—571, ferner De Rubeis, Monumenta cp. XL über den Ursprung des Patriarchentitels col. 343—356, Hefele, Konziliengeschichte (1875²) Bd. 2 S. 278—283 und S. 914—924; neuerdings im einzelnen fehlerhaft Friedrich, Die ecclesia Augustana S. 334ff., sodann in manchem mit den Ergebnissen der folgenden, schon früher abgeschlossenen Untersuchung übereinstimmend Besta, Un sigillo inedito di Leone l'Isaurico S. 10ff. Die ältere Literatur, soweit sie noch erwähnenswert ist, z. B. Baronius, die Ballerini, Kardinal H. Noris, findet man bei De Rubeis col. 343ff. und Hinschius S. 567 n. 10 und S. 569 n. 3 verzeichnet.

Diese Besonderheit hat schon im Mittelalter Aufsehen erregt, und so schreibt im elften Jahrhundert einmal der Patriarch von Antiochia, er müsse sich über jenen Titel gar sehr wundern, von dem er weder gelesen noch gehört, daß er den Bischöfen von Aquileja und von Grado gebühre [1]). Im zwölften Jahrhundert spricht der leidenschaftliche Udalschalk geradezu von dem Bischof von Aquileja, der mißbräuchlich Patriarch genannt werde [2]). Dahingegen hatten Kompendienschreiber wie Honorius Augustodunensis und Hugo von St. Victor eine Erklärung leichthin bei der Hand: Das Patriarchat von Alexandria, meinten sie, sei nach Aquileja übertragen, weil der heilige Markus hier zuerst seinen Sitz gehabt habe [3]).

Seit Baronius wird der Ursprung des Patriarchentitels ein beliebter Gegenstand gelehrter Erörterung. Über manche der in dieser Frage vorgebrachten Ansichten dürfen wir heute stillschweigend hinweggehen. Die namhaftesten unter den älteren Forschern: Baronius, Noris, die beiden Ballerini und De Rubeis sind darin einig, es sei der Dreikapitelstreit gewesen, der den Bischof von Aquileja bewogen habe, sich dauernd jenes Titels zu bedienen, um hierdurch seine Unabhängigkeit von Rom kundzutun. Und diese Ansicht ist noch in Geltung; d. h. man pflegt sich auf die Darlegungen jener älteren Forscher zu berufen [4]).

Allein sie stimmen doch nur in der Hauptsache überein, und bei genauerem Zusehen ergeben sich recht erhebliche Meinungsverschiedenheiten.

So gleich in Betreff der frühesten Anwendung des Patriarchennamens. Baronius und De Rubeis entscheiden sich für den Beginn des Dreikapitelstreits [5]), indem sie auf Paulus Diaconus verweisen. Dieser nämlich gibt dem „Paulus“ von Aquileja, der sich von der kirchlichen Gemeinschaft mit Rom lossagte, den Patriarchentitel. Die Ballerini jedoch im Anschluß an Noris erinnern an die unzureichende Sachkunde des Paulus Diaconus und finden den Patriarchentitel glaubhaft erst bald nach der Spaltung des alten Erzbistums bezeugt. Danach hätte ihn erst der langobardische Erzbischof

[1]) Schreiben des Patriarchen Petrus von Antiochia an den Patriarchen Dominicus von Grado, u. a. bei C. Will, Acta et scripta quae de controversiis ecclesiae Graecae et Latinae saeculo undecimo composita extant (1861) nr. 17 S. 208—228; die angeführte Stelle S. 210f.: 'Πλὴν ἐκ νηπίου μέχρι γήρως τοῖς ἱεροῖς ἐντραφεὶς γράμμασι καὶ τῇ τούτων ἀναγνώσει σχολάζων ἀεὶ οὐδέπω οὐδαμοῦ παρ' οὐδενὸς ἔμαθον ἢ ἤκουσα μέχρι τῆς ἄρτι τὸν πρόεδρον Ἀκυλίας ἤτοι Βενετίας πατριάρχην ὀνομάζεσθαι'.

[2]) Uodalscalcus de Eginone et Herimanno, MG. SS. XII, 437 Z. 19: 'ab episcopo Aquileiensi qui abusive patriarcha vocatur'.

[3]) Angeführt bei De Rubeis col. 349 CD.

[4]) Die neueren Schriftsteller z. B. Diehl, Hartmann, Kretschmayr u. a. bezeichnen den Erzbischof von Aquileja kurzer Hand als Patriarchen, ohne die Frage nach dem Ursprung des Titels auch nur zu erwähnen. Nicht mit Unrecht hat H. Gelzer in seiner Anzeige von Diehls Études sur l'administration byzantine, Histor. Zeitschrift (1890) Bd. 65, 188f. diese Ungenauigkeit gerügt.

[5]) De Rubeis col. 344 BC., 349, 350.

sich beigelegt, und das ist heute wohl die herrschende Anschauung, die z. B. auch Hinschius, Hefele, Wilhelm Meyer teilen [1]). Das erste Auftreten des Patriarchentitels und sein angeblicher Zusammenhang mit dem Dreikapitelstreit bedarf also noch der Untersuchung.

Desgleichen widersprechen sich die Ansichten in Betreff der Stellung, die in dieser Angelegenheit das Papsttum beobachtete. Die Ballerini und so auch Hinschius und Hefele nehmen an, die Päpste hätten nach der Aneignung des Patriarchentitels durch den langobardischen Erzbischof auch dem Erzbischof von Grado den Patriarchentitel verliehen, um, wie Hefele sich ausdrückt, den unierten Metropoliten seinem schismatischen Kollegen nicht nachstehen zu lassen. Und so hätten auch nach dem Ende des Dreikapitelstreits beide Patriarchen den Titel beibehalten und fortgeführt. Gegen diese Auffassung aber hat sich nach dem Vorgang von Noris insbesondere B. M. De Rubeis erklärt [2]). Er stellt in Abrede, daß die Päpste den Titel anerkannten. Die Papstbriefe, in denen er vorkomme, seien entweder gefälscht oder mindestens interpoliert: 'aut spuriae sunt, aut ut minimum interpolatae'. Es handle sich vielmehr um einen zunächst rein provinzialen Brauch, den die Gradenser mitgemacht hätten, um sich nichts zu vergeben. Außerhalb des Sprengels bekannt und in allgemeiner Anwendung sei der Titel jedoch erst seit Ende des achten Jahrhunderts und zuletzt hätten ihn um des Friedens willen auch die Päpste gutgeheißen. Diese Bedenken des verdienten Forschers sind dann freilich nicht nach Gebühr gewürdigt worden. Nicht einmal die kritische Ausgabe der betreffenden Papstbriefe in den Monumenta Germaniae nimmt Bezug darauf [3]). Es wird also auch das Verhalten des Papsttums in dieser Angelegenheit einer nochmaligen Prüfung zu unterwerfen sein.

2.

Wir betrachten zunächst den Gebrauch des Patriarchentitels in der Geschichtschreibung, d. h. bei Paulus Diaconus. Es ist wahr, er nennt den Erzbischof „Paulus“ von Aquileja und seine Nachfolger Patriarchen. Aber er nennt ihn so, nicht etwa aus Anlaß des Dreikapitelstreits, sondern indem er von der Flucht des Erzbischofs vor den Langobarden nach Grado erzählt. Paulus Diaconus sagt also durchaus nicht, daß es „Paulus“ war, der zuerst den Patriarchentitel führte, oder gar, daß er ihn des Dreikapitelstreits wegen angenommen. Und da er Vorgänger des „Paulus“ überhaupt nicht, andrerseits aber alle Bischöfe von Aquileja und Grado ohne Unterschied Patriarchen nennt, so hat sich unser Schriftsteller die Frage, seit

[1]) Hinschius S. 567, Hefele S. 923, Meyer S. 8.
[2]) Hinschius S. 567, Hefele S. 923, De Rubeis col. 352—356.
[3]) Epistolae Langobardicae collectae ed. Gundlach, MG. Ep. 3, 691 ff.

wann sie diesen Titel führen, offenbar gar nicht vorgelegt. Paulus Diaconus folgt also nur dem Sprachgebrauch seiner Zeit. Über das Alter der Bezeichnung bietet er keine Auskunft. Und dem Paulus Diaconus folgt wieder die spätere Geschichtschreibung, insbesondere die venezianische[1]).

Anders hingegen steht es mit dem Vorkommen des Patriarchentitels in Urkunden, und da ist wieder die Zeit vor und nach der Spaltung auseinanderzuhalten. In den Papstbriefen der britischen Sammlung findet sich ein Schreiben Papst Pelagius' I. (555—560) an den Patricius Johannes, worin von dem 'Venetiarum atque Histrye patriarca' die Rede ist. Der Papst wendet hier einem Dritten gegenüber auf den Aquilejer Metropoliten den Patriarchentitel an, zu einer Zeit, als dieser von der kirchlichen Gemeinschaft mit Rom sich bereits losgesagt hatte. Ferner sind in den Akten der Mantuaner Synode von 827 Bruchstücke einer Urkunde des Patriarchen Elias über eine Synode zu Grado enthalten, die später, wie wir sahen, von der älteren wie von der jüngeren Gradenser Theorie benutzt worden sind. Die Echtheit dieser Bruchstücke hat kürzlich J. Friedrich mit beachtenswerten Gründen verteidigt. Sowohl im Kontext der Urkunde wie in der Unterschrift heißt Elias 'sanctae Aquileiensis ecclesiae patriarcha'[2]). Danach sieht es so aus, als ob der Aquilejer Metropolit im sechsten Jahrhundert vor der Spaltung den Patriarchentitel geführt habe, freilich ob seit dem Dreikapitelstreit, ob als stehendes Prädikat oder in der auch sonst üblichen Weise als Ehrenbezeichnung, das läßt sich nach diesen zufälligen Zeugnissen nicht entscheiden.

Was dann weiterhin an Urkunden vorliegt, sind bis über die Mitte des achten Jahrhunderts lediglich Papstbriefe, und diese hat ja De Rubeis entweder für gefälscht oder wenigstens für interpoliert erklärt. Die Untersuchung dieser Papstbriefe wird also zugleich über die Stellung des Papsttums Aufschluß geben. In der Tat sind unter den von De Rubeis beanstandeten Urkunden auch die angeblichen Akten der Synode des Elias mit dem eingeschobenen Schreiben des Papstes Pelagius, mithin eine auch von der neueren Forschung anerkannte Fälschung. Es bleibt indes eine Anzahl von Papstbriefen übrig, die De Rubeis für interpoliert erachtet, weil in anderen gleichzeitigen Schriftstücken und Nachrichten, die er zur Vergleichung aufzählt, zwar die Bezeichnung 'episcopus', 'presul', 'archiepiscopus', niemals aber der Titel 'patriarcha' begegne. Ein durchschlagender Beweis ist das selbstverständlich nicht, und ein solcher läßt sich auch nur

---

[1]) Vgl. Paulus Diaconus II 10 und öfters. Nur III 20 wird Elias, freilich im Anschluß an die zugrunde liegende Quelle, den Brief des Pelagius, bloß als 'Aquileiensis episcopus' bezeichnet.

[2]) Brief Pelagius' I., vgl. Ewald, Die Papstbriefe der britischen Sammlung, Neues Archiv (1880) Bd. 5, 540f., Jaffé[2] nr. 983; die Bruchstücke in den Akten der Mantuaner Synode bei De Rubeis col. 408 D, 409 A, vgl. Friedrich S. 345ff.

auf Grund der handschriftlichen Überlieferung erbringen, die De Rubeis nicht zur Verfügung stand. Hier also hat die weitere Untersuchung einzusetzen.

Die meisten der in Betracht kommenden Papstbriefe sind jetzt, mit den notwendigen Angaben über die handschriftliche Überlieferung, in den Epistolae Langobardicae collectae der Monumenta Germaniae abgedruckt. Was den Patriarchentitel betrifft, so liest man ihn dort bald oben im Text der Urkunden, bald unten im handschriftlichen Apparat [1]). Im allgemeinen also hat ihn der Herausgeber nicht beanstandet, sondern jeweils von Fall zu Fall entschieden. Dabei ist ihm jedoch entgangen, daß der Patriarchentitel überhaupt nur in Briefen einer bestimmten Handschriftenklasse auftritt, und schon um deswillen würde, ganz abgesehen von den Bedenken, die De Rubeis geäußert hat, eine Erörterung der Titelfrage in diesen Papstbriefen erforderlich sein.

Es empfiehlt sich, alle hierhergehörigen Angaben vorerst einmal zusammenzustellen, nach der Zeitfolge, und, wo dies angebracht ist, mit einem Vermerk über die handschriftliche Überlieferung, wobei ich der Vollständigkeit halber auch noch auf Angaben des ausgehenden sechsten Jahrhunderts zurückgreifen will.

So schreibt Gregor der Große 591 dem 'episcopus Aquileiensis', und auch Kaiser Mauritius nennt ihn so in einem Schreiben an diesen Papst aus dem gleichen Jahre. Eben damals bezeichnen die unter langobardischer Herrschaft stehenden Suffragane des ungeteilten Erzbistums in ihrer Eingabe an den Kaiser ihren Metropoliten als 'archiepiscopus'. Dann schreibt 628 Papst Honorius den Bischöfen Venetiens und Istriens: 'Primogenium subdiaconum et regionarium nostrae sedis Gradensi ecclesiae episcopali ordine cum pallii benedictione dreximus consecrandum'. Bald darauf adressiert Papst Theodor (642—649): 'Dilecto fratri Primogenio patriarchae Gradensi'. Es ist die erste Erwähnung des Patriarchentitels in einem Papstbriefe nach der Spaltung. Erhalten ist der Brief in den Handschriften der Annalen Dandolos. Auf den römischen Synoden von 649 und von 680 unterfertigen Maximus und Agatho von Grado ein jeder als 'episcopus ecclesiae Aquileiensis' und anläßlich der Verhandlungen unter Papst Sergius (687—701) ist in dessen Vita im Liber pontificalis von dem 'Aquileiensis ecclesiae archiepiscopus', d. h. von dem langobardischen Erzbischof die Rede. Im achten Jahrhundert, von Gregor II. (715—731) an, beginnt die Überlieferung reichlicher zu fließen. Der oft erwähnte Warnungsbrief an Serenus liegt dreimal vor, in dem Chronicon Venetum des Johannes Diaconus, im Patriarchenkatalog des Codex Barberinus, und in den Annalen Dandolos. Bei Johannes Diaconus und im Patriarchenkatalog lautet die betreffende Stelle:

---

[1]) MG. Ep. 3: im Text z. B. S. 697 nr. 6; S. 699 nr. 9; im Apparat S. 698 nr. 8; S. 707 nr. 15.

'Gradensis presulis niteris pervadere iura', während man in den Dandolohandschriften statt 'presulis' 'patriarchae' liest. Ein zweiter Brief des Papstes in der gleichen Angelegenheit ist im Patriarchenkatalog des Codex Barberinus und bei Dandolo erhalten. Im Patriarchenkatalog ist er nur an Bischöfe und Volk Venetiens und Istriens gerichtet. Die Adresse lautet hier: 'Gregorius servus servorum dei universis episcopis Venetiensis seu Hystrię vel plebi eiusdem'. Die Handschriften Dandolos haben eine abweichende Adresse: 'Gregorius episcopus, servus servorum dei, dilectis fratribus Donato patriarchae et episcopis et Marcello duci et plebi Venetiae et Istriae'. Hier wird also außer dem Dux Marcellus auch 'Patriarch' Donatus genannt. In dem Briefe selbst bezieht sich der Papst auf einen ihm zugegangenen Bericht: 'quia igitur missa relatione nos a Deo salvata communitas vestra petiit, contra Foroiulensem antistitem agentes, quod cupiat invadere ditionem Gradensis patriarchae, et ut nunquam excedere terminum vel iura invadere aliena, sed nec velle in ea, quae hactenus possedisset, esse contentum'. Dem 'antistes Foroiulensis' wird hier der 'patriarcha Gradensis' gegenübergestellt; doch sind die angeführten Worte vollständig nur in den Dandolohandschriften zu lesen. Im Patriarchenkatalog des Codex Barberinus sind sie leider teilweise ausgefallen, darunter auch die den Gradenser Patriarchen betreffenden, weil der Schreiber von dem ersten 'invadere' zu dem zweiten sich gleich wiederholenden übersprang. Die neueren Herausgeber des Briefes: Waitz, Monticolo, Gundlach haben deshalb die Lücke nach dem Wortlaut der Dandolohandschriften ergänzt. Ein dritter Brief des Papstes an Bischöfe und Volk Venetiens und Istriens, der im Codex Trevisaneus vorliegt, teilt mit, daß er den früheren Bischof Petrus von Pola des Gradenser Stuhls entsetzt habe, und fordert zur Wahl auf, und zwar schreibt Gregor: 'Petrus Pollensis antistes, canonica despiciens statuta, ab hac luce subtracto fratre nostro Donato Gradensi presule, suam deserens [sedem] ad eandem transiit secundam, contemnens regulas patrum' etc., ferner: 'eligere in Gradensi ecclesia praesulem debeatis'. Aus derselben Zeit ist in einer Abschrift des Diplovataccio ein kürzlich von Besta veröffentlichtes Schreiben der Kaiser Leo III. des Isauriers und Konstantin vom Oktober 727 erhalten, das den 'archiepiscopus Gradensis' erwähnt.

Von den Briefen Gregors III. (731—741) trägt ein im Codex Trevisaneus überlieferter die Adresse: 'Dilectissimo fratri Antonino Gradensi archiepiscopo'. Und in einem Brief an Calixtus, dessen Adresse des Titels entbehrt, verlangt der Papst nach dem Wortlaut, den der Codex Trevisaneus bietet: 'restituere Gradensi archiepiscopo debeas', während die Dandolohandschriften statt 'archiepiscopo' 'patriarchae' haben. Auch in der Vita Gregors III. wird Antonin als 'Gradensis archiepiscopus' bezeichnet [1]).

[1]) Gregor I. 591 Januar, registr. I, 16 MG. Ep. 1, 16; Kaiser Mauritius, registr. I, 16b

Wir kommen zu Stefan III. (768—772), der die Bischöfe Istriens daran erinnert: 'vos ..., qui canonica traditione a priscis temporibus sub iuris districtione ac consecratione sanctae Gradensis ecclesiae archiepiscopatus esse videmini'. Dieser Brief steht im Codex Trevisaneus. Ein anderer des gleichen Papstes, den Dandolo überliefert, ist adressiert: 'Reverentissimo et sanctissimo fratri Johanni episcopo Stephanus servus servorum dei episcopus'. Hadrian I. sodann nennt in einem Brief an Karl den Großen (775 Okt. 27) im Codex Carolinus denselben Johannes: 'patriarcha Gradensis'. Leo III. endlich (795—816) adressiert: 'Leo episcopus servus servorum dei reverendissimo et sanctissimo confratri Fortunato patriarchae sanctae Gradensis ecclesiae', und hier stimmt die Überlieferung des Briefes im Codex Trevisaneus mit der bei Dandolo überein. Denselben Fortunat bezeichnet Leo aber auch wiederholt als 'archiepiscopus' in einem Briefe an Karl den Großen, den eine Wolfenbüttler Handschrift aufbewahrt hat[1]).

Fassen wir zusammen: Nach der Spaltung und bis zum achten Jahrhundert begegnet neben 'episcopus' und 'archiepiscopus' der Patriarchentitel nur ein einziges Mal in der Adresse des Briefes, den Papst Theodor (642—649) an Primogenius von Grado richtet. Unter Gregor II. (715—731) wechselt 'patriarcha' mit 'presul', unter Gregor III. (731—741) mit 'archiepiscopus', desgleichen unter Leo III. (795—816). Und zwar sind es bis auf Hadrian I. und Leo III. durchgehends nur die in Dandolohandschriften überlieferten Briefe, in denen der Patriarchentitel vorkommt. Dagegen weisen die bei Johannes Diaconus, im Patriarchenkatalog des Codex Barberinus, und im Codex Trevisaneus erhaltenen Briefe die Bezeichnung 'presul' oder 'archiepiscopus' auf. Erst bei dem Schreiben Hadrians I. an Karl den Großen bietet auch der Codex Carolinus und bei dem Schreiben Leos III. an Fortunat auch der Codex Trevisaneus den Patriarchentitel. Ja dieser Gegensatz innerhalb der handschriftlichen Überlieferung (bis auf Hadrian I. und Leo III.) geht so weit, daß die mehrfach, d. h. die sowohl bei Dandolo wie auch anderswo vorliegenden Briefe je nach dem abweichende Lesarten zeigen. Wir bemerkten, daß dies bei je einem Briefe Gregors II. und Gregors III.

Ep. 1, 22; die Suffragane, registr. I, 16[a] Ep. 1, 18 Z. 25.; Papst Honorius Ep. 3, 694 nr. 3; Papst Theodor Ep. 3, 697 nr. 6; Synoden von 649 und 680 Mansi X, 866f. und XI, 298f; Liber pontificalis, Vita Sergii ed. Duchesne I, 376; Papst Gregor II. an Serenus Ep. 3, 698 nr. 8; an Donatus Ep. 3, 699 nr. 9; an Bischöfe und Volk Venetiens und Istriens Ep. 3, 700 nr. 10; Schreiben Leos III. und Konstantins von 827 Oktober, bei Besta, Un sigillo inedito S. 3ff., ich muß hier berichtigen, daß das Schreiben nicht, wie ich, Histor. Zeitschrift (1910) Bd. 104, 241 n. 1, ungenau bemerkt habe, an den Erzbischof von Grado gerichtet ist, sondern auf die vorzunehmende Wahl des Erzbischofs sich bezieht; Papst Gregor III an Antonin Ep. 3, 703 nr. 13; an Calixtus Ep. 3, 707 nr. 15; Liber pontificalis, Vita Gregorii III. ed. Duchesne I, 416.

[1]) Papst Stefan III. an die Bischöfe Istriens Ep. 3, 713 nr. 20; an Johannes Ep. 3, 715 nr. 21; Papst Hadrian 775 October 27, Jaffé[2] nr. 2415; Papst Leo III. an Fortunat 803 März 21, Jaffé[2] nr. 2512; an Karl den Großen o. D., Jaffé[2] nr. 2521.

der Fall ist. Hier kann selbstverständlich nur eine der beiden Lesarten die ursprüngliche sein, und ich glaube, gar mancher wird schon hiernach gegen Dandolo und zugunsten der andern Überlieferung sich erklären. Wir wollen uns aber die Mühe nicht verdrießen lassen und den schlechthin zwingenden Nachweis liefern.

Den betreffenden Brief Gregors II. besitzen wir, wie bemerkt, in dreifacher Überlieferung: bei Johannes Diaconus, im Patriarchenkatalog des Codex Barberinus und bei Dandolo. Nach Monticolo, der eine besondere Untersuchung über die Überlieferung dieses Briefes angestellt hat[1]), sind die beiden Texte bei Johannes Diaconus und im Patriarchenkatalog des Codex Barberinus nicht unmittelbar von einander abhängig, sondern aus einer Abschrift des Originals geflossen. Dandolo hingegen habe an der Hand der beiden älteren Texte den seinigen willkürlich überarbeitet. Leider sagt Monticolo uns nicht, was es mit der nur bei Dandolo vorkommenden Lesart 'patriarcha' für eine Bewandtnis hat. Ich habe nun schon in anderem Zusammenhange dargelegt, daß unser Brief sowohl bei Johannes Diaconus wie im Patriarchenkatalog des Codex Barberinus auf den wohl bald nach 960 entstandenen Patriarchenkatalog der älteren Theorie zurückgehen wird, dessen Verfasser das Gradenser Archiv benutzte. Wie dem aber auch sei, die Übereinstimmung der beiden nicht unmittelbar von einander abhängigen Texte bei Johannes Diaconus und im Patriarchenkatalog des Codex Barberinus lehrt jedenfalls, daß schon in der zugrunde liegenden älteren Überlieferung 'presulis' zu lesen war. Ferner stoßen wir in einem andern Briefe Gregors II. an die Suffragane Grados, den der Codex Trevisaneus bietet, auf den gleichen Ausdruck. Der verstorbene Donatus heißt hier 'Gradensis presul', und es erfolgt die Aufforderung: 'eligere in Gradensi ecclesia praesulem debeatis'. Danach entspricht dieser Ausdruck offenbar dem Brauche der päpstlichen Kanzlei unter Gregor II., und so hat hier Dandolo die ältere, kanzleigemäße Überlieferung gegen sich.

Nicht anders steht es mit dem im Codex Trevisaneus und bei Dandolo erhaltenen Briefe Gregors III. Die Bezeichnung 'archiepiscopus', die der Codex Trevisaneus an Stelle des Patriarchentitels der Dandolohandschriften aufweist, kehrt in einem andern Briefe dieses Papstes wieder, der freilich auch nur im Codex Trevisaneus überliefert ist. Nun ist zwar der Codex Trevisaneus selber erst nach Dandolos Zeit angelegt, die bezüglichen Papstbriefe des Codex Trevisaneus aber sind dort aus einer verlorenen älteren Urkundensammlung abgeschrieben, die aller Wahrscheinlichkeit nach zu Dandolos Zeit bereits vorhanden war[2]). Insofern also hätten wir im Codex

---

[1]) Monticolo, Bullettino IX, 177—184 cp. XXI: La lettera di Gregorio II. a Sereno patriarca d'Aquileja.

[2]) Lenel, Entstehung der Vorherrschaft Venedigs an der Adria (1897) S. 9 n. 1.

Trevisaneus die ältere Überlieferung vor uns. Wenn ferner in den Papstbriefen des Codex Trevisaneus die Bezeichnung 'presul' unter Gregor II., 'archiepiscopus' unter Gregor III., 'patriarcha' unter Leo III. einander ablösen, so haben wir dafür anderswo entsprechende Belege, und auch deshalb dürfte die Überlieferung im Codex Trevisaneus den Dandolohandschriften gegenüber als die besser beglaubigte anzusehen sein.

Entscheidend aber ist folgende Erwägung: nachdem einmal der Patriarchentitel stehendes Prädikat geworden war, war es sehr verlockend, in den uns hier beschäftigenden Urkunden die ursprüngliche Lesart 'presul' oder 'archiepiscopus' dem Patriarchentitel zuliebe auszumerzen. Wie aber hätte später Jemand darauf verfallen sollen, den üblichen Patriarchentitel durch jene obsoleten Bezeichnungen zu ersetzen? Es genügt, diese Frage aufzuwerfen, um auch den letzten Zweifel daran zu verscheuchen, daß die Dandolohandschriften es sind, in denen die ursprüngliche Lesart abgeändert sein muß, und bei der durchgehenden Übereinstimmung der Dandolohandschriften kann der Urheber dieser Abänderung nur Dandolo selber sein. Auch ist sein Beweggrund dabei vollkommen durchsichtig; er beseitigte die ursprüngliche Lesart, weil sie ihm gegen die Patriarchenwürde Grados zu verstoßen schien.

Nun begegnet uns ja der Patriarchentitel in Papstbriefen nach der Spaltung und vor Hadrian I. und Leo III. noch mehrmals, wohlgemerkt aber nur in solchen, die in Handschriften Dandolos überliefert sind, und ich meinesteils hege keinen Zweifel, daß wir es auch hier mit einer auf Dandolo zurückgehenden Interpolation zu tun haben. Denn nicht leicht wird Jemand glauben, daß er sie gerade hier unterlassen und nur da vorgenommen haben sollte, wo wir sie ihm dank anderweitiger Überlieferung noch nachweisen können.

So wird in dem Brief des Papstes Theodor an Primogenius von Grado der Patriarchentitel am Ende der Adresse von Dandolo hinzugefügt sein. Bei dem zweiten Briefe Gregors II.[1]) sodann ist die in Dandolohandschriften überlieferte Adresse, die den Patriarchen nennt, schon ohnehin wegen der im Patriarchenkatalog des Codex Barberinus abweichenden Adresse verdächtig, und wenn der Kontext dieses Briefes in dem nur bei Dandolo vollständig erhaltenen Passus den 'patriarcha Gradensis' dem 'antistes Foroiulensis' gegenüberstellt, so dürfte ursprünglich (wie in dem andern Gregorbriefe) vielmehr der 'presul Gradensis' dem 'antistes Foroiulensis' gegenübergestellt gewesen sein. Kurz, ich darf es wohl als ein gesichertes Ergebnis dieser Untersuchung ansehen, daß der Patriarchentitel, soweit er in Papstbriefen nach der Spaltung und vor Hadrian I. und Leo III. auftritt, als erst nachträglich von Dandolo eingeschoben zu gelten hat.

[1]) Zur Literatur vgl. Monticolo, Neue Ausgabe der Vite dei dogi des Marin Sanudo S. 101 n. 3.

Den seiner Arbeitsweise Kundigen wird dies Ergebnis nicht weiter überraschen, und selbst, wer sonst Dandolos „Gewissenhaftigkeit“ verteidigt, wird hier nicht umhin können, die Waffen zu strecken. Es bestätigt sich eben wieder, daß Dandolo, wenn er irgend welche Gründe dafür hatte, seinen Quellen keineswegs „allzu genau folgte“, selbst da, wo, wie bei Urkunden, eine schlechthin wortgetreue Wiedergabe an sich zu erwarten wäre. Wir dürfen indes nicht unbillig sein. Man muß Dandolo zugute halten, daß er von dem früheren Ursprung der Patriarchenwürde Grados felsenfest überzeugt war, und so mag er es, zumal im Hinblick auf die spätere Anfeindung des Venezianer Patriarchats im neunten Jahrhundert, als sein gutes Recht betrachtet haben, die überlieferte Lesart abzuändern.[1]) Nur freilich, indem er so verfuhr, hat er die Erkenntnis des eigentümlichen Sachverhalts auf lange hinaus erschwert und verzögert.

Denn offenbar sind in Papstbriefen nach der Spaltung und bis auf Hadrian I. und Leo III. lediglich die Prädikate 'episcopus', 'antistes', 'presul', und seit Gregor III. insbesondere 'archiepiscopus' in Gebrauch, und dazu stimmt, daß der Metropolit des ungeteilten Erzbistums von seinen langobardischen Suffraganen, daß später der von Aquileja in der Vita des Papstes Sergius und der von Grado in der Vita des Papstes Gregor III. als 'archiepiscopus' bezeichnet wird. Es gab somit damals vom römischen Standpunkt aus einen Bischof oder Erzbischof von Aquileja und von Grado, aber einen Patriarchen gab es nicht, und insofern ist De Rubeis mit seiner Auffassung, wennschon er sie noch nicht eigentlich hat beweisen können, im Rechte gewesen.

In ständiger, sicher verbürgter Anwendung finden wir den Patriarchentitel vielmehr erst seit der zweiten Hälfte des achten Jahrhunderts und zunächst bloß im Sprengel von Aquileja. In der Gründungsurkunde der Abtei

[1]) Dandolo legt für die Rechtstellung Grados das lebhafteste Interesse an den Tag. Mit der Erhebung des Elias zum Patriarchen beginnt er XII, 96 E ein neues Buch: Liber VI, weil unter ihm 'auctoritate papali' der Sitz der Metropole von Aquileja nach Grado übertragen sei. Die angeblichen Akten der Synode des Elias zu Grado hat er wörtlich aufgenommen, Sp. 98 D-E, vgl. Simonsfeld, Textvarianten, Neues Archiv (1893) Bd. 18, 337: 'prout ex infrascripto constitutionis tenore quem, ut nascentis ecclesie dignitas a posteris in memoria habeatur, sicut in autenticis et vetustissimis codicibus reperimus singulariter describemus'. Dann Sp. 103 A gegen eine aus Paulinus, vgl. Simonsfeld, Andrea Dandolo S. 140, entlehnte Stelle über den 'Aquilegiensis praesul, qui postea dictus est Gradensis patriarcha', polemisierend: 'igitur ex superius recitatis [den Akten von 579] patet, quod patriarchalis dignitas prius in ecclesia Gradense quam Aquilegiense fuerit inchoata'. Ferner vgl. man Sp. 132 B; 144 A, 173 D; 178 B, namentlich aber Sp. 163 E, wo er Gregor von Tours, vgl. Simonsfeld, Dandolo S. 30 und Textvarianten S. 339, als Zeugen dafür anführt, daß Karl der Große sterbend einen Teil seines Schatzes den 21 Metropolitankirchen des Reiches vermacht habe: 'nominans inter ceteras Gradensem metropolim, quod enim dictum est, quia hoc tempore Gradensis ecclesia ius metropolitanum habebat non solum in Venetia, sed in Istria etiam, quae erat in suo regno, et ideo eam inter sui regni ecclesias nominavit'.

Sesto z. B. wird Erzbischof Sigwald mehrfach als 'sedis Aquileiensis pontifex' angeredet, einmal aber auch als 'domine Sigualds patriarcha', und in einer Urkunde für S. Giulia in Brescia nennt er sich selber so. Auf Sigwald, der nach den Akten der Mantuaner Synode 'usque ad Francorum tempora vixit', dürfte ferner eine Nachricht Notkers in den Casus sancti Galli sich beziehen. Notker erzählt hier, Karl der Große habe, als er nach Friaul kam, den Bischof: 'episcopus civitatis, aut ut modernorum loquar consuetudine patriarcha', dem Tode nahe angetroffen. Wenngleich also Notker noch zu seiner Zeit den Patriarchentitel als eine Neuerung betrachtet, so wäre es, glaube ich, dennoch voreilig, hieraus auf einen späten Ursprung zurückzuschließen; denn, was Notker im Auge hat, ist vielleicht nur die erst nachträgliche allgemeine Anwendung des Titels, während die zunächst rein örtliche Geltung ihm unbekannt geblieben sein könnte.[1])

Und so reicht bis zu den Anfängen dieses Brauches keine befriedigende Aussage mehr zurück. Ein Zusammenhang mit dem Dreikapitelstreit ist ebensowenig erkennbar wie bei der Dürftigkeit und Unsicherheit unserer Überlieferung abzuleugnen. Gewiß ist nur, daß wir erst spät einen von der Gepflogenheit der römischen Kurie abweichenden einheimischen Brauch bezeugt finden.

Dagegen die weitere Entwicklung läßt sich deutlich übersehen. Paulus Diaconus führt die heimatliche Sitte sowohl für Aquileja wie für Grado in die Geschichtschreibung ein, und mag so an seinem Teil zu ihrer Verbreitung beigetragen haben. Um die Wende des achten und neunten Jahrhunderts ist sie bereits in allgemeiner Geltung. In den Privilegien der Karolinger für Aquileja wie für Grado, in Briefen und Synodalakten, überall begegnet uns der Patriarchentitel: es ist überflüssig, Belege dafür zu häufen. Auch in Papsturkunden gewinnt er jetzt Eingang. Die beiden frühesten Beispiele sind der Brief Hadrians I. an Karl den Großen und das Privileg Leos III. für Fortunat von Grado, dessen Überlieferung im Codex Trevisaneus mit der bei Dandolo übereinstimmt. Allein es ist bezeichnend, daß in den Urkunden der Päpste das Prädikat 'archiepiscopus' auch fernerhin neben dem Patriarchentitel in Gebrauch bleibt, so in dem schon angeführten Briefe Leos III. an Karl den Großen, der wiederholt auf den 'Erzbischof' Fortunat Bezug nimmt, so bei der Verleihung des Palliums an Vitalis von Grado durch Benedikt III. (858), während die Vorurkunde Leos IV. für Victor, den Vorgänger des Vitalis, (852) den Patriarchentitel aufweist, so in Schreiben Johanns VIII. und Stefans V. an Walpert von Aquileja (877 und 887/88).[2])

[1]) Über Sigwald vgl. u. a. De Rubeis col. 325 und 336 ff.; über Notker, Jaffé Biblioteca IV, 693.

[2]) Benedikt III. 858 März 30, Leo IV. 852 April 1, Jaffé[2] nr. 2672 und 2616, Graf von Hacke, Palliumverleihungen S. 150 und 148; Johann VIII. 877 (April) und Stefan V. 887/8, Jaffé[2] nr. 3094 und 3442.

Auch die Gründe dieser Entwicklung sind einleuchtend. Wenn bereits De Rubeis bemerkt hat, daß der Patriarchentitel um 800 in allgemeiner Geltung ist, so dürfen wir hinzufügen, daß es die fränkische Eroberung des Langobardenreiches gewesen sein wird, die den Anlaß dazu bot. Die Karolinger übernahmen den örtlichen Brauch, den sie vorfanden, und machten ihn hierdurch allgemein, und so haben wohl wie auch sonst die Päpste das von den Karolingern gegebene Beispiel nachgeahmt. An eine ausdrückliche Anerkennung ist dabei nicht zu denken, sondern die Neuerung hat sich im Laufe der Zeit rein tatsächlich durchgesetzt. Und von da aus wird endlich auch begreiflich, was an sich höchst auffällig ist, daß von den abendländischen Metropoliten einzig und allein die Erzbischöfe von Aquileja und von Grado den Patriarchentitel führen.

Mithin verläuft die Entwicklung ähnlich wie bei der Rechtsfrage: die Absicht einer Neuerung lag den Karolingern durchaus fern, aber sie bereiteten ihr den Weg, ohne es zu wollen.

Beilage 2.

Die chronologischen Angaben der ältesten Gradenser Patriarchenkataloge.

Die folgende vergleichende Übersicht ist für die vorangehende Untersuchung über die ältesten Gradenser Patriarchenkataloge, insbesondere über den verlorenen Katalog der älteren Gradenser Theorie zusammengestellt[1]). Sie bedarf einer kurzen Erläuterung. Der Vollständigkeit halber sind auch die Angaben bei Paulus Diaconus und die in den Bruchstücken eines Patriarchenkatalogs im Chronicon Gradense mitgeteilt. Dagegen habe ich die Angaben Dandolos, die nur aus den älteren Nachrichten abgeleitet sind, bei Seite gelassen. Bei Johannes Diaconus setzen bisweilen die genauen Zeitangaben aus, wenn er nicht dem ihm sonst zugrunde liegenden Patriarchenkatalog, sondern einer andern Quelle folgt. Einmal bei dem Patriarchen Christoforus, vgl. Johannes Diaconus, ed. Monticolo S. 92 Z. 1—2, läßt sich die Regierungszeit aus den sonstigen chronologischen Angaben berechnen; ich habe sie deshalb in eckigen Klammern eingetragen. In zwei anderen Fällen war die Angabe der Regierungsjahre vorgesehen, aber die Eintragung der Zahl ist, vermutlich wegen der gleichzeitigen Benutzung einer anderen Quelle, unterblieben, vgl. Johannes Diaconus, S. 100 Z. 7 beim Tod des Patriarchen Johannes und S. 121 Z. 2 beim Tod des Patriarchen Vitalis; ich habe das jeweils durch die Chiffre: a — angedeutet. Die Angabe des Begräbnisplatzes, die im Patriarchenkatalog des Codex Barberinus bis etwa 900 fast regelmäßig, bei Johannes Diaconus wenigstens hie und da zu lesen ist, ist durch die Abkürzung: (B) bezeichnet. Wie ich schon in der Untersuchung selbst bemerkt habe, hat der Herausgeber des Chronicon Altinate in den Monumenta Germaniae die Zeitangaben des Codex Vaticanus 5273 = R bevorzugt, während nicht selten die Zeitangaben der anderen Handschriften, wie ein Vergleich mit den übrigen Katalogen zeigt, die zuverlässigeren sind. Es handelt sich hierbei um je einen Codex: 1. der Dresdener kgl. Bibliothek F. 168 = D, 2. der Bibliothek des Seminario Patriarcale zu Venedig = Vs, 3. der Marciana

[1]) Vgl. oben S. 63—67.

= Vm. Ich habe in solchen Fällen die Lesart nicht des Textes, sondern des handschriftlichen Apparats aufgenommen, dies aber durch die beigefügte Sigle der betreffenden Handschriften kenntlich gemacht.

	Paulus Diaconus	PK des Chron. Altinate	Johannes Diaconus	PK im Codex Barberinus	PK im Chr. Gradense
Paul(in)us	a 12	a 12	———	——— (B)	——— (B)
Probinus	a 1	a 1	a 1	——— —	——— —
Elias	a 15	a 14 m 10	a 15	a 14 m 10 d 21 (B)	a 14 m 10 d 21 (B)
Severus		a 21 d 21	———	a 21 d 31 (B)	a 28 d 31 (B)
Marcianus		a 3 d 5	a 3 d 5	a 3 m 1 d 5 (B)	a 3 m 1 d 5 (B)
Candidianus		a 5	a 5	a 5 —	a 5 —
Epiphanius		a 5 m 4 d 10	a 5 m 3	a 1 m 3 d 11 (B)	a 1 m 3 d 11 (B)
Ciprianus		a 25 m 3 d 20	a 25 m 3 d 20	a 15 m 3 d 20 (B)	a 15 m 3 d 20 (B)
Fortunatus (hereticus)		nicht erwähnt	nicht erwähnt	———	———
		D Vs Vm			
Primogenius		a 20 m 3 d 7	a 20 m 3 d 7	a 20 m 3 d 7 (B)	
Maximus		a 20	a 20	a 20 (B)	
Stephanus		a 5	a 5	a 5 (B)	
Agaton		a 10	a 10	ausgefallen?	
Cristoforus		a 35	[a 35]	a 32 (22?) (B)	
Donatus		a 7	a 7	a 7 (B)	
		D Vs Vm			
Antoninus		a 22 m 10 d 20	a 22 m 10 d 20	a 22 m 10 d 20 (B)	
		D Vs			
Emilianus		a 8 d 5	a 8 d 5	a 8 d 6 (B)	
Vitalianus		a 12 d 15	———	a 12 m 2 d 15 (B)	
		D Vs Vm			
Johannes		a 36	a — (B)	a 36 (B)	
		Vs			
Fortunatus		a 27	a 27	a 27 —	
		D Vs Vm			
Venerius		a 24 m 8	a 24 m 8	a 24 m 8 (B)	
Victor		a 6 m 3 d 4	a 6 m 3 d 4	a 6 m 3 d 4 (B)	
Vitalis		a 19 m 1 d 6	a —	a 19 m 1 d 6 (B)	
Petrus		a 4 m 6 d 8	a 4 m 6 (B)	a 4 m 6 d 8 (B)	
Victor iunior		a 17 m 11 d 13	a 18 (B)	a 17 m 11 d 13 (B)	
Georgius (Gregorius)		a 1 m 6 d 22	a 1 m 6 d 21	a 1 m 6 d 22 —	
		D Vs Vm			
Vitalis iunior		a 3 m 3 d 14	a 3 m 3 d 14	a 3 m 3 d 14 (B)	
Dominicus		a 7 m 11 d 3	a 7 m 11	a 7 m 11 d 3 —	
Laurentius		a 12 m 9 d 24	a 12 m 9 d 24 (B)	a 12 m 9 d 24 —	
		D			
Marinus		a 24 m 3 d 7	———	a 24 m 3 d 7 —	
Bonus		a 9		a 9 m 6 d 2 —	
Vitalis (III.)		a 1 m 5		ausgefallen?	
Vitalis (IV.)		a 50 m 6	———	a 50 m 6 —	
Ursus		a 37 d 45		a 37 d 45 —	

Über den Gegensatz des deutschen und des italienischen Elements in der mittelalterlichen Geschichte Istriens

Kapitel 1.

Istrien bis zum dreizehnten Jahrhundert.

Durch die fränkische Eroberung zu Ende des achten Jahrhunderts wird Istrien[1]) endgiltig vom byzantinischen Reiche abgetrennt und dem fränkischen Reiche einverleibt; innerhalb des fränkischen Reiches aber gehört es dem italienischen Regnum an. Diese fränkische Eroberung macht Epoche in der mittelalterlichen Geschichte des Landes. Denn die Zukunft Istriens beruht fortan neben seinen alten Beziehungen zu Italien auf der staatsrechtlichen Abhängigkeit von dem abendländischen Imperium.

Eben als Grenzland finden wir es in eine Reihe wechselnder administrativer Zusammenhänge hineingestellt. Man hat wohl gemeint, es sei anfangs der Mark Friaul angegliedert worden, als von dort und von der Ostmark her die politische, von Aquileja und von Salzburg her die kirchliche Organisation des slawischen Hinterlandes in Angriff genommen wurde. Allein die Quellen geben darüber keine bestimmte Auskunft. Nicht einmal die provinziale Organisation Istriens als solche ist in dieser Epoche hinreichend klar erkennbar[2]).

Als dann aber Berengar II. 952 den Nordosten Italiens abtreten mußte, kommt die Verbindung mit benachbarten deutschen Herzogssprengeln auf. Zunächst ist es der Herzog von Baiern, und weiterhin seit 976 nach der Ablösung Kärntens von Baiern — vorübergehende Schwankungen abge-

---

[1]) Hinsichtlich der Quellen und der Literatur vgl. im allgemeinen die sorgfältige Zusammenstellung von B. Benussi, Nel medio evo, Pagine di storia Istriana, zuerst erschienen in den Atti e memorie della società Istriana di archeologia e storia patria Bd. 9—13, dann in Buchausgabe, Parenzo (1897).

[2]) Ich habe meine ursprünglich eingehende Erörterung dieser Dinge als überflüssig gestrichen, nachdem Hofmeister sie inzwischen ebenso zutreffend wie erschöpfend dargelegt hat, Markgrafen und Markgrafschaften im italienischen Königreich in der Zeit von Karl dem Großen bis auf Otto den Großen 774—962, Mitteilungen des Instituts für österreich. Geschichtsforschung (1907), Ergänzungsband 7, 207—435, insbes. S. 277 ff., 382 ff. Mit Recht erklärt er sich gegen die willkürlichen Annahmen von Hasenöhrl, Deutschlands südöstliche Marken im 10., 11. und 12. Jahrhundert, Archiv für österreich. Geschichte (1895) Bd. 82 S. 533 ff.; vgl. jetzt auch noch Paul Hirsch, Die Erhebung Berengars I. von Friaul zum König in Italien, Straßburger Dissertation (1910) S. 93 ff., 101 f. Daß das administrative Verhältnis Istriens zur Mark Friaul sicherer Erkenntnis sich entzieht, ist um so bedauerlicher, als es hier gerade auf den Nachweis des durchgehenden Zusammenhangs der Entwicklung ankommt.

rechnet — der Herzog von Kärnten, der wie die Mark Verona, so auch Istrien unter sich hat. Der Herzog von Kärnten ist als solcher zugleich Markgraf von Verona, und von Schriftstellern wie Wipo und Hermann von Reichenau wird er auch Herzog von Istrien genannt, wennschon Istrien eine Grafschaft für sich unter einem besonderen Grafen oder Vizegrafen bleibt[1]). Während aber die Verbindung Kärntens mit der Mark Verona trotz aller Wechsel im Herzogtum bis ins zwölfte Jahrhundert sich erhält, lockert sich die mit Istrien schon im elften Jahrhundert, als das Kärtner Herzogtum nach dem Sturze der Eppensteiner unter landfremden Herzögen seine frühere Bedeutung einbüßt[2]).

Vielmehr begegnet uns jetzt eine neue Verbindung Istriens, die mit Krain, d. h. mit einer der deutschen Marken des Kärntner Herzogtums, deren Vorsteher anfangs Grafen, dann seit dem Niedergange des Herzogtums Markgrafen heißen[3]). Markgraf Udalrich von Krain aus dem Hause Weimar, in den sechziger Jahren einer der namhaftesten Fürsten hier im Südosten des Reichs, ist zugleich mit der Verwaltung Istriens betraut, wo er durch seinen Großvater mütterlicherseits, den Grafen Wezilin, reich begütert war. Wir haben aus diesen Jahren mehr Urkunden über Schenkungen von Königsgut in Istrien als aus irgend einer früheren Zeit, die zum Teil der Fürbitte des Markgrafen erwähnen. Das ist schwerlich ein Zufall. Offenbar stand das Land damals der Krone und ihren Ratgebern besonders nahe[4]).

---

[1]) Nach Hasenöhrl S. 539 n. 43, der sich dafür zu Unrecht auf Hirsch, Jahrbücher Heinrichs II. (1862) Bd. 1,9 n. 1 beruft, hätte Istrien zur Veroneser Mark gehört. Aber es fehlt jeder Beweis dafür. Dagegen spricht die Terminologie des Johannes Diaconus, ed. Monticolo S. 121, 122, 151, 156, ferner der Umstand, daß zu Ende des zehnten Jahrhunderts Kärnten und Istrien aller Wahrscheinlichkeit nach eine Zeitlang noch mit Baiern verbunden blieben, während die Mark Verona an den früheren Herzog Otto verliehen wurde, vgl. Huber, Geschichte Österreichs (1883) Bd. 1, 208 n. 2. Auch daß der Herzog von Kärnten bei Schriftstellern des elften Jahrhunderts Herzog von Istrien heißt, läßt sich dagegen anführen. Daß der Herzog von Baiern, resp. Kärnten, obschon er Istrien nicht selbst verwaltete, auf die Angelegenheiten des Landes doch auch unmittelbar Einfluß hatte, darauf deuten mehrere Nachrichten, so 977 die Verwendung Herzog Heinrichs von Kärnten bei der Bestätigung des Kaufs von Isola für den Patriarchen von Aquileja, D.O. II. nr. 154 S. 177, Stumpf reg. 703, so zwischen 999 und 1003 die Anrufung Herzog Heinrichs von Baiern durch Papst Sylvester II. zum Schutz des Bischofs von Parenzo gegen den Patriarchen von Aquileja, Ughelli-Coleti, Italia sacra Bd. 5, 402, so 1035 das aus dem Diplom Konrads II. zu erschließende Vorgehen Herzog Adalberos von Kärnten gegen Capodistria, vgl. Breßlau, Jahrbücher Konrads II. Bd. 2, 134 ff., wozu nun freilich die Vorbemerkung der neuen Ausgabe D.K. II. nr. 219 S. 299 zu vergleichen ist.

[2]) Zur Geschichte Kärntens vgl. Wahnschaffe, Das Herzogtum Kärnten und seine Marken im elften Jahrhundert (1878), ferner Breßlau, Steindorff, Meyer von Knonau in den entsprechenden Bänden der Jahrbücher der deutschen Geschichte. Auch nach der Absetzung Adalberos 1036 blieb Istrien zunächst noch mit Kärnten vereinigt, Breßlau a. a. O. Bd. 2, 158 n. 2.

[3]) Zur Geschichte Krains vgl. u. a. Mell, Die historische und territoriale Entwicklung Krains vom zehnten bis ins zwölfte Jahrhundert (1888), dazu Hasenöhrl a. a. O. S. 518 ff.

[4]) Über Udalrich und Wezilin vgl. Hirsch, Heinrich II. Bd. 1, 176 n. 5; Wahnschaffe S. 45 f.; Breßlau, Konrad II. Bd. 1, 488; Meyer von Knonau, Heinrich IV. Bd. 1, 188. In Krain

Allein der Markgraf starb 1070 eines frühen Todes, und der Ausbruch des Investiturstreits führte alsbald weitere Veränderungen herbei. Mehr noch als sonst kam es jetzt für die Krone darauf an, die Grenzgebiete zwischen Deutschland und Italien in sicherer Hut zu wissen, und so verlieh sie 1077 die Mark Krain und die Grafschaft Istrien, um ihn an sich zu fesseln, dem Patriarchen von Aquileja, dem sie kurz zuvor auch die aus der Mark Verona vollends ausgesonderte Grafschaft Friaul übertragen hatte[1]). Es ist die erste Vereinigung der drei Grenzlandschaften, die dann im dreizehnten Jahrhundert unter ganz anderen Voraussetzungen sich wiederholen sollte. Zunächst freilich war sie bei den unaufhörlichen Parteiungen des Investiturstreits nicht von Dauer. Auch die Wege Krains und Istriens gehen wieder auseinander.

Krain, nach 1077 zeitweise in anderer Hand, wird 1093 abermals dem Patriarchen von Aquileja übertragen. Allein die Zersplitterung des Landes durch die großen geistlichen Immunitätsbezirke und durch den ausgedehnten Eigenbesitz des weltlichen Adels war bereits zu weit vorgeschritten, als daß eine einheitliche Landesherrschaft des Patriarchen sich noch hätte ausbilden können. Ja es ist nach 1093 und im ganzen zwölften Jahrhundert von Krain als einer Mark überhaupt nicht mehr die Rede, und wenn diese Bezeichnung im dreizehnten Jahrhundert wieder aufgegriffen wird, so hat das seine besonderen zeitgeschichtlichen Gründe, auf die wir noch werden zurückkommen müssen[2]).

Istrien hingegen, nach 1077 vorübergehend im Besitz eines Eppensteiners, untersteht 1093 dem Markgrafen Poppo, dem Sohne des früheren Markgrafen Udalrich aus dem Hause Weimar[3]), und ist dann im zwölften

ist Udalrich seit 1058, in Istrien seit 1061 nachweisbar. Urkunden Heinrichs IV. über Schenkungen von Königsgut in Istrien von 1062, Stumpf reg. 2612; von 1064, Stumpf reg. 2650; von 1066, Stumpf reg. 2696 [2697], vgl. Meyer von Knonau Bd. 1, 530 n. 68; von 1067, Stumpf reg. 2700. Auf die diplomatisch auffallenden Schwankungen in der Rekognition der genannten Diplome, die, so viel ich weiß, noch nicht genügend erklärt sind, kann ich hier nicht näher eingehen.

[1]) Vgl. Stumpf reg. 2803 (Krain) und reg. 2802 (Istrien), ferner Stumpf reg. 2800 (Friaul); über die Aussonderung Friauls, Ficker, Forschungen zur Reichs- und Rechtsgeschichte Italiens (1868) Bd. 1, 269.

[2]) Schenkung von 1093, Stumpf reg. 2919. Daß Innocenz II. 1132 dem Patriarchat die Mark Krain und die Grafschaft Istrien bestätigt habe, wie Hasenöhrl S. 434 auf Grund der Mitteilungen des histor. Vereins für Krain (1856) S. 37 behauptet, ist ein Irrtum. Die Bestätigungsurkunde Innocenz' II. von 1132, Jaffé[2] nr. 7576, wie die Alexanders III. o. D. zwischen 1170—81, Jaffé[2] nr. 14238, bezieht sich nur auf Friaul; vgl. oben S. 97 n. 1. Über die territoriale Entwicklung Krains vgl. Dopsch, Die Kärnten-Krainer Frage und die Territorialpolitik der ersten Habsburger in Österreich, Archiv für österreich. Geschichte (1899) Bd. 87 S. 10f. und die dort angeführte Literatur.

[3]) Wann und bei welchem Anlaß Istrien an Poppo gelangt ist, erfahren wir nicht. Er wird als 'Histriensis marchio' zu 1093 urkundlich erwähnt. Vorher war Istrien in der Hand des Eppensteiners Heinrich gewesen, der nach dem 1090 erfolgten Tode seines Bruders Liutold

Jahrhundert durch Verwandtschaft in weiblicher Linie erst an die Sponheimer und später an die Andechser gelangt[1]). Hier also drang zuletzt doch eine gewisse Erbfolge durch, und zwar gilt Istrien nun als Mark, eine Bezeichnung, die anfangs, in den sechziger Jahren des elften Jahrhunderts, nur vorübergehend in Urkunden der königlichen Kanzlei auftritt, vermutlich nach dem Vorbilde Krains zur Zeit der gemeinsamen Verwaltung durch Markgraf Udalrich, bis sie nach und nach mit dem Siege der Erblichkeit zur allgemein üblichen wird[2]). In Istrien bleibt mithin, auch nach der Trennung von Krain, die Markgrafschaft als solche bestehen; indes finden wir den Markgrafen nur selten im Lande anwesend und mit der Ausübung markgräflicher Befugnisse beschäftigt, und gelegentlich hören wir zwar von markgräflichen Gerechtsamen, zugleich aber auch von der Absicht, sich unter Umständen darüber hinwegzusetzen. Dem elften Jahrhundert gegenüber ist so im zwölften, seitdem Istrien wieder auf sich selbst gestellt ist, die landesherrliche Gewalt des Markgrafen unverkennbar im Rückgang[3]).

---

dessen Nachfolger als Herzog von Kärnten wird, als solcher zuerst Mai 1093, Stumpf reg. 2918, genannt. Andrerseits wird Aquileja unter dem Eppensteiner Udalrich, der auch als Patriarch Abt von St. Gallen bleibt, 1093 mit der Mark Krain wieder belehnt; gleichzeitig erhält der Patriarch die von seinem Bruder Herzog Heinrich von Kärnten an den Kaiser zurückgegebene, Villa Daugendorf für seine Abtei St. Gallen, und überdies das Recht, den Bischof von Pola in Istrien einzusetzen, Stumpf reg. 2918, 2919, 2920. Sollte es sich hierbei um die Absicht eines Ausgleichs zwischen den einander entgegenstehenden Ansprüchen der Häuser Weimar, Eppenstein und des Stuhls von Aquileja gehandelt haben? Ich kann diese Frage hier nur andeuten; in der Literatur ist sie, soviel ich sehe, bisher nicht aufgeworfen. Meyer von Knonau, Heinrich IV. Bd. 4, 285 und 389 f. begnügt sich mit der bloßen Feststellung der Tatsachen.

[1]) Auf die neuerdings viel erörterte Frage, ob Poppos Bruder Udalrich (II.) Markgraf von Istrien gewesen ist, brauche ich in dem uns hier beschäftigenden Zusammenhange nicht genauer einzugehen. M. E. fehlt ein einwandfreies Zeugnis dafür. Der bisher stets dem elften Jahrhundert und einem Markgrafen Udalrich zugeschriebene istrische Landfrieden stammt, wie ich noch zeigen werde, aus viel späterer Zeit, und die zuerst von Carli im Urkundenanhang zum vierten Band seiner Antichità Italiche (1791) S. 23 ff. und danach von Schumi, Urkunden- und Regestenbuch des Herzogtums Krain (1882/3) Bd. 1, 76 ff. wieder abgedruckte Urkunde von 1106 Mai, in der ein Markgraf Udalrich von Istrien vorkommt, ist ohne Zweifel eine grobe Fälschung. Udalrich selbst hat sich in der die Schenkung seines Eigenguts in Istrien betreffenden Urkunde von 1102, öfters gedruckt z. B. bei Schumi, a. a. O. Bd. 1, 73 ff., nur als 'filius quondam item Wodalricus marchionis' bezeichnet, wie denn auch die Zeugenreihe nur das 'signum manuum Wodalrici comitis' etc. aufweist. Was sonst noch an Urkundenregesten aus weit späterer Zeit vorliegt, beruht auf unsicherer Überlieferung.

[2]) Über die Terminologie Istriens in Urkunden des elften und zwölften Jahrhunderts vgl. Beilage 1.

[3]) Nachrichten über die Markgrafen von Istrien im zwölften Jahrhundert, bei Benussi S. 393 ff., S. 398; dazu der Vertrag Venedigs mit Capodistria von 1182, Regest bei Minotto, Documenta ad Forumiulii, Istriam, Goritiam, Tergestum spectantia, in den Atti e memorie della società Istriana (1892) Bd. 8, 17 und danach bei Benussi S. 671 n. 409. — Über den im zwölften Jahrhundert auftretenden 'comes de Istria' und 'comes Histrie' vgl. Benussi S. 418 ff. Daß er im dreizehnten Jahrhundert wieder verschwinde, wie Benussi S. 420 meint, ist ein Irrtum, vgl. z. B. die Urkunde von 1237 September 28 bei Joppi, Documenti Goriziani, Archeo-

Zumal in der selbständigen Entwicklung der Städte kommt das zum Ausdruck. Von Alters her haben sie Anteil an der Beratung über die Geschicke des Landes. Nach dem bekannten Placitum von Risano zu Beginn des neunten Jahrhunderts sind es neben dem Dux und der Geistlichkeit die Primates und Iudices der einzelnen Gemeinden, die das Weistum über die istrische Provinzialverfassung abgeben. 933 stimmen Einwohner der Städte Pola, Parenzo, Cittanuova, Pirano, Capodistria, Muggia und Triest dem Friedensschluß des Markgrafen Winther mit Venedig zu. Auf einem Colloquium, das Graf Hueribent 991 in Sachen eines Zehntstreits abhält, erscheinen Schöffen aus den Städten Parenzo, Capodistria, Triest, Cittanuova und Pirano[1]). Sie wirken also mit bei Angelegenheiten der inneren Verwaltung wie der auswärtigen Politik, stets jedoch unter dem Vorsitz des jeweiligen Landeshaupts, mag dies nun ein Dux, ein Marchio oder ein Comes sein. Eben dieser landesherrlichen Autorität aber entwinden sie sich nun im zwölften Jahrhundert, und zwar kommt der Antrieb dazu auf dem Gebiete der inneren Verwaltung wie der auswärtigen Politik von Italien her. Vergegenwärtigt man sich die Namen der Obrigkeiten der früheren Zeit, der Primates und Iudices, der Locopositi und Scabini, so tritt der Zusammenhang der istrischen mit der italienischen Verfassungsentwicklung zutage, und so macht sie denn auch im zwölften Jahrhundert den entscheidenden Schritt mit zu der neuen selbstherrlichen Verfassungsform des Comune. Seit den dreißiger Jahren nach Nordosten vordringend, begegnet uns diese Bewegung z. B. in Verona, Padua, Venedig, aber auch jenseits der Adria in Triest, Pola, Capodistria und anderswo. Wohl schwankt die Bezeichnung der Obrigkeiten, selbst innerhalb der einzelnen Gemeinden, und die Entwicklung greift hier rascher, dort langsamer durch; allein dem Wesen nach ist die Bewegung überall die gleiche[2]).

---

grafo Triestino N. S. (1885) Bd. 11, 401 nr. 18, wo der Graf von Görz, wie schon im zwölften Jahrhundert, sich Graf von Istrien nennt. Aber es gibt im zwölften und dreizehnten Jahrhundert noch keine von der Mark zu unterscheidende „Grafschaft" Istrien. Durchaus willkürlich und ohne jeden Anhalt in den Quellen ist die Annahme Benussis S. 421 ff., daß der 'comes Istrie' bis 1208, d. h. bis zum Übergang Istriens an Aquileja, Statthalter des Markgrafen gewesen sei.

[1]) Placitum von Risano, mehrfach gedruckt z. B. bei Ughelli-Coleti Bd. 5, 1097 ff.; zu der reichen Literatur darüber vgl. neuerdings noch E. Mayer, Die dalmatisch-istrische Munizipalverfassung im Mittelalter und ihre römischen Grundlagen, Zeitschrift der Savigny-Stiftung für Rechtsgeschichte, Germanistische Abteilung (1903) Bd. 24, 211—308 insb. S. 259 ff., S.-A. S. 51 ff.; Urkunde von 933 z. B. bei Tafel und Thomas, Fontes rer. Austriac. XII, 10 nr. 11; Urkunde von 991, z. B. bei Kandler, Codice dipl. Istriano. — Gegen den Versuch E. Mayers, in den 'scavini' der istrischen Urkunden des zehnten und elften Jahrhunderts die römischen Duumviri und Quatuorviri wieder zu erkennen, wendet sich mit Recht Rietschel, Histor. Vierteljahrschrift (1905) S. 231 f.

[2]) Eine Sammlung der Nachrichten über die Anfänge des Comune in Istrien bei Benussi, S. 695 ff. — Was es mit dem 1145 in Pola an der Spitze der Bürger genannten 'Hen-

Sodann meldet sich jetzt in den auswärtigen Beziehungen die unabwendbare Vorherrschaft Venedigs. Wirtschaftlich abhängig von Venedig ist Istrien bereits im zehnten Jahrhundert, wie es denn schon 933 nur einer Handelssperre bedarf, um die istrischen Städte mit dem Markgrafen an der Spitze zur Nachgiebigkeit zu zwingen. Insbesondere hat Capodistria durch einen jährlichen Ehrenzins von hundert Krügen Weines und durch die Zusicherung voller Abgabenfreiheit schon damals dem Wohlwollen der mächtigen Nachbarin sich empfohlen. Im ganzen jedoch ist die Überlegenheit Venedigs noch auf lange hinaus mehr tatsächlicher Art, und vertragsmäßig festgelegt hat es seine Herrschaftsansprüche erst um die Mitte des zwölften Jahrhunderts, seitdem es seine Machtsphäre an der Adria bestimmter zu organisieren sich bestrebt. In den Vereinbarungen aber, zu denen die einzelnen Gemeinden sich jetzt wohl oder übel herbeilassen müssen, wird der Landesherr schlechthin ignoriert. Es sind Verträge mit den Städten Capodistria, Pola, Rovigno, Parenzo, Cittanuova und Umago, und Venedig verlangt hier im Wesentlichen ein Dreifaches. Für die Zusicherung seines Schutzes wider feindliche Angriffe fordert es von der Gegenpartei: erstens die Ablegung des Treueids, zweitens einen jährlich zu entrichtenden Zins in Geld oder Naturalien, drittens die Heeresfolge innerhalb einer näher umschriebenen Interessensphäre. Daneben bedingt es sich Abgabenfreiheit aus, oder, wo es diese schon besitzt, wie in Capodistria, die Beobachtung der venezianischen Verordnungen in Bezug auf den Getreide- und Gemüsehandel, Vorteile also kommerzieller Art, die den politischen Zugeständnissen gegenüber minder erheblich sind. In die innere Verwaltung dagegen mischt sich Venedig nicht ein. Nicht ein Untertänigkeitsverhältnis, sondern ein Schutz- und Treuverhältnis der einzelnen Gemeinden zu Venedig liegt demnach vor: sie werden 'fideles', wie der technische Ausdruck lautet. Ja in einer der betreffenden Urkunden wird dem Dogen der Titel: 'totius Istriae inclitus dominator' zuerkannt, gleich als ob ein anderer Landesherr nicht vorhanden wäre [1]).

Auch jetzt wieder drängt Capodistria sich recht geflissentlich an Venedig heran. Zur Wiederherstellung des lange verwaisten Bistums wird die Vermittlung des Dogen beim Papste angerufen [2]), und ein Projekt von 1182

ricus comes' für eine Bewandtnis hat, muß in Ermanglung sonstiger Nachrichten dahingestellt bleiben. Wenn Benussi S. 655 geneigt ist, den 'comes' für einen Grafen von Görz zu halten, und daran allerhand politische Kombinationen knüpft, so ist das ebenso unbegründet, wie wenn andrerseits Mayer S. 275, S.-A. S. 67, ihn zu einem von den Bürgern unter dem Einfluß Venedigs gewählten 'comes' stempelt. Eine bisher übersehene, im Notizenblatt zum Archiv für österreich. Geschichte (1855) Bd. 5, 221 angeführte Urkunde von 1180 erwähnt eine 'Berta, filia Berte, comitisse Pole'.

[1]) Vgl. Lenel, Entstehung der Vorherrschaft Venedigs S. 5 und 28ff., Kretschmayr, Geschichte von Venedig Bd. 1, 105 und 238, Schaube, Handelsgeschichte S. 8 und 684f.

[2]) Dandolo, Muratori SS. XII, 290 AB; Jaffé[2] nr. 14238; Kehr, Papsturkunden in

spekuliert auf die Beihilfe Venedigs zur Monopolisierung des istrischen Salzhandels. Um den Stapel in seine Hand zu bekommen, bewirbt sich Capodistria um einen öffentlichen Erlaß des Dogen, der die Verfrachtung von Salz an der Küste von Grado bis Pola künftig nur noch nach Capodistria erlaubt. Mit einer von Venedig zu stellenden Galeere übernimmt es die Seepolizei. Zuwiderhandelnden droht Konfiskation. Der Erlös fließt je zur Hälfte an Venedig und Capodistria. Auch auf die zu Lande eintreffende und zur Verfrachtung über See bestimmte, mautpflichtige Einfuhr wird das Abkommen ausgedehnt mit der Aussicht vorerst nur auf je ein Drittel des Ertrags, da das letzte Drittel dem Bischof, Markgrafen und Grafen vorbehalten bleibt, denen der Schutz der Straße obliegt, indes nur, wenn sie den Verkehr nun auch wirklich auf Capodistria hinlenken, andernfalls auch dieses letzte Drittel unter die beiden Kontrahenten aufgeteilt werden soll. Der gleich auf 29 Jahre abzuschließende Vertrag kann auf Wunsch verlängert werden und für daraus erwachsende Feindschaften gilt Gegenseitigkeit. Es ist eine rücksichtslose Reglementierung des istrischen Handels gleichsam über den Kopf der Landesbehörden hinweg unter Mißachtung ihrer Hoheitsrechte, wofern sie den Handelsinteressen der beiden Städte nicht zu Willen sind [1]).

Nun gerät freilich gegen Ende des Jahrhunderts die venezianische Machtsphäre an der Adria vorübergehend ins Wanken. U. a. weigert Pola die Erfüllung seiner Verpflichtungen, und diese Unbotmäßigkeit muß durch eine Eroberung der Stadt und durch die Schleifung ihrer Mauern geahndet werden. Allein zu Beginn des dreizehnten Jahrhunderts ist jene Erschütterung wieder überwunden, und nun wird auch noch Triest und Muggia zur Ablegung des Treueids und zu einer jährlichen Zinszahlung herangenötigt [2]).

Die Entwicklung Istriens weist so einen eigentümlichen Gegensatz auf. Bis tief ins elfte Jahrhundert überwiegt die staatsrechtliche Anlehnung an Deutschland, namentlich während der Verbindung mit Krain, zu welcher

---

Venezien und Friaul, Nachrichten der k. Gesellschaft d. Wiss. zu Göttingen (1899) S. 274 n. 13: Urk. Urbans III., 1186—87 Sept. 12; Urk. des Comune Capodistria von 1186 Juli bei Kandler, Codice dipl. Istriano; ferner Babudri, Cronologia dei vescovi di Capodistria, Archeografo Triestino Serie 3, V (XXXIII) insb. S. 189 f.

[1]) Vertrag Venedigs mit Capodistria von 1182, Regest bei Minotto, Documenta, Atti della società Istriana Bd. 8, 17, danach bei Benussi S. 671 n. 409; vgl. Schaube, S. 685 f. Einen vollständigen Abdruck der wichtigen Urkunde werde ich als Beilage veröffentlichen.

[2]) Über Pola 1195 vgl. Lenel S. 34, Kretschmayr S. 277 und Schaube S. 685. Die Annahme Schaubes, daß Pola wahrscheinlich von jetzt ab einen Venezianer als Podestà gesetzt erhielt, der jährlich wechselte, ist indes nicht zutreffend; selbst nach der abermaligen Eroberung 1242 war das nicht der Fall. Der 1199 vgl. Atti Bd. 8, 19 als Podestà von Pola genannte 'comes Rugerius' ist ein Morosini, Graf von Arbe und Ossero, und wohl schon damals Lehensträger des Bischofs von Pola, vgl. Atti Bd. 18, 302. — Über Triest und Muggia 1202 vgl. Lenel S. 37, Kretschmayr S. 288 und Schaube S. 687.

Zeit auch die Fühlung mit der Krone am engsten ist. Aber der Investiturstreit hemmt diese Entwicklung. Im zwölften Jahrhundert ist Istrien wieder isoliert und die Autorität des Markgrafen verkümmert. Der Einfluß Italiens, bei den Städten von jeher wirksam, gewinnt die Oberhand. Er bekundet sich in der Ausgestaltung ihrer inneren Selbständigkeit, nach außen hin in der Vorherrschaft Venedigs.

Im dreizehnten Jahrhundert folgt das Gegenspiel. Die Patriarchen von Aquileja unternahmen es, die landesherrliche Gewalt in Istrien wieder aufzurichten.

Kapitel 2.

Der Patriarchenstaat vor Wolfger.

Wenden wir hier den Blick zurück auf die Anfänge des Patriarchenstaats[1]). Langsam, aber stetig war er emporgekommen unter dem Schutze des Kaisertums. Zuerst unter Karl dem Großen, dann wieder unter den Sachsen und Saliern häufen sich die Gunstbeweise. Denn hier an der Grenze Deutschlands und Italiens bedarf die Krone, zumal seit dem elften Jahrhundert, eines starken geistlichen Fürstentums, und so sind es Angehörige des hohen, oft des benachbarten deutschen Adels, die den Patriarchenstuhl inne haben. Seine Güter liegen am dichtesten in Friaul, wo er überdies mit wichtigen Hoheitsrechten ausgestattet ist, andere in Krain und Istrien. Als dann im Jahre 1077 der Patriarch nicht bloß die Grafschaft Friaul zu vollem Eigen, sondern noch obendrein die Mark Krain und die Grafschaft Istrien von der Krone erhält, da scheint es wohl, als sei der Gipfel dieser Entwicklung erreicht, und neue glänzende Aussichten eröffneten sich. Auch

---

[1]) Eine wissenschaftlichen Ansprüchen auch nur entfernt genügende Geschichte des Patriarchenstaates fehlt bisher; sie würde unbedingt auch die reiche archivalische Überlieferung heranziehen müssen. Einen brauchbaren Überblick gibt C. von Czoernig, Das Land Görz und Gradisca, mit Einschluß von Aquileja (1873), insb. S. 190—469; dazu für die Geschichte einzelner Patriarchen die Jahrbücher der deutschen Geschichte und die Allg. deutsche Biographie. Im allgemeinen lehrreich ferner J. von Zahn, Friaulische Studien I, Archiv für österr. Geschichte (1878) Bd. 57, 277—398 und namentlich E. von Ottenthal, L'administration du Frioul sous les patriarches, Mélanges Paul Fabre, Études d'histoire du moyen-âge (1902) S. 303—320. — Eine Reihe älterer Werke, aber auch neuere Zeitschriften zur Geschichte Friauls, wie z. B. die Memorie storiche Cividalesi = Bullettino del R. Museo di Cividale, die Atti dell' accademia di Udine, die Atti dell' accademia Veneto-Trentino-Istriana, die Memorie storiche Forogiuliesi u. a. sind mir leider nicht zugänglich gewesen. Im übrigen brauche ich, um Mißverständnissen vorzubeugen, kaum ausdrücklich zu bemerken, daß ich hier auf die Geschichte des Patriarchenstaates nur insoweit eingehe, als notwendig ist, um für das in Rede stehende Problem die richtige Perspektive zu gewinnen.

sie zernichtete der Investiturstreit. Wir hörten schon, weder Krain noch Istrien konnte der Patriarch behaupten; nur die Rechte auf Friaul werden ihm in den kaiserlichen und päpstlichen Privilegien des zwölften Jahrhunderts bestätigt. Dazu kommt zwar durch private Schenkungen, meist aus nahestehenden Adelskreisen, namentlich in Istrien und Kärnten, ein beträchtlicher Güterzuwachs.[1]) Aber das Bedenkliche ist, daß nun im zwölften Jahrhundert durch Anfeindungen von außen der Besitzstand und sogar die Unabhängigkeit des Patriarchenstaates untergraben wird.

Von Italien her drohte die städtische Bewegung. Die machtlosen Suffraganbistümer von Ceneda, Feltre, Belluno, die angrenzenden Besitzungen des Patriarchen reizen die Begehrlichkeit des aufstrebenden Treviso, das sie seiner Hoheit zu unterwerfen trachtet. Es versteht sich, daß in diesen Fehden die Krone für die geistlichen Herrschaften Partei ergreift. Friedrich I. hat noch im letzten Jahrzehnt seines Lebens jede städtische Anmaßung schroff zurückgewiesen[2]). Erst recht beharrte Heinrich VI. auf diesem Standpunkt. Einen von dem Podestà von Verona gefällten Schiedsspruch hob er von Gelnhausen aus kurzer Hand mit der Begründung auf, es sei Vorrecht der Krone, Streitigkeiten der Städte untereinander und wider Dritte zu entscheiden[3]). Sein Tod und der Thronstreit, der dann folgte, beraubte die geistlichen Herren des Rückhalts am Kaisertum. Heftiger denn je brach der Zwist von neuem los. Die Ermordung des Bischofs von Belluno, die Verwüstung des Bistums Ceneda, die Verhängung des Interdikts über Treviso und der Exkommunikation über die Schuldigen, zuletzt auch noch die Androhung der schwersten geistlichen und weltlichen Zwangsmittel durch Innocenz III.: nichts vermag die Stadt in ihrem Vorhaben zu beirren[4]).

Es gab indes noch andere Widersacher des Patriarchenstaats; seine eigenen Vögte waren es, die Görzer Grafen. Noch im elften Jahrhundert hatte der Kärntner Herzog der Vogtei gewaltet, bis Herzog Heinrich zugunsten seines Bruders, des Patriarchen Udalrich, darauf verzichtete. Im zwölften Jahrhundert taucht sie dann im Besitz der Görzer Grafen auf, die sie alsbald wider den Patriarchen mißbrauchen. Schon um 1150 haben

[1]) Über Schenkungen an das Patriarchat vgl. von Zahn a. a. O. S. 297 ff. Nicht erwähnt ist daselbst die Zuwendung des größten Teils des Eigenguts des Hauses Weimar in Istrien durch Graf Udalrich, Urkunde von 1102 Nov., öfters gedruckt z. B. bei Schumi Bd. 1, 73 nr. 67.

[2]) Vgl. Ficker, Forschungen Bd. 2, 195 f. und 288 f., Stumpf reg. 4566, 4396 und 4510.

[3]) Heinrich VI., Urk. von 1193 Dez. 7, Stumpf reg. 4840, gleichzeitig mit der Privilegienbestätigung für Aquileja von 1193 Dez. 10, Stumpf reg. 4841: 'Quoniam cognitiones et definitiones questionum et controversiarum que inter civitates invicem vel inter alias personas adversus civitates imperii nostri suboriuntur ad culmen tantum spectant imperiale, ratum habere non volumus quod ab aliquo vel ab aliquibus sine nostro statuitur mandato'.

[4]) Vgl. Ficker, Forschungen Bd. 2, 288 und Winkelmann, Philipp von Schwaben S. 341 und 347 f.; Luchaire, Innocent III., Rome et l'Italie (1904) S. 150 f.

ihn einmal benachbarte Große aus der Haft dieser seiner Vögte befreien müssen [1]).

Vollends zu Ausgang des Jahrhunderts verbündeten sich die Grafen mit Treviso gegen den Patriarchen [2]). Ein Schiedsgericht des Podestà von Verona wird verabredet. Aber am Tage des Urteils selbst sucht der Patriarch unwillig das Weite. Gleich darauf finden wir ihn mit Venedig in Unterhandlung. Todfeinde einst, wie anders standen sie sich nunmehr gegenüber! Die Zeiten, da der Patriarch von Aquileja sich unterfangen durfte, die kirchliche Selbständigkeit Venedigs anzutasten, waren längst dahin. Doch hatte er noch das Zerwürfnis Friedrichs I. mit Venedig zu einem freilich mißglückten Handstreich auf Grado auszunutzen sich erkühnt. In seiner Not jetzt konnte er nicht umhin, die Hilfe Venedigs anzurufen. Es waren harte Zumutungen, die ihm dort gestellt wurden. Man verlangte, daß er Bürgerrecht und Grundbesitz erwerbe und einen Monat alljährlich in Venedig residiere; ferner, daß er Heeresfolge leiste, bei dem Aufgebot einer Flotte von hundert Schiffen auf je hundert Mann Besatzung vier Schwerbewaffnete, bei dem Aufgebot von hundert Berittenen je zehn, und bei einem größeren Aufgebot auch mehr Zuzug aufbringe; endlich, daß er sein Land den Venezianern offen halte und ohne Zustimmung des Dogen kein Abkommen mit Treviso schließe. Es ist klar, die Absicht war, ihn mit diesem Vertrage in ähnliche Abhängigkeit hinabzudrücken wie die istrischen Städte im zwölften Jahrhundert. Die Vorherrschaft Venedigs an der Adria umgarnte so auch den Patriarchen. Trotz aller Bedrängnis aber, nicht unbedingt willigte er in den Vertrag. Wenigstens das Ansinnen der Heeresfolge lehnte er ab. Das sei, gab er zu bedenken, wider seine Verpflichtungen gegen Papst und Kaiser [3]). Auch ward ihm dann Hilfe von seinen fürst-

---

[1]) Über die Vogtei vgl. von Ottenthal S. 308.

[2]) Diese erneuten Streitigkeiten haben bisher nicht die gebührende Beachtung gefunden. Ich schildere sie etwas eingehender, weil sie die prekäre Lage des Patriarchenstaats um die Wende des zwölften und dreizehnten Jahrhunderts scharf beleuchten, und weil erst auf dieser Folie die Absichten und Leistungen eines Wolfger zutreffend gewürdigt werden können. Soweit die in Betracht kommenden Urkunden in der Neubearbeitung der Regesta imperii berücksichtigt sind — es fehlen allerdings mehrere der wichtigsten Stücke —, werde ich die entsprechenden Regestennummern anführen.

Hinsichtlich Trevisos und seiner Parteigänger vgl. Böhmer-Ficker-Winkelmann, Regesta imperii V nr. 12172 und 75; 5672; 12191 und 93; 12204 und 07. Verabredung des Schiedsspruchs 1200 März, Minotto, Acta et Diplomata e R. tabul. Veneto II 2, 65; Aufbruch des Patriarchen 1200 Mai, ebenda II 2, 66. Der Schiedsspruch des Podestà von Verona, Minotto II 1, 28ff., verbot dem Patriarchen das Eingehen eines Bündnisses gegen Treviso.

[3]) Vertrag mit Venedig 1200 Juni, noch ungedruckt, vgl. Dandolo, Muratori XII, 320 A, Regest bei Minotto, Acta I 1, 13 irrig zu 1220. Der Vertrag ist überliefert in zwei Abschriften saec. 14, Liber Pactorum primus c. 133[t] und Patti sciolti Serie I Busta I, Pacta patriarchae Aquileiensis, beide im St.-A. zu Venedig. In der Abschrift des Liber Pactorum führt der Doge nur den Titel "dei gracia Venecie atque Chroacie dux", eine willkommene Bestätigung der im

lichen Standesgenossen diesseits der deutschen Grenze. Die Herzöge von Österreich-Steier, von Meran, von Kärten, die Grafen von Eppan, von Tirol, von Weichselburg, übernahmen es, zwischen dem Patriarchen und seinen Vögten zu vermitteln. Ein Vergleich wurde vereinbart, bei dessen Nichtbeachtung durch die Grafen der Patriarch an die Herzöge appellieren sollte, die somit gleichsam als Garanten des Vertrags erscheinen. Bald darauf wurde durch eine genaue Enquête über den Umfang der den Grafen zustehenden Vogteirechte ein Hauptanlaß zur Entzweiung aus dem Wege geräumt. Dagegen ging die Fehde mit Treviso vorerst weiter. Aber die Stadt blieb siegreich. Nach der Unterwerfung seiner Suffragane sah zuletzt auch der Patriarch zum Frieden sich gezwungen[1]).

Und schon melden sich auch die Anzeichen innerer Zerrüttung. Wir erfahren von Beeinträchtigung und Verschleuderung des Kirchenguts durch Unbotmäßigkeit der Hintersassen und durch Untreue der Verwaltung. Das Papsttum und namentlich die Krone müssen dagegen einschreiten. Bereits Konrad III. hat nach seiner Rückkehr vom zweiten Kreuzzug die unter dem Vorwande von Belehnungen beliebte Entfremdung von Kirchengut verboten. Heinrich VI. erklärte durch Hofgerichtsurteil Belehnungen und Veräußerungen aus der Zeit der Krankheit des verstorbenen Patriarchen sowie Verpachtungen in Istrien, die von Beamten des Patriarchen ohne dessen Erlaubnis zu einem geringeren als dem bisher üblichen Preise vorgenommen waren, für ungiltig. Hand in Hand damit geht die einreißende Verschuldung. Eine der ältesten Nachrichten dieser Art nennt uns noch im zwölften Jahrhundert eine Gesellschaft von Placentiner Kaufleuten als Gläubiger des Patriarchen. Sodann erscheint seine Verfügungsfreiheit eingeengt durch die Kurie, die in Urkunden etwa seit 1180 uns begegnet. Er erwähnt der Einwilligung seiner Umgebung, ja er beugt sich gelegentlich der Entschei-

---

sog. Chron. Justiniani sec. 14. MG. SS. XIV, 92 überlieferten Nachricht, daß Heinrich Dandolo im Jahre 1200 nur noch als Doge von Venedig und Kroatien, aber nicht als Doge von Dalmatien zu unterfertigen pflegte, da er sich dieses Titels bis zur Wiedererwerbung Zaras nicht mehr habe bedienen wollen; vgl. meine Bemerkung, Histor. Zeitschrift (1910) Bd. 104, 258 n. 2. — Für die trotz aller sonstigen Schwierigkeiten noch auf Machterweiterung bedachte Adriapolitik Venedigs unter Heinrich Dandolo ist dieser Vertrag ungemein bezeichnend.

[1]) Vergleich 1202 Jan.-Febr., B.-F.-W. nr. 10648, De Rubeis, Monumenta ecclesiae Aquil. col. 644 ff., auch Kandler, Codice dipl. Istriano; dazu Urk. von 1202 Febr. 6, Vertrag zwischen dem Patriarchen und dem Herzog von Meran auf Grund eines von dem Patriarchen dem Herzog vorgestreckten Darlehens, Schumi, Urkunden- und Regestenbuch Bd. 2, 5 nr. 7; daß das auf diese Urkunde bezügliche Regest bei Bianchi, Documenta historiae Forojuliensis saeculi XIII., Archiv für österr. Gesch. Bd. 21, 197 nr. 70 nicht zu 1222 in die Zeit des Patriarchen Berthold gehört, hat bereits v. Oefele, Geschichte der Grafen von Andechs (1877) S. 173 reg. 436, mit Recht bemerkt. Quittung der Grafen von Görz für den Patriarchen 1202 Nov. 4 bei Joppi, Documenti Goriziani, Archeografo Triestino N. S. Bd. 11, 390 nr. 9, Regest bei Bianchi, Archiv Bd. 21, 176 nr. 5. — Weistum über die Vogteirechte, De Rubeis col. 647 ff., dazu von Ottenthal S. 310; Frieden, B.-F.-W. nr. 12277, dazu Minotto, Acta II 1, 31 f.

dung der Kurie, weil es so Brauch sei, selbst dann, wenn sie ihm offensichtlich widerstrebt[1]).

Nach einem allmählichen Aufstieg bis zum Investiturstreit ist so die Macht des Patriarchen im zwölften Jahrhundert nach außen wie nach innen ohne Zweifel im Verfall. Insbesondere der gemeinsame Angriff seiner städtischen und feudalen Gegner enthüllte diese Schwäche. Einst hatte er, eben bis zum Investiturstreit, der Freigebigkeit der Krone sein Erstarken verdankt; im zwölften Jahrhundert ist, was sie ihm gewährt, nicht so sehr Erweiterung als Schutz seines Besitzstandes gegen äußere und innere Anfeindung. Auch dieses Schutzes mußte er jetzt entbehren. Was blieb ihm da übrig, als nach fremder Hilfe auszuschauen! Indem er sie aber suchte, lief er auch schon Gefahr, unter die Vormundschaft hier Venedigs, dort des hohen deutschen Laienfürstentums zu geraten.

Dies war die Lage, als Patriarch Wolfger zu Beginn des dreizehnten Jahrhunderts das Erbe seiner Vorgänger antrat.

Kapitel 3.

Patriarch Wolfger und die Wiederbelehnung mit Krain und Istrien.

Er kam aus einer regen politischen Tätigkeit im Dienste des Reichs. Man kennt ihn als den klugen und tatkräftigen Berater der Krone zur Zeit des Thronstreits. Die heikeln Unterhandlungen erst Philipps, dann Ottos mit Innocenz III. führte er, und als Reichslegat stellte er die Reichsrechte in Italien wieder her. Ein gewandter Diplomat von stolzer Beredsamkeit,

---

[1]) Konrad III., Stumpf reg. 3554; Friedrich I., Stumpf reg. 4197, 4565; Heinrich VI., Stumpf reg. 4951, 4996; Kehr, Papsturkunden in Venezien und Friaul, Nachrichten der Göttinger Ges. d. Wiss. (1899) S. 270 nr. 7 und 8. Verschuldung: Kehr S. 279 nr. 21, Celestin III. an Patriarch Peregrin 1196 März 30: 'attendentes honera debitorum, quibus Aquilegensis ecclesia premebatur, et .... ad relevationem eiusdem Aquilegensis ecclesie'. Anleihe bei Placentiner Kaufleuten, Urk. von 1196 April: Kehr S. 280 nr. 22, vgl. Schulte, Geschichte des mittelalterl. Handels und Verkehrs zwischen Westdeutschland und Italien (1900) Bd. 1, 262 und Schaube S. 716 n. 6; über ein noch früheres Zeugnis für den Geldhandel von Piacenza vgl. F. Schneider, Zur älteren päpstl. Finanzgeschichte, Quellen und Forschungen aus italien. Archiven (1906) Bd. 9, 11 n. 2. — Curia: Urkunde von 1185, Abschrift des 18. Jahrh. im Otium Forijulii IX, 294, angeführt bei von Ottenthal S. 314 n. 3; Urkunde von 1186, Ughelli² Bd. 5, 76; Schenkung von 1192 an den Abt von Beligna 'de communi fidelium nostrorum consilio', De Rubeis col. 635f.; Geschenke des Patriarchen an die 'consiliarii curiae pro consilio' 1202, De Rubeis col. 649; Nachgiebigkeit des Patriarchen gegen die 'consuetudo curiae' 1215 Juli, Archeografo Triestino N. S. Bd. 11, 395 nr. 14.

der aber, wo es not tat, auch krumme Wege zu gehen sich nicht scheute, entschlossen zugreifend, und doch mit feiner Witterung des Erreichbaren sich bescheidend [1]).

Wie gerne wüßte man auch um seine Absichten angesichts der mißlichen Zustände des Patriarchenstaats! Allein es fehlt eine eigentliche Überlieferung, und die wenigen urkundlichen Nachrichten, soweit sie vorliegen, sind dürftig und zusammenhangslos.

In Friaul mußte er sich wohl oder übel nach der Decke strecken. Den ungünstigen Frieden mit Treviso bestätigte er alsbald; ja den Bischof von Feltre, der sich hiergegen sträubte, hielt er nachdrücklich dazu an; erst unmittelbar nach seinem Tode brach der alte Zwist von neuem los, und jedenfalls hatte er die Genugtuung, in den Streitigkeiten zwischen Treviso und Venedig und zwischen Venedig und Padua zum Schiedsrichter ausersehen zu werden [2]).

Die gleiche Besonnenheit übte er auch den anderen Gegnern des Patriarchenstaats, den Görzer Grafen gegenüber. Wir haben zufällig noch Kunde von einem Rechtshandel zwischen den Grafen und dem Kapitel von Aquileja über die Vogtei von Marano. Das Urteil der Laien lautete zugunsten der Grafen, und der Patriarch, obwohl es ihm unlieb war, hieß es doch dem Brauche der Kurie gemäß gut; auch in dieser Beziehung also fügte er sich dem Herkommen [3]).

Er war darum nicht für Nachgiebigkeit um jeden Preis. Sein Vertrag mit Venedig zeigt, daß er übertriebenen Anforderungen sich versagte. Die Ehrenrechte, die Venedig in Friaul von früher her genoß, bestätigte er ohne Weiteres. Die Zumutung hingegen, jenen Vertrag zu erneuern, der seinem

---

[1]) Über Wolfger vgl. F. von Krones in der Allg. deutschen Biographie Bd. 44, 124—126; Carlo Buttazoni, Del patriarca Volchero, Archeografo Triestino N. S. (1871) Bd. 2 mit Urkundenbeilagen, auch in S.-A., ganz ungenügend. Über Wolfgers Tätigkeit im Reichsdienst die Werke von Ficker und Winkelmann, dazu Kalkoff, Wolfger von Passau 1191—1204 (1882); eine eingehende Charakteristik bei Burdach, Walther von der Vogelweide (1900) S. XVIII und S. 55, desgleichen in dem Essay, Der mythologische und der geschichtliche Walther, Deutsche Rundschau (1902) 29. Jahrgang S. 53ff. Eine zusammenfassende Würdigung dessen, was Wolfger als Patriarch erstrebt hat, steht noch aus; über die Schwierigkeit der Aufgabe, Kalkoff S. 136.

[2]) Treviso-Feltre, Urk. von 1206 Juli, Cambruzzi, Storia di Feltre (1874) Bd. 1, 197. — Friedensvermittlung, B.-F.-W. nr. 12492, dazu Predelli, Documenti relativi alla guerra pel patto del castello di amore, Archivio Veneto (1885) Bd. 30, 434ff.

[3]) Vogtei von Marano, Urk. von 1214 Jan. 10, Bianchi, Archiv Bd. 21, 184 nr. 37; von 1215 Januar 8 und Juli 14, Joppi, Archeografo Triestino N. S. Bd. 11, 394f., Bianchi, Archiv Bd. 21, 186 nr. 43: 'Interrogatus, si dominus patriarcha habuit ratam illam sententiam, respondit, quod oportuit eam habere ratam secundum consuetudinem sue curie; tamen dixit se audivisse ab ore eius, quod sibi displicebat'. Allerdings wendete sich Wolfger noch des selbigen Tages in dieser Angelegenheit nach Rom, und den Grafen Meinhard von Görz hat er bald darauf wegen eines Angriffs auf das Kapitel von Aquileja in den Bann getan, Innocenz III. an den Bischof von Padua, B.-F.-W. nr. 6181.

Vorgänger unter dem Zwange der Not abgedrungen war, ließ er auf sich beruhen. Er beschränkte sich auf einen Sicherheitsvertrag zur Regelung des nachbarlichen Verkehrs, der als solcher die Grundlage aller späteren Vereinbarungen geworden ist[1]).

Sodann richtete er auf die Ordnung der inneren Angelegenheiten sein Augenmerk. Ein Verzeichnis der Einkünfte und Ausgaben der Kammer, das er anfertigen ließ, ist noch vorhanden. Es nennt u. a. zum ersten Mal eine größere Anzahl landesherrlicher Gastalden mit festem Amtssitz zur Verwaltung des Landes[2]).

Man empfängt selbst aus diesen spärlichen Zeugnissen den Eindruck, daß er die Machtmittel des Staates zu reorganisieren bemüht war.

Außerhalb Friauls jedoch, wo er die Arme frei hatte, nimmt seine Politik einen kühneren Flug. Den Anlaß dazu bot der Prozeß, der an die Ermordung Philipps von Schwaben anknüpfte. Wir erinnern uns, daß die Mark Istrien durch Erbfolge zuletzt in den Besitz des Hauses Andechs gelangt war. Bei diesem Geschlecht verblieb sie bis zur Ermordung Philipps von Schwaben, die dem Hause Andechs zum Unheil gedieh. Der Mitschuld an der Ermordung angeklagt, wurde Markgraf Heinrich geächtet und seiner Reichslehen, darunter auch Istriens, verlustig erklärt. Die Reichslehen des Markgrafen fielen Herzog Ludwig von Baiern zu. Das Urteil erging auf demselben Reichstage zu Frankfurt (November 1208), der Otto IV. die allgemeine Anerkennung verschaffte. In diesem Stadium des Prozesses griff Wolfger ein. Noch hatte er seinen Übertritt zu dem Welfen nicht vollzogen. Als erprobter Vorkämpfer der staufischen Sache, der noch zuletzt den Ausgleich mit dem Papste betrieben hatte, konnte er wohl seine Bedingungen stellen. Im Januar 1209 erschien er auf dem Hoftage zu Augsburg, wo die Rechtsfrage nochmals zur Sprache kam. Hier erhob er Beschwerde wider das Frankfurter Urteil, indem er sich unter Vorweis der betreffenden Privilegien auf die Schenkungen Heinrichs IV. an die Kirche von Aquileja berief. In der Tat erreichte er, daß der Baiernherzog auf Zureden des Königs und der versammelten Fürsten zugunsten der Kirche von Aquileja

[1]) Vertrag mit Venedig 1206, Auszug bei Minotto, Acta I 1, 12 mit dem richtigen Datum Dezember 21 aus Liber Pactorum I und II; bei Bianchi, Archiv Bd. 21, 179 nr. 19 aus der Collectio Frangipani mit dem irrigen Datum November 22. Doch ist der Vorbehalt Wolfgers nur in dem Auszug bei Bianchi mitgeteilt.

[2]) Übersicht über die Einkünfte und Ausgaben der Kammer von 1211 Mai, herausgegeben von Joppi, Archeografo Triestino N. S. Bd. 20, 211 ff. Das Verzeichnis nennt sieben Gastaldien mit festem Amtssitz; eine achte, die Gastaldia Carnee, wird in einer Urkunde von 1212 angeführt im Thesaurus eccles. Aquil. ed. Bianchi S. 120 nr. 217. Über die Gastalden vgl. von Ottenthal S. 317 ff. Über angebliche Beziehungen Wolfgers zum Friaulischen Parlament siehe Luschin von Ebengreuth, Die Anfänge der Landstände, Histor. Zeitschrift (1897) Bd. 78, 442 n. 2. Die Arbeit von P. S. Leicht, Il parlamento della patria del Friuli, sua origine e costituzione, Atti dell' accademia di Udine (1902) Serie 3 Bd. 10 war mir nicht erreichbar.

verzichtete. Auf Grund der Verleihung Heinrichs IV. wurde Wolfger mit der Mark Krain und Istrien belehnt. Die neue Verleihung ist mithin durchaus als eine Wiederholung der früheren aufzufassen. Doch war es keineswegs ein seit Alters feststehendes Anrecht, das damit bekräftigt wurde. Wir wissen ja, weder auf Krain noch auf Istrien ist im ganzen zwölften Jahrhundert ein Anspruch des Patriarchen nachweisbar; sondern nach langer Vergessenheit taucht er jählings wieder auf, und wenn Wolfger ihn mit einem Male wieder hervorzieht, so geschah es in kluger Erkenntnis des geeigneten Augenblicks, nachdem die Rechtsfrage durch die Ächtung des Markgrafen plötzlich akut geworden war. Auch gab Otto gewiß nicht bloß aus Rücksicht auf die frühere Verleihung Heinrichs IV. der Beschwerde des Patriarchen nach, sondern die Wiederbelehnung war der Preis, den er für den Übertritt des früheren Gegners zahlte[1]).

Im übrigen wird Wolfger sich kaum verhehlt haben, daß die Aufrichtung einer wirklichen Landeshoheit des Patriarchen in Krain nach wie vor unmöglich war. Er hat zwar fortan den Titel eines Markgrafen von Krain geführt, und das taten auch seine Nachfolger; aber von einer Ausübung landesherrlichen Regiments findet sich keine Spur, und es ist bezeichnend, daß von einer nicht näher präzisierten Jurisdiktionsgewalt des Patriarchen in Krain lediglich bei der späteren Abtretung dieses sogenannten Rechtes im Jahre 1261 die Rede ist. Vielmehr war es im Gegensatz zu dem Patriarchen das im Lande begüterte Laienfürstentum, von dem, wie wir noch sehen werden, die Begründung einer einheitlichen Landesherrschaft ausging.

Ungleich günstiger dagegen lagen die Aussichten in Istrien, und sie werden Wolfger denn auch bestimmt haben, sich um die Wiederbelehnung

[1]) Über die Neuwahl zu Frankfurt und ihre Bedeutung vgl. H. Bloch, Die Kaiserwahlen der Stauferzeit, Histor. Vierteljahrschrift (1909) S. 506 f. und jetzt auch noch H. Bloch, Die staufischen Kaiserwahlen und die Entstehung des Kurfürstentums (1911) S. 97 f.; über den Prozeß vgl. Winkelmann, Philipp von Schwaben S. 475 f., und Winkelmann, Otto IV. S. 134 f., B.-F. nr. 259 und 399. Den genaueren Hergang erfahren wir in der Hauptsache fast nur durch die Urkunde Ottos IV. vom 8. Mai 1210, B.-F. nr. 399, deren Darstellung des Tatbestandes indes zu erheblichen Bedenken Anlaß gibt; vgl. darüber Beilage 2. Winkelmanns Auffassung der Rechtsfrage läßt diese Schwierigkeiten unbeachtet. Davon, daß die Markgrafschaft Istrien als ein Lehen der Kirche von Aquileja galt, kann, wie ich dargelegt habe, nicht die Rede sein. Andrerseits hebt Winkelmann nicht genügend hervor, daß, abgesehen von der Erneuerung der auch schon von Ottos IV. unmittelbaren Vorgängern bestätigten Privilegien der Kirche von Aquileja, gerade die Wiederbelehnung mit der Mark Krain und Istrien es war, durch die Otto IV. sich für den Übertritt Wolfgers erkenntlich zeigte. — Daß die Datierung der Urkunde von 1208 ind. 6 Nov. 4, in der Wolfger den Titel eines Markgrafen von Istrien trägt, auf falscher Überlieferung beruht, hat bereits Kalkoff S. 134 ff. dargetan; trotzdem wird sie nach wie vor als das älteste Zeugnis für die Anwendung dieses Titels angeführt, so z. B. bei Juritsch, Geschichte der Babenberger (1894) S. 379 n. 4 und bei Hasenöhrl, a. a. O. Archiv für österreich. Geschichte (1895) Bd. 82 S. 545 n. 86.

zu bemühen. Schon von früher her besaßen hier die Patriarchen von Aquileja eine Reihe wichtiger Gerechtsame. Längst waren sie de facto und seit 1180 unbestritten die geistliche Oberbehörde des Landes. Sie verfügten ferner seit Heinrich IV. über die Temporalien sämtlicher istrischer Bistümer, die Friedrich I. ihnen bestätigte. Sie waren endlich auch, von ihren sonstigen Besitzungen im Lande abgesehen, seit 1102 durch Schenkung die Haupterben des über ganz Istrien sich erstreckenden Eigenguts des Hauses Weimar. Zu diesen Rechtstiteln trat jetzt die Wiederbelehnung mit der Mark hinzu. War hier auch die landesherrliche Gewalt des Markgrafen im zwölften Jahrhundert stark zusammengeschrumpft, so war sie doch nie ganz erloschen wie in Krain und die Konkurrenz des im Lande ansässigen Laienadels vorerst wenigstens nicht zu fürchten. Ein Element des Widerstandes gab es freilich; es waren die Städte, die im zwölften Jahrhundert die Landeshoheit des Markgrafen nahezu abgestreift hatten. Für den Patriarchen als den künftigen Landesherrn kam mithin alles darauf an, ob es ihm gelang, sich mit den Städten ins Benehmen zu setzen.

Leider ist auch hier wieder die Überlieferung gänzlich trümmerhaft; man muß schon zufrieden sein, daß aus den wenigen zersprengten Aussagen das Ziel seines Vorgehens deutlich wird[1]).

Kaum, daß er des Reichsdienstes in Italien ledig war[2]), so erscheint Wolfger auch schon mit den Städten Istriens in Unterhandlung. Vom Dezember 1210 ist ein Bündnis mit seinen Getreuen von Pirano wider die seinem Rechte aufsässigen Rebellen. Sie sollen ihm, gleichviel ob er zugegen oder abwesend ist, Kriegshilfe und bei Bedarf, nötigenfalls auf ein Jahr, mitsamt seiner Kurie Unterkunft in der Stadt gewähren. Dafür verpflichtet sich der Patriarch, nicht mehr als zehn Ritter ohne Zustimmung des Podestà und der Konsuln mitzubringen, in allen etwa erwachsenden Feindschaften seinen Verbündeten beizustehen und sie bei Abmachungen

[1]) Die herkömmliche Tradition über Wolfgers Auftreten in Istrien, wie sie sich z. B. auch bei Benussi findet, Manuale di geografia, storia e statistica della regione Giulia (1903[2]) S. 125f., ist durchaus unglaubwürdig. Sie schreibt Wolfger Einrichtungen zu, die erst später unter ganz anderen Voraussetzungen zur Durchführung gelangten, und geht, soviel ich sehe, in letzter Instanz auf Marc-Antonio Nicoletti, einen Schriftsteller des sechzehnten Jahrhunderts, zurück, aus dessen handschriftlich überlieferten Historie del Friuli der auf Wolfger bezügliche Abschnitt im Archeografo Triestino N. S. (1871) Bd. 2, 35—74 abgedruckt ist. Der durchgreifende Unterschied, der zwischen Wolfgers Verhalten und den Bestrebungen seines Nachfolgers Berthold besteht, ist so bis heute unbemerkt geblieben. Ich werde mich in Ermanglung einer gleichzeitigen Geschichtschreibung ausschließlich auf die urkundlichen Zeugnisse stützen.

[2]) Die letzte Erwähnung Wolfgers als Reichslegat ist vom 10. April 1210. Er kommt noch, aber ohne Amtstitel, bis Mai 2, nicht Mai 21, wie es versehentlich B.-F.-W. nr. 12366 heißt, in Ottos Umgebung vor, hat sich dann aber für immer von ihm getrennt, vgl. Ficker, Forschungen Bd. 2, 155, Winkelmann, Otto IV. S. 235.

mit dem Feinde in Frieden und Sicherheit einzuschließen, und zwar soll dieser Vertrag, falls er mit Tod abgeht, auch seinen Nachfolger auf dem Patriarchenstuhle binden[1]).

Ausgiebiger noch sind die Nachrichten über Capodistria, das im zwölften Jahrhundert so ungemein selbstherrlich aufgetreten war. Der Patriarch muß sich im Jahre 1210 irgendwie mit Bürgern der Stadt verständigt haben. Der Thesaurus ecclesiae Aquileiensis, ein zu Ende des vierzehnten Jahrhunderts angelegtes Repertorium der Archivalien des Patriarchenstaats, enthält nämlich zu diesem Jahre das Regest einer seither verschollenen Urkunde, wonach eine Anzahl von Bürgern dem Podestà von Capodistria einen Eid schwört, für die Einholung des Herrn Markgrafen in die Stadt Sorge zu tragen. Sie wollen mit allen ihren Freunden dem Herrn Markgrafen behilflich sein zur Erlangung seines Rechtes in der Stadt. Man erkennt auch noch, daß diese zugunsten des Patriarchen eingeleitete Bewegung von Erfolg begleitet war. Denn in einer nicht genauer datierten Verkaufsurkunde aus demselben Jahre 1210 wird neben dem 'potestas Iustinopolis', d. h. neben dem Podestà des Comune, noch ein weiterer 'postestas marchionis' als Zeuge erwähnt. Dieser zweite Podestà ist ohne Zweifel der mit der Ausübung der markgräflichen Rechte in der Stadt betraute Beamte, der später anderswo, z. B. in Pola, 'potestas regalium' heißt[2]). Die für die künftige Verwaltungsorganisation Istriens bedeutsame Maßregel geht also bereits auf Wolfger zurück. Sie erinnert an eine analoge Anordnung der staufischen Verwaltung in Italien, wo schon zur Zeit Friedrichs I. neben dem Podestà ein ständiger Bote zur Verwaltung der an das Reich zurück-

---

[1]) Vertrag mit Pirano von 1210 Dezember 18, B.-F.-W. nr. 12386, wo indes nur der Druck bei Buttazoni S. 59 angegeben ist, ein besserer bei Joppi, Aggiunte inedite al Codice diplomatico Istro-Tergestino del secolo 13., Udine (1878) [Nozze Porenta-Totto] S. 13 nr. 2, vgl. Neues Archiv (1880) Bd. 5, 237, ein ausführliches Regest auch bei Minotto, Atti della soc. Istriana Bd. 8, 27.

[2]) Thesaurus ed. Bianchi S. 223 nr. 515: Item instrumentum, qualiter quidam cives Justinopolitani iuraverunt coram potestate dicte civitatis dare operam bona fide ad conducendum dominum et marchionem in dictam civitatem et quod ipsi cum omnibus amicis suis dabunt auxilium et consilium domino marchioni in consequendo iure suo in dicta civitate sub anno domini MCCX. In der Verkaufsurkunde von 1210 bei Kandler, Cod. dipl. Istriano ad. a., wird unter den Zeugen an erster Stelle 'Dicterius Bonefontis potestas Justinopolis', an zweiter 'Amelricus potestas marchionis' angeführt, der mit dem 1202 und 1216 nachweisbaren 'Almericus potestas Justinopolis' vermutlich identisch ist. Auf das Nebeneinander des Podestà des Comune und des Podestà des Markgrafen in der Urkunde von 1210 hat, wie ich nachträglich bemerke, auch schon Benussi hingewiesen, Nel medio evo S. 709 n. 514, dem andrerseits das Regest im Thesaurus entgangen ist. Durchaus willkürlich aber ist die von ihm daraus gezogene Folgerung, Wolfger habe in Capodistria zugestanden, daß sein Stellvertreter nicht den Titel eines Gastalden, sondern den eines Podestà führe, weil sonst die Bürger, um wenigstens den Schein der Selbstverwaltung zu wahren, sich geweigert hätten, seine, des Markgrafen, Autorität anzuerkennen.

gegebenen Regalien vorkommt[1]). Auch ist bemerkenswert, daß es ein Einheimischer ist, der das Amt des 'potestas marchionis' bekleidet.

Neben diesen Vereinbarungen mit einzelnen Stadtgemeinden geht dann noch ein allgemeiner Landfrieden einher, der, leider nur verstümmelt überliefert, aller Wahrscheinlichkeit nach auch von Wolfger herrührt. Er gilt auf bestimmte Zeit und umfaßt sämtliche Klassen der Bevölkerung, insbesondere auch die Bewohner der Städte, Burgen und Dörfer. Sie alle haben zu schwören, daß sie die Ehre des Landes und des Markgrafen wahren wollen. Das Landfriedensgericht wird in nicht mehr klar erkennbarer Weise von einem 'missus' des Markgrafen abgehalten. Kommt es zur Konfiskation, so wird die eine Hälfte der Habe zwischen dem Markgrafen und dem Orte, wo das Delikt begangen worden ist, geteilt, die andere Hälfte fällt an die Verwandten des Verletzten. Der Landfrieden zeigt, daß die öffentliche Gewalt dem Markgrafen zusteht[2]).

Somit hat Wolfger — darin stimmen alle unsere Angaben überein — die landesherrlichen Rechte in Istrien wiederum zu Ansehen gebracht, und zwar ebenso den Städten wie dem Lande im ganzen gegenüber. Nicht auf dem Wege des Zwanges, sondern auf dem gütlicher Übereinkunft setzte er dies durch. Die städtische Selbstverwaltung blieb unangetastet. Auch in Italien hatte Wolfger sie geschont. Anscheinend liegt darin System. Die Wiederherstellung der landesherrlichen Rechte in Istrien, wie sie sich zeitlich unmittelbar anschließt an die Wiederherstellung der Reichsrechte in Italien, so bewegt sie sich auch prinzipiell auf der gleichen Linie. Man könnte glauben, es sei die Tradition der staufischen Verwaltung seit dem Konstanzer Frieden, die bei Wolfger nachwirkt.

Ein neuer Abschnitt in der Geschichte des Patriarchenstaats beginnt damit. Wenn er nach der ersten Verleihung Krains und Istriens im Jahre 1077 auf der damals erreichten Höhe sich nicht hatte behaupten können, sondern in Verfall geriet, so bezeichnet umgekehrt die Wiederbelehnung im Jahre 1209 den Anfang des Wiederaufschwungs. Die Existenz des Patriarchenstaats wurde gleichsam auf eine breitere Basis gestellt. Nicht mehr bloß an Friaul, sondern, wenn auch nicht an Krain, so doch ganz wesentlich mit an Istrien hing fortan seine Zukunft. Unsicher blieb diese Zukunft gleichwohl. Denn das nicht zu beseitigende Nebeneinander entgegengesetzter

[1]) Über die ständigen Boten, die unter Friedrich I. neben dem Podestà zur Verwaltung der an das Reich zurückgegebenen Regalien bestellt wurden, vgl. Ficker, Forschungen Bd. 2, 185, ferner E. Suhle, Barbarossas Constitutio de regalibus (1893) S. 9. Der in Parma 1162 genannte 'Azo regalium imperatoris minister' war später Podestà von Parma.

[2]) Dieser istrische Landfrieden ist bisher stets, aber, wie ich glaube, zu Unrecht, der zweiten Hälfte des elften Jahrhunderts und einem Markgrafen Udalrich zugeschrieben worden, vgl. Beilage 3. Ebenda auch der Hinweis auf den Vertrag Wolfgers mit den 'paysani Istrie' von 1217, Thesaurus ed. Bianchi S. 231 nr. 566. Über den Rechtsinhalt des Landfriedens vgl. E. Mayer a. a. O. Bd. 24, 271, S.-A. S. 63.

Interessen des landesherrlichen und des städtischen Elements dauerte fort. Es war Wolfgers Mäßigung, daß er zu einem Ausgleich die Hand bot. Sein Nachfolger kehrte sich nicht daran. Er wagte es, den Zusammenstoß heraufzubeschwören.

Kapitel 4.

Patriarch Berthold und das Rechtsweistum von 1220.

Als Wolfger im Jahre 1218 starb, wurde Berthold aus dem Hause Andechs sein Nachfolger auf dem Patriarchenstuhl[1]). Er gehört bereits einer neuen Generation des deutschen Fürstentums, insbesondere des geistlichen, an, die sich auf Grund der großen Zugeständnisse der Krone mit Eifer daran machte, die eigene Landeshoheit auszubauen. Auch war er wohl von Natur schroff, Kompromissen abhold und von zäher Beharrlichkeit. Binnen kurzem entfachte er Aufruhr und Widerstand.

Schauplatz der Unruhen wurde zunächst Friaul. Des Friedens mit Treviso, den Wolfger gepflegt hatte, achtete Berthold nicht. Mit dem alten Zwiste aber lebte auch die alte Not wieder auf. Wieder fand Treviso Verbündete, diesmal nicht an den Vögten, sondern an den Vasallen und Dienstleuten des Patriarchen. Sie erwerben Grundbesitz und Bürgerrecht in Treviso, öffnen ihr Gebiet, leisten Heeresfolge, ja sie versprechen, sich mit Niemand einzulassen zum Schaden des mit Treviso vereinbarten Vertrags. Die eigenen Untertanen kündigten so dem Patriarchen in aller Form den Gehorsam. Wieder legte das Papsttum sich ins Mittel. Die Exkommunikation wurde verhängt und die Unterbindung des Handelsverkehrs angedroht; allein Honorius III. richtete damit ebenso wenig aus wie einst Innocenz III. Wieder muß der Patriarch sich nach fremder Hilfe umtun. Diesmal wendet er sich nicht an Venedig, das der Getreide- und Lebensmittelzufuhr wegen auf gute Nachbarschaft mit Treviso hält, sondern an Padua, das dem neuen Stadtbürger gegen Grundbesitzerwerb und Steuerpflicht bereitwillig Schutz zusagt. Schon beginnen zwischen Padua und Treviso die Feindseligkeiten[2]).

[1]) Über Berthold vgl. von Oefele in der Allg. deutschen Biographie Bd. 2, 516—518, desgleichen, Grafen von Andechs S. 34 n. 41, ferner Winkelmann, Jahrbücher Friedrichs II. Bd. 1 und 2 a. v. O.

[2]) Vertrag der Vasallen und Dienstleute des Patriarchen mit Treviso 1219 Sept. 15, Bianchi, Archiv Bd. 21, 188 f. nr. 54, vgl. auch S. 190 nr. 56; Einschreiten Honorius' III. 1219 Okt. 19, B.-F.-W. nr. 6352; 1220 Mai 28, B.-F.-W. nr. 6374; 1220 Dezember 4, B.-F.-W. nr. 6411. In Betreff des Zeitpunkts der Cittadinanza des Patriarchen in Padua vgl. gegen Winkelmann, Jahrbücher Friedrichs II. Bd. 1, 89 n. 2 und 174 n. 6 und gegen B.-F.-W. nr. 12773, Lenel, Studien zur Geschichte Paduas und Veronas im dreizehnten Jahrhundert (1893) S. 8 n. 1. Ausbruch der Feindseligkeiten, B.-F.-W. nr. 12598a.

Da erscheint auf dem Wege nach Rom zur Krönung Friedrich II. diesseits der Alpen. Alsbald treffen wir den Patriarchen in des Königs Umgebung; er begleitet ihn auf seiner Romfahrt. Aber an ein Machtwort der Krone im Hader der Parteien wie zu Friedrichs I. und Heinrichs VI. Zeit war vorerst nicht zu denken, wie ja Friedrich auch sonst den italienischen Angelegenheiten gegenüber bis zur Krönung geflissentlich Zurückhaltung beobachtete. Er begnügte sich von Bologna aus, beide Gegner, den Patriarchen und die Trevisaner, bei schwerer Strafe zur Waffenruhe zu mahnen. Vergleichen sie sich nicht selbst, so wird er die Entscheidung an sich ziehen[1]).

Nach der Krönung indes sprang der Wind plötzlich um. Als mit den anderen Fürsten auch der Patriarch sich zur Heimkehr rüstete, lieh Friedrich seinen Wünschen ein geneigtes Ohr. Er bestätigte ihm nicht bloß die früheren Privilegien seiner Kirche, sondern er befahl jetzt auch auf Bertholds Klage den Trevisanern, von ihren vertragswidrigen Angriffen auf Friaul abzustehen und ihren Raub auszuliefern, indem er sie im Falle des Ungehorsams mit beständigem Reichsbann und mit Verlust von Eigen und Lehen bedrohte[2]). Vor allem aber beurkundete er ein Weistum über die Hoheitsrechte des Patriarchen, das auf Ansuchen Bertholds von den Fürsten gefunden war. Es enthält folgende zehn Satzungen. Erstens, was der Patriarch in den Städten und Orten, wo er die Gerichtsbarkeit hat, in Bezug auf den Marktverkehr festsetzt, soll Geltung haben. Zweitens, innerhalb seiner Gerichtsbarkeit kann er nach Belieben den Bann verhängen und aufheben. Drittens, den Städten, Burgen und Dörfern, die ihm untertan sind, ist es verboten, von sich aus gegen seinen Willen Obrigkeiten, d. h. Podestàs, Konsuln oder Rektoren zu wählen. Viertens, keine Stadt oder Gemeinde, kein Geistlicher oder Laie soll da, wo der Patriarch die Gerichtsbarkeit hat, nach dem Abscheiden des Bischofs sich des Bistums oder eines Zubehörs anmaßen. Fünftens, Niemand in der Gerichtsbarkeit des Patriarchen darf ohne seinen Willen Steuern, Münze, Markt verordnen. Sechstens, auch darf Niemand ohne seinen Willen in schiffbaren Wassern Mühlen anlegen. Siebentens, kein Gastalde oder Offizial darf ohne seinen Willen Freilassungen vornehmen, Zinsleute verkaufen, Liegenschaften oder Regalien veräußern. Achtens, die Venezianer sollen das Land des Patriarchen nicht zinsbar machen, noch auch seine Leute zum Treueid nötigen. Neuntens, Niemand in der Gerichtsbarkeit des Patriarchen, er sei Freier, Vasall, oder Dienst-

[1]) Der Patriarch in Friedrichs Umgebung am Gardasee 1220 Sept. 17, B.-F. nr. 1158. Über Friedrichs anfängliche Haltung den italienischen Angelegenheiten gegenüber vgl. Winkelmann, Jahrbücher Friedrichs II. Bd. 1, 96. Mahnung Friedrichs von Bologna aus, Anfang Oktober, B.-F. nr. 1183 nach Bertondelli, Historia di Feltre 58 extr., mir unzugänglich.

[2]) Bestätigung der Privilegien 1220 nach der Krönung, B.-F. nr. 1229, vollständig bei Winkelmann, Acta imperii Bd. 1, 175 nr. 198; Befehl an die Trevisaner, B.-F. nr. 1253 nach Manzano, Annali del Friuli, Bd. 2, 279 extr., mir unzugänglich, hier irrig zu 1222.

mann, darf ohne des Patriarchen Zustimmung Verschwörungen oder Einungen eingehen; vorhandene sollen aufgehoben, wer sich widersetzt, geächtet sein. Zehntens endlich, Niemand in der Gerichtsbarkeit des Patriarchen darf gegen seinen Willen Städte, Burgen oder Märkte neu errichten.

Für die Rechtsauffassung des Patriarchen ist dieses Rechtsweistum im höchsten Maße bezeichnend. An sich nur eine Feststellung einzelner Hoheitsrechte, verrät es durchgehends die Absicht, möglichst alle Schranken niederzulegen, die der vollen Ausübung der Landeshoheit durch den Patriarchen im Wege stehen. Einige Satzungen sind unmittelbar aktueller Natur. Das Verbot der Einung an Freie, Vasallen und Dienstmannen des Patriarchen zielt gegen ihr Bündnis mit Treviso; es tritt ergänzend neben das Verbot, das Friedrich zur gleichen Zeit an die Stadt erließ, indem er sie zur Ruhe verwarnte. Hier sind es die Vorgänge in Friaul, die das Rechtsweistum im Auge hat. Dagegen bezieht sich das Verbot freier Wahl der städtischen Obrigkeiten vor allem auf Istrien, wo die freie Wahl dieser Behörden hergebracht war, und ebenfalls auf Istrien bezieht sich das Verbot an die Venezianer, Zins und Treueid von Land und Leuten des Patriarchen zu fordern. Es ist ein Versuch, den Rechtszustand zu beseitigen, der sich in Istrien seit dem zwölften Jahrhundert ausgebildet hatte, ein Vorstoß zugleich gegen die Machtstellung Venedigs an der Adria.

Was in aller Welt trieb den Patriarchen an, in einem Augenblick, da er den Feind auf dem Halse hatte, seine Herrschaftsansprüche zu solcher Höhe zu steigern? In der Tat ist das Rechtsweistum nur aus den Verhältnissen des Patriarchenstaats allein nicht zu erklären. Vielmehr macht sich hier in eigentümlicher Weise der Einfluß der gleichzeitigen deutschen Verfassungsentwicklung geltend. Soeben erst hatte Friedrich in Frankfurt, bevor er zur Romfahrt aufbrach, sein berühmtes Privileg zugunsten der geistlichen Fürsten erteilt, deren Einwilligung zur Wahl seines Sohnes[1]) er bedurfte. Dies Privileg hatte der Patriarch im Sinn, als er nach der Krönung das Rechtsweistum über seine Hoheitsrechte einholte. Er mochte hinter den Fortschritten seiner deutschen Standesgenossen nicht zurückbleiben. Einige Bestimmungen wie die über das Spolienrecht, über die Verordnung von Steuern und Münze, über die Neuanlage von Städten, Burgen und Märkten decken sich unmittelbar. Andere sind, wie wir sahen, durch die besonderen Zustände des Patriarchenstaats hervorgerufen. Insgesamt aber begegnen sie sich in dem Bestreben, der landesherrlichen Gewalt einen möglichst ungehemmten Spielraum zu schaffen.

Aus diesem allgemeineren Zusammenhang heraus also ist der Rechtsstandpunkt des Patriarchen zu würdigen. Die Schonung, die Wolfger ent-

---

[1]) Vgl. darüber jetzt H. Bloch, Die staufischen Kaiserwahlen S. 109—124.

gegenstehenden Interessen hatte angedeihen lassen, war Berthold schlechthin fremd. Insbesondere reizte ihn, wo immer er darauf traf, das italienische Verfassungselement, und in dem Umfang, wie sein Rechtsweistum die landesherrliche Gewalt dem Patriarchen vindiziert, bedeutet es eine Übertragung deutscher Anschauungsweise auf die abweichenden Verhältnisse des Patriarchenstaats. Auch die Form des Rechtsweistums war mit Bedacht gewählt. Es sicherte dem Patriarchen die Zustimmung nicht bloß der Fürsten, sondern auch der Krone. Er brachte gleichsam die reichsrechtliche Anerkennung seiner Herrschaftsansprüche mit nach Hause[1]).

Vorerst freilich hatte es dabei sein Bewenden. Schon in der Fehde mit Treviso sollte Berthold erfahren, daß auf nachhaltige Unterstützung von seiten der Krone nicht zu rechnen war. An Strafandrohungen zwar wider die Trevisaner und wider die aufständischen Untertanen des Patriarchen ließ die kaiserliche Kanzlei es auch weiterhin nicht fehlen. Und wirklich beschlossen die Aufrührer zum Teil wenigstens sich dem Patriarchen wieder zu unterwerfen. Allein die endgiltige Erledigung der Angelegenheit gab Friedrich, als die Kurie ihren Legaten, den Kardinal Hugolin von Ostia, damit beauftragte, unbekümmert aus der Hand, und der Schiedsspruch des Legaten fiel dann keineswegs zum Vorteil des Patriarchen aus[2]).

Ebensowenig nahm Friedrich sich des Patriarchen in einer anderen Sache an, die dessen Hoheitsrechte in Istrien berührte. Im April 1222 — der Kaiser hielt sich damals zu Capua in Unteritalien auf — erschien vor ihm eine Gesandtschaft aus Capodistria unter Führung des Podestà, eines Venezianers, mit der Bitte um Neuausfertigung eines Privilegs, das Konrad II. im Jahre 1035 der Stadt verliehen hatte. Sie rechtfertigte ihre Bitte damit, daß das Original vor Alter fast vernichtet sei. So harmlos aber war das Verlangen kaum gemeint. In der Hauptsache nämlich ist

---

[1]) Rechtsweistum von 1220 Dezember 6 Tivoli, B.-F. nr. 1252, in früheren Drucken mehrfach irrig zu 1232 oder 1236 eingereiht. Die vorhandenen Drucke sind durchgehends ungenau. Die Bedeutung dieses Rechtsweistums ist bisher nirgends nach Gebühr gewürdigt worden. Sogar Winkelmann hat es in den Jahrbüchern Friedrichs II., die sonst auf viel unerheblichere Phasen des Streites eingehen, auffallenderweise völlig ignoriert.

[2]) Strafandrohung der kaiserlichen Kanzlei 1221 Febr. 17, B.-F. nr. 1290, nach Manzano, Annali del Friuli Bd. 2, 272 extr. Unterwerfung der Aufrührer 1221 Mai 20, Bianchi, Archiv Bd. 21, 191 f. nr. 62. Über Hugolin vgl. Winkelmann, Jahrbücher Friedrichs II. Bd. 1, 174 f. und G. Levi, Documenti ad illustrazione del registro del cardinale Ugolino d'Ostia, legato apostolico in Toscana e Lombardia, Archivio della società Romana di storia patria (1889) Bd. 12, 241—326. Dazu die einerseits von dem Patriarchen, andrerseits von den Trevisanern dem Legaten eingereichte Petition, Bianchi, Archiv Bd. 21, 192 ff. nr. 64, 65; ferner B.-F.-W. nr. 12720, 21, 22, 23; der Schiedsspruch von 1221 August 30, ebenda nr. 12756, 57. Verhandlungen zwischen dem Patriarchen und den Trevisanern nach dem Schiedsspruch 1221 Okt. 1, Bianchi, Archiv Bd. 21, 197 nr. 98. Der weitere Verlauf der Streitigkeiten, die zu Ende der zwanziger Jahre Hugolin, nunmehr Gregor IX., abermals zum Einschreiten veranlaßten, kann hier unerörtert bleiben.

Konrads II. Privileg eine Bestätigung des hergebrachten Stadtrechts, das u. a. jede Belästigung durch Reichsbeamte einschließlich des Herzogs und Markgrafen untersagt. Dies Verbot war seinerzeit vermutlich gegen Adalbero von Kärnten gerichtet gewesen, der damals bei Konrad in Ungnade geraten war. Wenn nun die Stadt gerade jetzt um eine Neuausfertigung sich bemühte, wenn sie die Kosten einer besonderen Gesandtschaft und der weiten Reise dafür nicht scheute, so dürfte es ihr vielmehr darum zu tun gewesen sein, mit dieser Bestätigung eine Waffe gegen jede Belästigung auch durch den gegenwärtigen Markgrafen in die Hand zu bekommen, der eben kein anderer als der Patriarch von Aquileja war. Es war, wenn anders diese Auffassung zutrifft, eine Maßregel zum Schutze der städtischen Selbständigkeit, die das Rechtsweistum von 1220 bedrohte. Man hätte nun im Hinblick auf die reichsrechtliche Anerkennung dieses Rechtsweistums erwarten sollen, daß Friedrich dem Verlangen der Stadt zum mindesten nicht ohne Weiteres willfahre, und wirklich entgegnete er, so alte Privilegien zu erneuern, sei bei ihm und seiner Kurie nicht der Brauch. Gleichwohl trug er kein Bedenken, die Urkunde Konrads II. ihrem vollen Inhalte nach zu bestätigen, ja er nahm die Stadt noch obendrein in seinen besonderen Schutz[1]).

Man begreift, daß unter diesen Umständen von einem Machtfortschritt des Patriarchen nichts zu melden ist. Die wenigen Nachrichten gerade aus Istrien bezeugen vielmehr das Gegenteil. Wohl kommt in den zwanziger Jahren zuerst ein 'potestas regalium' in Pola vor, und auch dort ist es ein Einheimischer, der das Amt bekleidet. Aber die Einrichtung als solche stammt, wie wir wissen, bereits aus Wolfgers Zeit. Dagegen deutet es auf ein Anwachsen des venezianischen Einflusses, daß in diesen Jahren zuerst Venezianer von den istrischen Städten zu dem Amte des Podestà berufen werden, noch dazu in Hauptorten wie Pola und Capodistria[2]). Ja es scheint sogar eine umfassendere Vereinigung sich gebildet zu haben, mit deren Leitung ein Venezianer beauftragt wurde, da uns in einer Urkunde des

---

[1]) Das Privileg Konrads II., Stumpf reg. 2065, vgl. Breßlau, Jahrbücher Konrads II. Bd. 2, 134ff. Wie ich aus der kürzlich erschienenen Neuausgabe D.K. II. S. 299 nr. 219 ersehe, ist für den Kontext der Urkunde ein Diplom Ottos III. als Diktatvorlage benutzt worden, von dem es sich nicht mehr nachweisen läßt, ob es für die Bewohner von Capodistria ausgestellt war, und inwieweit sein Inhalt dem der Urkunde Konrads II. entsprach. Man wird insofern auch nicht mehr mit Sicherheit sagen können, ob das D.K. II sich gegen Umtriebe Herzog Adalberos richtete. Trotzdem bleibt bestehen, was ich über den Zweck der 1222 erbetenen Bestätigung ausgeführt habe. Der Versuch Benussis S. 688ff., das Diplom Konrads II. als eine Fälschung des dreizehnten Jahrhunderts zu entlarven, ist vollständig mißlungen. Die Urkunden Friedrichs II., B.-F. nr. 1381 und 1385.

[2]) Über den 'potestas regalium' zu Pola vgl. Benussi S. 702 n. 490 und S. 709 n. 514; C. De Franceschi, Il comune Polese e la signoria dei Castropola, Atti della società Istriana

Jahres 1230 ein Thomas Zeno als 'universitatis Ystrie potestas' begegnet [1]. Und wenn dann auch der Patriarch in einem Vertrage mit Pirano von 1231 die Zusage bewaffneter Unterstützung erlangte, wenn er selbst in den Streitigkeiten zwischen Pirano und Capodistria einen Schiedsspruch fällte, so kann es sich doch nur um einen ganz unerheblichen Erfolg gehandelt haben, wie denn der Vertrag mit Pirano die Ehrenrechte Venedigs, die das Rechtsweistum von 1220 hatte abschaffen wollen, ausdrücklich vorbehält [2]. Vollends aber bekunden die erbitterten Beschwerden, die der Patriarch im Februar 1232 auf dem Reichstage zu Ravenna vor dem Kaiser und den Fürsten erhob, daß er bis dahin mit seinen Bestrebungen kläglich gescheitert war.

Hier zeigt sich die Kehrseite der hochgeschraubten Ansprüche: zu gütlicher Verständigung war da keine Möglichkeit. Zu gewaltsamer Durchführung aber nur aus eigner Kraft sah der Patriarch sich völlig außerstande. Der Kaiser wiederum, wenn er auch nach der Krönung nicht umhin konnte, den Rechtsstandpunkt Bertholds gutzuheißen, war doch zunächst offenbar nicht gesonnen, darüber hinaus sich für die Bestrebungen des Patriarchen einzusetzen, und man kann ihm das nicht verdenken, da er ja noch auf Jahre mit der Neuordnung der Verwaltung Siziliens und mit der Kreuzzugsfrage beschäftigt war. Dies eben ist der springende Punkt: so lange der Patriarch nicht auf die Hilfe des Kaisers zählen konnte, blieb sein stolzes Vorhaben aussichtslos.

Bd. 18, 183 und 186 n. 2. Venezianer als Podestàs: 1222 Capodistria, B.-F. n. 1385; 1225 ebenda, Il liber communis detto anche plegiorum, regesti di R. Predelli, Archivio Veneto (1872) nr. 328, 335, 466; 1225 Pola, Liber plegiorum nr. 279, 281, 282; 1226 Nov. Pirano, Liber plegiorum nr. 453; 1232 Pirano nach Morteani, Notizie storiche della città di Pirano, Archeografo Triestino N. S. Bd. 11, 199 n. 29.

[1]) Urkunde von 1230 Mai 7 bei Kandler, Codice dipl. Istriano ad a. Zwei Iudices von Pirano bekennen sich 'vice domine Thome Zeni universitatis Ystrie potestatis, verbo et voluntate comunitatis Pyrani' innerhalb eines angegebenen Termins zur Zahlung eines bestimmten Quantums Öl verpflichtet. Ich dachte zunächst an einen Fehler in der Datierung dieser Urkunde, weil die Erwähnung einer 'universitas Ystrie' in dieser Zeit ganz vereinzelt dasteht, aber die Datierung scheint in Ordnung zu sein, und von den Zeugen kann ich wenigstens einen auch sonst nachweisen. Was es freilich im übrigen mit dieser 'universitas' für eine Bewandtnis hat, darüber wage ich nicht, eine bestimmte Meinung zu äußern. Ganz willkürlich faßt E. Mayer S. 272, S.-A. S. 64, den Podestà der 'universitas Ystrie' als einen allgemeinen Hochrichter des Markgrafen in Istrien, den er mit dem 'generalis gastaldio', 'richtarius', 'marchio', von denen wir später noch hören werden, auf eine Stufe stellt!

[2]) Vertrag mit Pirano 1231 Febr. 22, Joppi, Aggiunte S. 23ff. nr. 7, Regest bei Minotto, Atti Bd. 8, 26; Schiedsspruch des Patriarchen 1231, Thesaurus ed. Bianchi S. 226 nr. 531, vgl. De Franceschi, Il comune Polese, Atti Bd. 18, 191.

Kapitel 5.

Der Rechtsspruch von 1232 und die Unterwerfung der Städte Istriens.

Allmählich aber bahnte sich doch ein Zusammengehen des Kaisers mit dem Patriarchen an. Wieder einmal wurde, indem die Spannung des Kaisers mit der Liga und mit dem Papste sich verschärfte, die Bedeutung des Patriarchenstaates als eines Grenzlandes fühlbar. Denn durch Friaul stand, während die Liga die Pässe sperrte, die Verbindung mit Deutschland und von den Häfen des Patriarchenstaates die Überfahrt nach Italien offen. Der Patriarch versäumte nicht, sich dem Kaiser gefällig zu erweisen. Im Juni 1229 wird er von Gregor IX. darüber zur Rede gestellt. Er sei einer Zusammenkunft mit den Boten der Kurie ausgewichen, beschuldigte ihn der Papst. Sodann befahl er ihm von jeder Hilfeleistung für Friedrich abzustehen, insbesondere die Überfahrt von Pola und andern ihm untertänigen Häfen nach Apulien zu hindern, widrigenfalls er Auftrag gegeben habe, den Patriarchen zu exkommunizieren [1]).

Wichtiger noch wurde die erneute Annäherung des Kaisers an das deutsche Fürstentum. Dem Papste gegenüber nahm es die Bürgschaft, dem eigenen Sohne des Kaisers gegenüber die Vermittlung in die Hand. Der Patriarch war hierbei der eifrigsten einer. Schon bei den Unterhandlungen, die dem Frieden von Ceperano mit dem Papste vorangingen, tat er sich hervor [2]). Damals bestätigte Friedrich „aus Dankbarkeit gegen seinen Freund, den Patriarchen" der Kirche von Aquileja frühere Schenkungen, und erklärte, ihr die Mark Krain für immer belassen zu wollen. Er beurkundete ferner den endgiltigen Verzicht Herzog Ottos von Meran auf die Mark und Grafschaft Krain und Istrien, die der Patriarch, des Herzogs Bruder, von Patriarchatswegen vom Reiche zu Lehen trage [3]). Auch auf dem Reichstage zu Ravenna Ende 1231, der die Beziehungen zur Liga und zu dem Sohne des Kaisers regeln sollte, erschien der Patriarch, und als Friedrich im März 1232 unverrichteter Dinge von Ravenna aufbrach, begleitete ihn

---

[1]) Urk. von 1229 Juni 20, B.-F.-W. nr. 6771.

[2]) Winkelmann, Jahrbücher Friedrichs II. Bd. 2, 165 ff., 181 ff.; Hauck, Kirchengeschichte Deutschlands (1903) Bd. 4, 779 ff.; K. Hampe, Deutsche Kaisergeschichte in der Zeit der Salier und Staufer (1909) S. 218 f.; dazu jetzt die bisher unbekannten Briefe Gregors IX. in der Handschrift 302 der Stadtbibliothek zu Perugia, als Régistre de Perouse veröffentlicht von L. Auvray in seinen Régistres de Grégoire IX., Fascicule 12 (1910) col. 561 ff. insbesondere nr. 6148—6178, die den Anteil der deutschen Fürsten an den Friedensverhandlungen in wesentlich verändertem Lichte zeigen.

[3]) B.-F. nr. 1804 nach Manzano, Annali del Friuli Bd. 2, 304 extr.; B.-F. nr. 1803.

Berthold erst nach Venedig und weiter nach Friaul, wo endlich während des mehrmonatlichen Aufenthalts des Kaisers die Unterwerfung seines Sohnes Heinrich zustande kam.

Man weiß, wie aus dieser Konstellation neue wichtige Zugeständnisse der Krone an das deutsche Fürstentum sich ergaben. Bekanntlich erwirkten die in Ravenna anwesenden Bischöfe gleich anfangs ein kaiserliches Privileg, daß alle früheren Verordnungen gegen die Selbstverwaltung der bischöflichen Städte erneuerte und in Form eines Reichsgesetzes zusammenfaßte[1]). Dies Privileg war Wasser auf Bertholds Mühle; noch in Ravenna strengte er seine Klage an (Februar 1232). Zunächst über die Städte und Orte des Patriarchats, vor allem Istriens, über Pola, Capodistria, Parenzo entlud sich der Unmut des Patriarchen. Einen unverschämten Mißbrauch nannte er es, daß sie sich erdreisteten, Podestàs, Konsuln, Rektoren zu wählen, Steuern einzuziehen, Münzen zu prägen, Zölle aufzulegen, Schuldner zu schützen, und sich an Dienstlehen und sonst an Regalien zu vergreifen. Überdies verwahrte er sich gegen die Aneignung seiner Gerichtsbarkeit durch Arimannen oder Edelinge. Er bat den Kaiser, alle diese und andere Anmaßungen für nichtig zu erklären, und nach Rat der Fürsten entsprach der Kaiser dem Wunsche des Patriarchen, weil, so lautet das Urteil, in ganz Istrien die Gerichtsbarkeit von Reichswegen dem Patriarchen zusteht[2]).

Wiederum, wie schon 1220, ist es die Reichsgesetzgebung zugunsten des geistlichen Fürstentums, die den Patriarchen zum Vorgehen in eigner Sache anspornte. Nur ist jetzt nicht so sehr die Feststellung der mannigfachen Hoheitsrechte als die Unterdrückung der städtischen Selbstverwaltung das eigentliche Ziel. Eben darin, daß er die städtische Selbstherrlichkeit als ein nicht länger zu duldendes Ärgernis betrachtet, stimmt der Rechtsspruch von 1232 für den Patriarchen mit dem Ravennater Privileg für die Bischöfe überein. Demgemäß fehlt z. B. das frühere, ohnehin illusorische Verbot an die Venezianer, Zins und Treueid von Land und Leuten des Patriarchen zu fordern. Um so bemerkenswerter ist es, daß namentlich die Städte Istriens den Zorn des Patriarchen erregten. Man darf daraus schließen, daß sie sich seiner bisher mit Erfolg erwehrt hatten, ebenso aber auch, daß es ihm am Herzen lag, gerade sie zur Unterwerfung zu zwingen. Auch die weitere Befestigung der Patriarchenmacht sollte von dem Boden Istriens ausgehen.

Vielleicht würde ein Versuch, den Rechtsspruch ganz aus eigenen Macht-

---

[1]) Privileg für die Bischöfe, B.-F. nr. 1917. Unter den Zeugen an erster Stelle Patriarch Berthold, vgl. Winkelmann, Jahrbücher Friedrichs II. Bd. 2, 329f.

[2]) Privileg für Berthold 1232 Februar, B.-F. nr. 1937, vgl. Winkelmann, Jahrbücher Friedrichs II. Bd. 2, 331, wo aber die spezielle Bedeutung dieses Privilegs innerhalb des Gesamtverlaufs der Entwicklung nicht erkannt ist.

mitteln zu vollstrecken, dem Patriarchen wiederum eine herbe Enttäuschung eingetragen haben. Aber sein Glück war, daß er jetzt nicht mehr allein stand, daß er mittlerweile sich dem Kaiser unentbehrlich zu machen gewußt hatte. Es ist keine konventionelle Redensart, wenn Friedrich im Feldlager vor Brescia 1238 bei Anlaß einer abermaligen Bestätigung der hohen Gerichtsbarkeit dem Patriarchen nachrühmt, daß er ihn immer und überall in grenzenloser Hingebung zu seinem und des Reiches Dienst bereit erfunden. In der Tat hat Berthold durch fortgesetzten Verkehr bei Tisch und im Gottesdienst auch mit dem gebannten Kaiser selbst den ihm früher angedrohten Bann des Papstes nicht gescheut[1]). So vollzog sich die entscheidende Wendung. Seitdem der Kaiser die Sache des Patriarchen zu der seinigen machte, hatte der Patriarch gewonnenes Spiel. Je weniger er bisher ausgerichtet, um so erstaunlicher ist, was ihm fortan, zumal in Istrien, gelang.

Bereits im April 1232 begegnet uns ein Generalgastalde des Patriarchen für Istrien in Parenzo, um ein dortiges Parteihaupt mitsamt seinem Anhang zur Verantwortung vor dem Patriarchen nach Friaul vorzuladen, begleitet von einem kaiserlichen Nuntius, in dessen Gegenwart er diese Amtshandlung vornimmt[2]). Im Mai sodann schritt der Patriarch gegen Pola ein. Auf seine Klage wurden die Bürger der Stadt vom Kaiser geächtet, und ein Rechtsspruch der Fürsten, den der Kaiser bestätigte, fügte hinzu, sie sollten nicht eher aus der Acht befreit werden, als bis sie dem Patriarchen Genugtuung geleistet. Noch in das gleiche Jahr 1232 fällt ein Schwur der Bürger von Pola vor dem Bischof von Cittanuova, der ein Suffragan des Patriarchen war, in Betreff eines mit dem Patriarchen geschlossenen Vertrags. Die näheren Bestimmungen sind uns leider nicht bekannt, auch nicht die eines Vergleichs, den der Graf von Görz als Schiedsrichter im Jahre 1233 zwischen dem Patriarchen und den Bürgern von Pola vermittelte. Allein, wenn der Patriarch ein paar Jahre später in Pola Gericht abhält, wenn einer seiner dortigen Parteigänger die Verwaltung der Regalien inne hat, wenn Pola den Venezianern die Heeresfolge weigert, so deutet das alles darauf, daß die mit Hilfe des Kaisers errungene Herrschaft des Patriarchen zunächst von Dauer war[3]).

---

[1]) Urk. von 1238 Okt., B.-F. 2395: 'attendentes insuper immensam devotionem praedicti nostri principis venerabilis patriarchae, quem ad nostra et imperii servitia semper et ubique paratum et expositum invenimus, ut in sua iurisdictione iniuriam vel incommodum non incurrat'. Bei dem gebannten Kaiser ausharrend, B.-F. nr. 2439c zu vergleichen mit nr. 7280.

[2]) Urk. von 1232 April, Regest bei Minotto, Acta et Diplomata I 1, 17: 'Johannes de Rivo generalis gastaldio domini patriarchae marchionis in Istria, in presencia . . . Ravini nuncii domini imperatoris'.

[3]) Ächtung Polas 1232 Mai, B.-F. nr. 1987, vgl. Winkelmann, Jahrbücher Friedrichs II. Bd. 2, 360. Schwur der Bürger, Thesaurus ed. Bianchi S. 230 nr. 561 zu 1232; De Franceschi, Il comune Polese, Atti Bd. 18, 193 n. 2 bezieht den Schwur zu 1233; ferner Thesaurus S. 230 nr. 560, 559, S. 223 nr. 514, S. 225 nr. 527, vgl. De Franceschi Atti, Bd. 18, 199ff.

Länger zögerte sich die Unterwerfung Capodistrias hin. Noch im Januar 1238 verbündet sich der Patriarch mit dem Grafen von Görz gegen die Bewohner der Stadt zur Sühne der Unbill, die sie ihm angetan. Schon im Oktober desselben Jahres aber erscheint Berthold mit den Gesandten von Capodistria im Feldlager Friedrichs vor Brescia, um den beiderseits vereinbarten Vertrag vom Kaiser bestätigen zu lassen[1]).

Man erkennt den Wandel der Zeiten. Während Friedrich noch 1222 das hergebrachte Stadtrecht anstandslos erneuert hatte, das u. a. jede Belästigung durch den Markgrafen, d. h. durch den Patriarchen untersagte, rief der Patriarch jetzt im Bewußtsein seiner Interessengemeinschaft mit dem Kaiser ihn zum Garanten des Vertrages an, der die Demütigung der Stadt besiegelte.

Hier nun erfahren wir die Friedensbedingungen mit aller wünschenswerten Vollständigkeit. Zunächst wird die Wahl der städtischen Behörden geregelt. Bei der Wahl des Rektors sind drei Kandidaten vorzuschlagen, aber nur solche aus Istrien oder Friaul, ein Freier und zwei Ministerialen der Kirche von Aquileja, die dem Patriarchen genehm sind, von denen er einen nach Gutdünken zuweisen wird. Sind jedoch die drei zuerst genannten Kandidaten dem Patriarchen nicht genehm, so ist mit weiteren Vorschlägen so lange fortzufahren, bis sich einer findet, den der Patriarch zu ernennen geruht. Anstatt eines Rektors sind auch drei oder mehrere Konsuln wählbar, die ihr Amt jedoch erst antreten dürfen, nachdem sie geschworen, die Gebote des Patriarchen unverbrüchlich zu beobachten. Zu ihrer Eidesleistung kann der Patriarch, wenn er will, einen Boten entsenden.

Die gesamte Gerichtsbarkeit über Blut und Eigen sodann hat lediglich der Gastalde des Patriarchen mit seinen Richtern auszuüben[2]). Auch die ausschließliche Verwaltung der Regalien steht ihm zu.

Endlich wird der Patriarch bei seinem künftigen Besuche der Stadt im Einverständnis mit seinen Räten und Amtleuten die Statuten einer Prüfung unterziehen, alle seinen markgräflichen Hoheitsrechten abträglichen Bestimmungen ausmerzen und hinzufügen, was seiner Ehre und dem Wohle der Stadt förderlich erscheint.

Es war eine Unterwerfung schlechthin, die der städtischen Autonomie ein Ende bereitete. Die Ernennung der Obrigkeiten, die Rechtsprechung und Verwaltung, die Gesetzgebung, alles ist dem Ermessen des Patriarchen ausgeliefert. Auch ist es in diesem Zusammenhang bezeichnend, daß das Amt eines Rektors nur Untertanen des Patriarchen aus Istrien oder Friaul

---

[1]) Urk. von 1238 Januar 13 bei Joppi, Archeografo Triestino N. S. Bd. 11, 402 nr. 19. Unterwerfungsvertrag von 1238 Oktober, B.-F. nr. 2396, ein Auszug bei Minotto, Atti Bd. 8, 43.

[2]) Ausgenommen ist die Prügelstrafe, die auf Schmähung oder Unbill gegen Rektoren oder Konsuln und auf Felddiebstahl ruht.

zugänglich sein soll. Jeder auswärtige Einfluß auf die städtische Verwaltung, namentlich der Venedigs, der gerade seit den zwanziger Jahren sich bemerklich gemacht hatte, wird so stillschweigend abgelehnt.

In der ganzen Schroffheit seines ursprünglichen Wortlauts kam der Friedensvertrag freilich nicht zur Durchführung. Im Sommer 1239 einigte man sich auf einen Schiedsspruch des Grafen von Görz, der gegenüber der früheren Fassung des Vertrags nicht unerhebliche Abschwächungen aufweist[1]).

So heißt es jetzt von der Bestellung des Podestà, (womit hier derselbe Beamte gemeint ist, der in dem früheren Vertrage Rektor genannt wird), er dürfe, wer er auch sei, aus Istrien oder Friaul frei gewählt werden, anderswoher indes nur mit Zustimmung des Patriarchen. Der so Gewählte ist hierauf dem Patriarchen oder dessen Stellvertreter in Friaul anzuzeigen, der ihn zu bestätigen hat, wofern er nicht in offenkundiger Ungnade bei dem Patriarchen steht. Hier also wird die Wahl auch eines nicht aus Istrien oder Friaul gebürtigen Podestà doch wieder freigegeben, allerdings unter Vorbehalt der Einwilligung des Patriarchen. Wenn dann aber auch im übrigen das Recht freier Wahl zugestanden wird, so bleibt sie gleichwohl an eine Bestätigung durch den Patriarchen gebunden. Auch jetzt also behält er die letzte Entscheidung in der Hand. Ebenso bleibt die Rechtsprechung dem Gastalden des Patriarchen in dem früheren Umfang, nur soll er sie ausüben mit Rat und Hilfe des Podestà und der Konsuln, wenn solche vorhanden sind. Desgleichen soll der Patriarch bei der Prüfung der Statuten nicht bloß seinen eigenen Rat, sondern auch den der Stadt zuziehen, wogegen die städtischen Behörden schwören müssen, alle von dem Patriarchen verfügten Zusätze oder Veränderungen unverbrüchlich zu beobachten. Den Organen der städtischen Selbstverwaltung wird somit ein wenn auch nur beratender Anteil an Rechtsprechung und Gesetzgebung doch wieder zugebilligt und bei aller Abhängigkeit von dem Patriarchen und seinen Beamten immerhin die Möglichkeit einer gewissen Betätigung gewahrt. Wie hoch man aber auch diese Milderung der Vertragsbestimmungen einschätzen mag, darüber kann kein Zweifel sein, daß die Selbständigkeit Capodistrias trotzdem zernichtet war, und da wir genau dieselben Bestimmungen für die Wahl der Obrigkeiten später auch bei den anderen Städten Istriens in Geltung finden, so ist klar, daß die Demütigung Capodistrias typisch ist für die der istrischen Städte überhaupt.

[1]) Urk. von 1239 Juli 3 bei Joppi, Aggiunte inedite S. 29 nr. 9., ein Auszug bei Minotto, Atti Bd. 8, 44 zu Juni 3.

Kapitel 6.

Die Verwaltungsorganisation Istriens und das Ende Bertholds.

Diese Bändigung der städtischen Selbstherrlichkeit nach so langem Sträuben hat dem Patriarchen indes nicht genügt. Wie schon Wolfger seine Abmachungen mit einzelnen Gemeinden aller Wahrscheinlichkeit nach durch die Aufrichtung eines allgemeinen Landfriedens ergänzte, so erstrebte Berthold seinen gesteigerten Herrschaftsansprüchen gemäß auch da ein höheres Ziel: er unternahm eine durchgreifende Verwaltungsorganisation des gesamten Landes.

Wieder tritt die Ungunst der Überlieferung uns in den Weg. Der Verfasser des Thesaurus ecclesiae Aquileiensis berichtet in seinem Repertorium von Landesstatuten für Istrien, die Berthold neu habe feststellen und öffentlich bestätigen, ein ander Mal von Satzungen, die er mit Willen aller Landesangehörigen schriftlich habe aufzeichnen lassen[1]). Diese Akten, die mithin noch zu Ende des vierzehnten Jahrhunderts vorhanden waren, sind heute leider verloren oder zum mindesten verschollen und nicht wieder aufgetaucht. Auch sonst besitzen wir keine gleichzeitigen Zeugnisse mehr. Dagegen haben wir eine Menge von Angaben über die Verwaltung Istriens unmittelbar nach Bertholds Zeit. Es handelt sich hierbei um Einrichtungen, die ursprünglich nicht wohl anders als zu einer Zeit höchster Machtfülle des Patriarchen getroffen sein können. Da aber Berthold diese Zeit heraufführte, während die landesherrliche Gewalt des Patriarchen in Istrien schon unter seinem Nachfolger ins Wanken gerät, so wird man kaum fehlgehen, wenn man die Urheberschaft der so zu rekonstruierenden Verwaltungsorganisation in der Hauptsache bereits Berthold zuschreibt.

In einer Aufzeichnung über Rechte und Einkünfte des Patriarchen in Istrien, die den noch ungeschmälerten Besitzstand schildert[2]), wird der Umfang der Landeshoheit gelegentlich sogar theoretisch formuliert. Der Patriarch, heißt es da, ist Markgraf ganz Istriens und hat dort volle weltliche

---

[1]) Thesaurus ed. Bianchi S. 225 nr. 526: 'Item statuta Istrie in forma publica confirmata et de novo facta per d. patriarcham Pertoldum in MCCXXII'; Thesaurus S. 228 nr. 542: 'Item quedam ordinationes facte in Istria per d. patriarcham Bertoldum de voluntate provincialium omnium Istrie, in una charta'. Über den Inhalt dieser statuta und ordinationes ist nicht einmal eine Vermutung möglich. Ob die unter nr. 526 erwähnten statuta wirklich schon von 1222 waren, wie der Druck bei Bianchi angibt? (Der Druck bei Carli, Appendice zu Band 4 der Antichità Italiche (1791) S. 183 hat die unmögliche Jahreszahl 1266). Dann würde Berthold schon zu Anfang seiner Regierung bald nach dem Rechtsweistum von 1220 damit hervorgetreten sein. Oder ist etwa 1232 zu lesen? Ohne näheren Vermerk ist ferner Thesaurus S. 225 nr. 523: 'Item quedam cartula in qua scripta sunt statuta Istrie' erwähnt.

[2]) Hinsichtlich der Überlieferung und der Abfassungszeit dieser Aufzeichnung vgl. Beilage 5.

Gerichtsbarkeit, und, wer immer sie hat, hat sie von ihm. Keine Stadt, keine Burg, kein umhegter Ort kann und darf einen Podestà, einen Rektor, Konsuln oder sonst irgend welche Beamte, wes Namens immer, wählen, es sei denn mit besonderer Erlaubnis und Zustimmung des Patriarchen; sie sollen weder Maut noch Zölle noch Steuern auflegen oder eintreiben, auch nicht Münze prägen noch sonst irgend welche Gerichtsbarkeit ausüben; sondern der Patriarch setzt in nachbenannten Bezirken seine Gastalden und auch den 'richtarius', (von dem sogleich noch die Rede sein wird), für ganz Istrien ein, die in allen Fällen zu entscheiden und in allen Fragen volle Gerichtsbarkeit haben[1]). Es ist der uns wohlbekannte Anspruch auf unumschränkte landesherrliche Gewalt, der zuerst und genau so von Berthold erhoben worden ist.

Diese prinzipielle Forderung fand nun auch in der Praxis weitgehende Verwirklichung.

An der Spitze Istriens steht ein Stellvertreter des Patriarchen. Als solcher ist vielleicht schon der 'missus' anzusehen, der nach dem Landfrieden Wolfgers das Landfriedensgericht abhalten soll, wobei jedoch ungewiß bleibt, ob er ständig oder nur ad hoc delegiert war. Ein ständiger Bevollmächtigter ist dann aber sicherlich der 'generalis gastaldio', der unter Berthold im Jahre 1232 erwähnt wird. Er ist, seinem Namen nach zu urteilen, der Vorgesetzte der einfachen Gastalden, die in den einzelnen Gemeinden mit der Wahrnehmung der Gerichtsbarkeit und mit der Verwaltung der landesherrlichen Hoheitsrechte betraut sind, und es ist vielleicht kein Zufall, daß er in dem gleichen Jahre erwähnt wird, in dem der Umschwung zugunsten des Patriarchen beginnt. Leider wird uns dann aus Bertholds Zeit kein oberster Landesbeamter mehr genannt, weder unter diesem noch unter einem andern Namen, — es ist das eine der empfindlichsten Lücken unserer Überlieferung —, und wir begegnen einem solchen erst wieder im Jahre 1254 unter Bertholds Nachfolger, dem Patriarchen Gregor von Montelongo, nur daß er jetzt nicht mehr 'generalis gastaldio', sondern 'richtarius' heißt[2]). Un-

[1]) 'Ista sunt iura domini patriarchae et ecclesiae Aquileiensis in tota Istria videlicet: In primis est marchio totius Istriae et habet ibi plenam iurisdictionem in temporalibus et quicumque habet, ab ipso habet. Et nulla civitas aut castrum seu locus vel recinta aliqua potest nec debet eligere potestatem, rectorem seu consules vel alios officiales quocumque nomine censentur, nisi de speciali licentia et beneplacito ipsius domini patriarchae nec possunt mudam seu pedagia vel collectam ponere vel exigere nec monetam cudere nec aliquam aliam iurisdictionem exercere; sed dominus patriarcha ponit in istis terris gastaldiones suos et etiam ricarium in tota provincia Istriae qui cognoscant de causis omnibus et habent iurisdictionem plenariam in omnibus quaestionibus'.

[2]) Über den 'richtarius' vgl. Carli, Antichità Italiche Bd. 4, 256f., ferner Buttazoni, Dei governatori d'Istria a nome dei marchesi principi i patriarchi d'Aquileia, Archeografo Triestino N. S. Bd. 2, 245—251, ebenda S. 252—254 eine von Joppi zusammengestellte Liste derselben mit 1208 beginnend! Die heimische Tradition nämlich, vgl. Nicoletti, Archeografo Triestino

verkennbar ist diese Bezeichnung deutscher Herkunft, und man möchte danach vermuten, daß Amt und Name noch auf den deutschen Patriarchen Berthold und nicht erst auf den Italiener Gregor von Montelongo zurückgeht[1]). Jedenfalls bleibt der Name 'richtarius' unter den fortan regelmäßig italienischen Inhabern des Patriarchenstuhls nicht lange in Gebrauch. Schon 1269 kommt gleich nach dem Tode Gregors von Montelongo für den Stellvertreter des Patriarchen in Istrien die neue Bezeichnung 'marchio' vor, die mehr und mehr einwurzelt, bis sie gegen Ende des Jahrhunderts den früheren Titel 'richtarius' vollends verdrängt[2]). Meist sind es Parteigänger oder Verwandte des Patriarchen, die das Amt verwalten; nur ausnahmsweise hat es ein Einheimischer inne[3]).

Seiner Kompetenz nach ist der 'richtarius' oder 'marchio' als Stellvertreter des Patriarchen die oberste Regierungsbehörde des Landes[4]). Nicht nur die Rechtsprechung liegt ihm ob, — er soll, wie seine Bestallungsurkunde sagt, allen, die sich mit Klagen an ihn wenden, Armen wie Reichen, nach Vermögen Recht schaffen —, er hat auch die Einkünfte und Abgaben für den Patriarchen einzuziehen und sie ihm oder seinem Bevollmächtigten auf

N. S. Bd. 2, 52 und 58, führt die Einrichtung ohne Grund bereits auf Wolfger zurück. Das Amt als solches kann ich urkundlich zuerst 1254 Okt. 9 nachweisen, vgl. Kandler, Codice dipl. Istriano s. h. d. Die neuere rechts- und verfassungsgeschichtliche Literatur hat den 'richtarius' bisher fast völlig ignoriert. Nur Ernst Meyer erwähnt ihn beiläufig a. a. O. S. 272, S.-A. S. 64. Aber wenn er ihn da als einen allgemeinen Hochrichter für ganz Istrien anspricht, der im dreizehnten Jahrhundert bald unter dem deutschen Namen 'richtarius' oder entstellt 'ricarius', bald als 'Istrie potestas', bald als 'generalis gastaldio', bald selber als 'marchio' erscheine, so wirft er hier, wie ich nach der vorangehenden Darlegung nicht weiter auszuführen brauche, zeitlich und sachlich auseinanderzuhaltende Dinge willkürlich zusammen. Auf die Kompetenz des 'richtarius' komme ich gleich zurück.

[1]) Der Name an sich deutet zunächst auf richterliche Funktionen hin, und man könnte sich denken, daß es sich hierbei um eine ähnliche Einrichtung handelt, wie es seit dem Mainzer Landfrieden die des 'iustitiarius' am kaiserlichen Hofgericht oder wie es die des Obristlandrichters in Österreich war, vgl. über letzteren außer der älteren Literatur insbesondere Dopsch, Entstehung und Charakter des österreichischen „Landrechtes", Archiv für österreich. Geschichte (1892) Bd. 79 S. 73ff. In der Tat betrachtet auch E. Mayer, wie soeben bemerkt, den 'richtarius' als einen allgemeinen Hochrichter „entsprechend den Verhältnissen in den deutschen Alpenländern"; aber wir werden gleich sehen, daß der 'richtarius', zu der Zeit wenigstens, aus der unsere Nachrichten stammen, neben seinen richterlichen auch noch erhebliche administrative Befugnisse hat, und daß trotz des Namens, wenn überhaupt, eher italienische als deutsche Analogien sich aufdrängen.

[2]) Die Bezeichnung 'marchio' fand ich zuerst in einer von dem Dekan und dem Vicedominus von Aquileja während der Sedisvakanz ausgestellten Urkunde von 1269 October 27, vgl. Kandler, Codice dipl. Istriano, dort irrig zu Oct. 26.

[3]) Als Parteigänger: Genesio dei Bernardi aus Padua; als Verwandte: z. B. Goffredo und Mosca della Torre; als Einheimischer: Monfiorito von Pola.

[4]) Die Belege für das folgende in den zahlreichen Urkunden zur Geschichte Istriens aus der zweiten Hälfte des dreizehnten Jahrhunderts bei Kandler, Codice diplomatico Istriano, im Thesaurus ecclesiae Aquileiensis, bei Carli im Appendix zum vierten Band seiner Antichità Italiche, und nach den Regesten bei Minotto, Acta Bd. I und bei Bianchi, Archiv Bd. 21ff.

Ersuchen zu überweisen[1]). Der Amtscharakter wird streng gewahrt. Der 'richtarius' schwört einen Diensteid und wird von dem Patriarchen mit seinem Amte belehnt, jedoch bloß auf Zeit, später nur auf ein Jahr. Man bemerkt indes, daß anfangs derselbe Inhaber, sei es mehrere Jahre hintereinander, sei es innerhalb weniger Jahre zu wiederholten Malen, sein Amt bekleidet[2]). Sein Gehalt besteht aus Nutzungen, womit sein Officium ein für allemal ausgestattet ist. Erst später wird es für eine Pauschalsumme, die an den Patriarchen abzuliefern ist, verpachtet[3]). Sodann sitzt der 'richtarius' auf Rechenschaft, deren er, so oft es dem Patriarchen beliebt, gewärtig sein muß. Sein Stellvertreter ist der 'vicarius'[4]). Auf die Wahl der Unterbeamten, der Gastalden, hat der 'richtarius' keinen Einfluß. Nur ausnahmsweise wird ihm die Bestellung von dem Patriarchen übertragen. Das Übliche ist vielmehr, daß der Patriarch selbst die Gastalden ernennt. Auch sie schwören einen Diensteid und sind nach Gutdünken des Patriarchen absetzbar und rechenschaftspflichtig[5]). Der Beamte aber, der im Namen des Patriarchen Rechenschaft abzufordern hat, ist der 'procurator'. In einem uns näher bekannten Falle ist es ein Kapellan des Patriarchen. Er bekommt

[1]) Bestallungsurkunde für Genesio de' Bernardi von 1278 Juni 1 bei Kandler, Cod. dipl. Istr.: 'Omnibus conquerentibus tam pauperibus quam divitibus reddit pro posse iustitie complementum et iura et redditus domini patriarche et Aquileiensis ecclesie ac collecta seu pagam toto suo posse colliget, exiget et requiret' etc.

[2]) Diensteid, vgl. Bestallungsurkunde: 'ad s. dei evangelia corporali iuramento recepto, quod eiusdem ritharie officium ad honorem ipsius domini patriarche ac Aquileiensis ecclesie diligenter et fideliter exercebit'. Amtsdauer: Senisius de Bernardis ist 1257, 1258, 1261, 1263, 1264, 1266, 1267, 1269, 1278, 1279 als 'richtarius' nachweisbar. 1278 Juni 1, Ernennung auf ein Jahr. 1319 August 18 vgl. Kandler, Cod. dipl. Istr. Bd. 2 s. h. d., erfolgt Ernennung 'usque ad nostrum beneplacitum'. — Senisius wird 1266 April als 'miles' und 'civis Paduanus', 1257 Juli als 'familiaris', 1258 März als Seneschall des Patriarchen erwähnt. Das erinnert an den 'marschallus curiae' in Friaul, der dort Stellvertreter des Patriarchen 'in criminalibus', nicht dem Landesadel angehörig und nur Beamter ist und bereits unter Patriarch Berthold vorkommt, vgl. von Ottenthal S. 316f.

[3]) Gehalt, vgl. Bestallungsurkunde: 'de aliis vero que pervenirent ad manus ipsius domini Genisii de ipso officio ritharie, ipse dominus Genisius ad suum commodum faciat quatenus sibi placuerit et videbitur melius expedire'. Verpachtung 1306 Okt., Thesaurus ed. Bianchi S. 330 nr. 1123, dazu Carli Bd. 4, 258 und Buttazoni a. a. O. Bd. 2, 250.

[4]) Rechenschaftspflicht, vgl. Bestallungsurkunde: 'Et de ipsis iuribus, redditibus et collectis ipsi patriarche vel suo nuncio aut procuratori reddet quoties requisitus fuerit plenariam et summariam rationem, et ipsos redditus, collectas et iura dabit ipsi domino patriarche vel cui ipse mandaverit ad beneplacitum suum, vel capitulo Aquileiensi, si dictus dominus patriarcha, quod absit, non esset superstes, vel promotus fuisset ad aliam dignitatem'. — Ein 'vicarius' des 'marchio' in der von Kandler irrig zu 1277 August 13 eingereihten Urkunde.

[5]) Bestallungsurkunde eines Gastalden von 1279 Sept. 1 bei Kandler, Codice dipl. Istr.: 'usque ad ipsius domine patriarche beneplacitum'. Urkunde von 1278 Januar 10 bei Kandler: der Patriarch setzt den Merulus ab 'de offitio gastaldie quam ipse exercuerat in Duobus Castellis', und beauftragt den 'richtarius' Monfiorito einen andern Gastalden einzusetzen 'usque ad beneplacitum dicti domini patriarche'.

eine allgemeine Vollmacht mit auf den Weg und ist nicht bloß zum Aufspüren und Eintreiben der Rechte und Einkünfte des Patriarchen befugt, sondern auch mit Bann und Strafgewalt ausgerüstet. Seine Vollmacht erstreckt sich sowohl auf den 'richtarius' und die Gastalden, d. h. auf die eigentlichen landesherrlichen Beamten, wie auf die Ortsbehörden[1]).

Daneben hält der Patriarch den unmittelbaren Verkehr mit den einzelnen Stadtgemeinden aufrecht. Es kommt wohl einmal vor, daß er den 'richtarius' mit seiner Vertretung bei der Wahl eines Podestà beauftragt[2]). Auch ist der Fall nicht selten, daß namentlich in kleineren Städten der 'richtarius' das Amt des Podestà mit Erlaubnis des Patriarchen gleichsam im Nebenamte übernimmt[3]). Das Übliche aber ist, daß die Gemeinden (ganz in der Weise, wie das früher mit Capodistria vereinbart war) einen Kandidaten oder mehrere dem Patriarchen präsentieren, und daß dieser hierauf die Wahl bestätigt[4]). Sodann ernennt er, wie schon bemerkt, die Ortsgastalden, nicht in kleineren Orten bloß, sondern auch in größeren wie Capodistria[5]). Er verfügt ferner über die Abgaben, indem er etwa den 'richtarius' oder den 'procurator' mit der Einhebung beauftragt[6]). Wie beträchtlich diese Einkünfte sind, lehrt das schon erwähnte Verzeichnis, das sie für ungefähr vierzig Orte Istriens aufzählt. Es versteht sich, daß sie in den einzelnen Orten sehr verschieden sind. Für Capodistria z. B. spricht es dem Patriarchen neben seinen gerichtsherrlichen Rechten auch die freie Verfügung über einen großen Weingutsbezirk, sowie über die Abgaben der Notare, der Handwerker, der einlaufenden Schiffe zu.

Der Gesamteindruck ist, daß eine Verwaltungsorganisation von bedeutender Leistungsfähigkeit geschaffen wurde. Ihr Hauptmerkmal ist straffe Zentralisation und im Zusammenhang damit konsequente Durchführung des

---

[1]) Urkunde von 1279 Dezember 8 bei Kandler, Beglaubigung des Kapellans Niccolò Delfino als 'nuncius' und 'procurator ad inquirendum et imponendum et exigendum iura et rationes nostras et ecclesie Aquileiensis in Istria et Sclavonia, et ad imponendum et exigendum penas et banna, si necesse fuerit'. Vgl. auch Thesaurus ed. Bianchi S. 222 f. nr. 508, 509 zu 1285/86.

[2]) Der 'richtarius' als Vertreter bei der Wahl des Podestà, Montona 1263, Thesaurus ed. Bianchi S. 233 nr. 582, vgl. auch Parenzo 1266 April 7, Minotto, Acta I 1, 19.

[3]) Z. B. 1257 in Muggia, 1258 in Montona, 1259 in Muggia, 1261 in San Lorenzo usw.

[4]) Z. B. Pirano 1252, 53, 54, 58, 61; Pola 1262, 66; Capodistria 1255, 56, 64; Parenzo 1258, 59, 61, 62, 63, 65, 66; Montona 1257, 58, 63, 65, 76; Muggia 1257, 58, 62, 66; San Lorenzo 1261; Buje 1267; Rovigno 1265.

[5]) Z. B. für Muggia 1279 Sept. 1, Kandler; für Capodistria 1253, Thesaurus ed. Bianchi S. 231 nr. 567, 569: 'Item qualiter patriarcha habet potestatem eligendi gastaldionem suum in Justinopoli quemcunque voluerit de civibus Justinopolis, sedendo in sede sua in eadem civitate pro tribunali' etc.

[6]) Einhebung der Abgaben durch den 'richtarius' in Pola, Urk. von 1259 März 8 und 1258 Sept. 11 bei Kandler. Pola war danach dem Patriarchen zu einer jährlichen Zahlung von 2000 kl. venez. Pfd. verpflichtet.

Amtscharakters. Der Patriarch, den gesamten Verwaltungsapparat beherrschend, übt zugleich eine unmittelbare und fortwährende Kontrolle auch über die einzelnen Organe aus. Darin verrät sich, scheint mir, italienischer Einfluß. Ja man ist geneigt, an ein ganz bestimmtes Vorbild zu denken, an die Neuordnung der Verwaltung Italiens, wie sie Friedrich II. seit seinen Erfolgen in den dreißiger Jahren begann. Dieselbe zentralisierende Tendenz ist auch dort der Verwaltung eigen, und im einzelnen ließen sich etwa dem 'richtarius' der Generalvikar, den Gastalden die Kapitane vergleichen[1]). Um so bedauerlicher ist es daher, daß wir über die Anfänge dieser Verwaltungsorganisation in Istrien so gar nicht unterrichtet sind. Rührt sie in der Tat schon von Berthold her, so wäre es bei den nahen Beziehungen des Patriarchen zu Friedrich um so eher begreiflich, wenn er zur Befestigung seiner Herrschaft im wesentlichen dasselbe Verfahren einschlug, das er den Kaiser zu dem gleichen Zwecke in Italien anwenden sah. Er würde alsdann, zu Anfang den Fortschritten des deutschen Landesfürstentums nacheifernd, sich späterhin die italienischen Verwaltungsgrundsätze Friedrichs II. zu Nutzen gemacht haben.

Wie dem aber auch sei, feststeht, daß die neue Machtstellung des Patriarchen in Istrien auf dem Rückhalt beruhte, den ihm der Kaiser darbot. Da ist es denn überraschend, daß Berthold gegen das Ende seines Lebens hin sich von Friedrich abwandte. Seit Beginn der vierziger Jahre finden wir ihn mit der Kurie wieder in regerem Verkehr[2]). Aber noch 1245 ist er mit dem Kaiser in gutem Einvernehmen. Bei dem Heiratsprojekt Friedrichs mit der Babenbergerin Gertrud hatte er wohl die Hand im Spiel. Auch auf dem Konzil zu Lyon sprach er sich lebhaft zu Friedrichs Gunsten aus. Die Flugschrift eines Ungenannten polemisiert u. a. gegen den Patriarchen[3]). Noch 1246 urkundet der Kaiser für den Patriarchen zu Melfi[4]). Die Absetzung Friedrichs kann es also nicht gewesen sein, was den Bruch herbeiführte. Dagegen trifft Bertholds Abfall mit einem andern Ereignis zusammen, das den Patriarchen nahe berührte. Als der Wittelsbacher Herzog 1246 zu den Staufern überging, gab sein Gegner Otto, der letzte Herzog aus dem Lande Andechs, ein Neffe des Patriarchen, die Sache des Kaisers

---

[1]) In Betreff des Generalvikars vgl. Ficker, Forschungen Bd. 2, 519 ff. § 413 zu vergleichen mit Bd. 2, 177 ff. § 202; über die Kapitane Bd. 2, 523 ff. § 414.

[2]) Vgl. B.-F.-W. nr. 7280, 7343, 7417, 7490, 7500.

[3]) Vgl. B.-F. nr. 3463 a, 7549, 7550. Über die Flugschriften zum Lyoner Konzil vgl. Foltz, Kaiser Friedrich II. und Papst Innocenz IV. (1905); Hampe in der Besprechung des Buches von Foltz, Histor. Zeitschrift (1908) Bd. 101, 371 ff. und Histor. Vierteljahrschrift (1908) S. 297 ff.; Holder-Egger im Neuen Archiv (1909) Bd. 34, 248; F. Graefe, Die Publizistik in der letzten Epoche Kaiser Friedrichs II. (1909) S. 96 ff.

[4]) B.-F. nr. 3571, vgl. Leicht, I diplomi imperiali concessi ai patriarchi d'Aquileia (1895) S. 56 nr. 81, 82.

auf und warf sich der Kirche in die Arme. Den Abtrünnigen brandmarkte Friedrich als Hochverräter[1]). Sollte Bertholds Abfall durch diesen Parteiwechsel irgendwie veranlaßt sein, so würden die dynastischen Gegensätze im Südosten des Reichs schon damals auf den Patriarchenstaat zurückgewirkt haben. Jedenfalls tritt Berthold im Mai 1249 mit der Erklärung hervor, er wolle sich offen und mit aller seiner Macht zum Dienste der heiligen Mutter Kirche erheben. Er suchte Anlehnung in umfassenden Bündnissen[2]), und als Friedrich, der die Untreue des Patriarchen beklagte, den Grafen Meinhard von Görz ermächtigte, die Güter der Kirche von Aquileja in Kärnten und Steiermark einzuziehen (Oktober 1249)[3]), sicherte sich Berthold durch ein Abkommen mit dem Herzog Ulrich von Kärnten (September 1250)[4]). Von da ab verstummen unsere Nachrichten. Binnen kurzem raffte der Tod erst Friedrich, dann auch Berthold hinweg. Kaum also war die neue Machtstellung des Patriarchen mühsam begründet, als auch schon die Konstellation sich auflöste, der sie entsprungen war.

Kapitel 7.

Patriarch Gregor von Montelongo und der wirtschaftliche Niedergang des Patriarchenstaats.

Die Wahl des neuen Patriarchen offenbarte sofort den Gegensatz der Interessen, die hier auf dem Spiele standen. Daß Mitglieder des deutschen Adels den Patriarchenstuhl inne hatten, war gewissermaßen Herkommen. Überdies hatten die beiden letzten Patriarchen Wolfger und Berthold sich als Vorkämpfer des Reiches in Italien einen Namen gemacht. Es war das nur ein Ausdruck für die Tatsache, daß der Patriarchenstaat politisch noch zur deutschen Machtsphäre gehörte. Für immer war es nun zu Ende damit. Jetzt zum ersten Mal seit Jahrhunderten besteigt ein Italiener den Patriarchenstuhl, noch dazu Gregor von Montelongo, ein Neffe Gregors IX.,

[1]) Vgl. von Oefele, Grafen von Andechs S. 103; Riezler, Geschichte Baierns Bd. 2, 84; danach G. Herlitz, Geschichte der Herzöge von Meran aus dem Hause Andechs, Diss. Halle (1909) S. 82f.

[2]) Urk. von 1249 Mai 11, B.-F.-W. nr. 13712: 'cupiens in servitium sancte matris ecclesie potenter et patenter assurgere, quatenus se vires sue extendunt', Bündnis mit dem Markgrafen von Este, dem Grafen von S. Bonifacio und den Städten Brescia, Mantua und Ferrara; vgl. auch B.-F.-W. nr. 13709.

[3]) Urk. von 1249 Okt., B.-F. nr. 3792.

[4]) Urk. von 1250 Sept., B.-F.-W. Nachträge nr. 15083. Anfang 1251 kam zwischen Patriarch Berthold und Graf Meinhard von Görz ein schiedsrichterlicher Vergleich zustande, Urk. von 1251 Jan. 8 bei Joppi, Archeografo Triestino N. S. Bd. 12, 6 nr. 25.

der als Legat der Kurie in Oberitalien den leidenschaftlichen Widerstand gegen Friedrich entflammt und geschürt hatte[1]). Schon die Wahl dieses Mannes war ein Programm. In dem Augenblick, da das Kaisertum vom Schauplatze abtrat, streckte das Papsttum die Hand nach dem Patriarchenstaate aus, um ihn der deutschen Machtsphäre zu entreißen.

Der Erbe der Krone zögerte nicht lange mit der Antwort darauf; er sagte sich los von dem Patriarchenstaat. Am 23. Mai 1251 war Berthold gestorben. Am 29. November bestätigte Innocenz IV. die Wahl Gregors von Montelongo zu Perugia[2]). Noch aber war der neue Patriarch nicht in seinem Sprengel angelangt, als Konrad IV. am 14. Dezember, bevor er von Istrien aus die Überfahrt nach Apulien antrat, die Mark Istrien, die sein Vater dem Patriarchen Berthold verliehen, für dem Reiche heimgefallen erklärte. Er verbot, dem neuen Patriarchen Treue zu schwören. Auch die städtische Selbstverwaltung, die sein Vater dem Patriarchen zuliebe hatte unterdrücken helfen, stellte er wieder her. In besonderen Privilegien, die er den Gemeinden Capodistria und Parenzo erteilte, erlaubte er nicht bloß die freie Wahl eines reichstreuen Podestà, sondern überhaupt den vollen Genuß städtischer Freiheit. Es leuchtet ein, seine Absicht hierbei war, der kaum wieder erstarkten Macht des Patriarchen die Wurzeln abzugraben[3]).

Indes sein Einspruch verhallte wirkungslos, und in den wenigen Jahren, die ihm noch vergönnt waren, kam er nicht mehr dazu, in die Verhältnisse Istriens einzugreifen. Eine Reihe von Nachrichten bezeugt vielmehr, daß die Herrschaft des Patriarchen in Istrien, auch den Städten gegenüber, vorerst unerschüttert blieb. Sie bitten um Bestätigung ihrer Obrigkeiten. In Capodistria hält der Patriarch Gericht, ernennt den Gastalden. Pola verheißt ihm einen ehrenvollen Empfang. Ein ohne seine Zustimmung gewählter Podestà von Pirano wird kurzer Hand abgesetzt[4]). Zu fest war doch die landesherrliche Gewalt des Patriarchen in Istrien begründet, als daß sie durch einen bloßen Widerruf hätte umgestürzt werden können.

Es kommt hinzu, daß die allgemeine politische Lage in den fünfziger Jahren den Anhängern des Papsttums und insofern auch dem Pa-

---

[1]) Vgl. H. Frankfurth, Gregorius de Montelongo, ein Beitrag zur Geschichte Oberitaliens in den Jahren 1238—1269 (1898), dazu Hampes Besprechung in der Histor. Vierteljahrschrift (1899) S. 404 ff., der mit Recht die Ungenauigkeit der Arbeit gerade auch in Betreff der Tätigkeit Gregors als Patriarchen von Aquileja tadelt.

[2]) B.-F.-W. nr. 8428, vgl. daselbst auch über den möglicherweise in der Datierung steckenden Fehler.

[3]) Über Konrads IV. Aufenthalt in Istrien siehe G. Zeller, König Konrad IV. in Italien (1907) S. 35 ff., Aberkennung der Mark B.-F. nr. 4567; Privileg für Capodistria nr. 4568, für Parenzo nr. 4569.

[4]) Bestätigung der Obrigkeiten s. oben S. 150 n. 4; Empfang in Pola, Thesaurus ed. Bianchi S. 228 nr. 545, vgl. S. 230 nr. 565 zu 1252; Capodistria, Thesaurus S. 231 nr. 567, 569 zu 1253; Pirano, Thesaurus S. 230 f. nr. 562, 568 zu 1252, S. 226 nr. 529 zu 1253.

triarchen vorwiegend günstig war. Er hatte Muße, seinen kriegerischen Neigungen nachzugehen. In Oberitalien focht er wie früher gegen die Feinde der Kirche. Vor allem beteiligte er sich an dem allgemeinen Kreuzzug gegen Ezzelin von Romano, aus dessen Hinterlassenschaft er der Kirche von Aquileja entfremdetes Gut zurückgewann[1]). Im ganzen behauptete er einstweilen seinen territorialen Besitzstand.

Und doch hatte der Patriarchenstaat seine eigentliche Machthöhe bereits hinter sich. Zunächst auf wirtschaftlichem Gebiete wird der Niedergang sichtbar. Es ist bekannt, wie die Handelspolitik Venedigs im dreizehnten Jahrhundert immer entschiedener darauf ausgeht, den gesamten Verkehr auf der Adria in Abhängigkeit von sich zu bringen[2]). Sie schonte auch des Patriarchen nicht; in seinen Verträgen mit Venedig prägt sich der Fortschritt dieser Entwicklung deutlich aus[3]).

Der älteste noch erhaltene vom Jahre 1200 war ein Gelegenheitsvertrag gewesen, als der Patriarch, vom Feinde bedrängt, die Hilfe Venedigs nachsuchte. Die Verpflichtung zur Heeresfolge, deren er sich damals weigerte, ist ihm nie wieder ernstlich zugemutet worden. Den Grundstock aller späteren Verträge bildet der von 1206, den Wolfger vereinbarte. Er verhieß den Venezianern im Lande des Patriarchen Schutz und Sicherheit, zumal gegen feindlichen Überfall[4]). Noch 1218 erneuerte ihn Berthold gleich nach seiner Wahl. Schon 1222 aber kam ein erweiterter Vertrag mit wichtigen Zusätzen zustande. Die Venezianer haben danach ihre besondere Gerichts-

---

[1]) Frankfurth S. 99 ff.; Stieve, Ezzelino von Romano (1909) S. 73 ff.

[2]) Vgl. Lenel, Entstehung S. 47 ff.

[3]) Mir kommt es im folgenden, wie ich ausdrücklich bemerken möchte, nur auf den Nachweis dieser Tendenz im ganzen, nicht auf eine eingehende Erläuterung der einzelnen Verträge an. Über die Handelsbeziehungen zwischen Venedig und Aquileja vgl. von Czörnig S. 445 n. 2 und von Zahn, Friaulische Studien, Archiv Bd. 57, 353 ff., neuerdings vor allem Schaube, Handelsgeschichte S. 688 ff., §§ 543 und 544. Die Unzuverlässigkeit der vorhandenen Drucke und Regesten hat es mit sich gebracht, daß Schaubes Darstellung eine Reihe von Irrtümern enthält. Das gilt gleich von dem ersten bei Schaube S. 688 besprochenen Vertrag von angeblich 1162. Schaube benutzt das Regest Minottos, Acta et Diplomata IV 1, 14, das seinerseits einer im St.-A. Venedig, Ducali ed atti diplomatici b. 5 c. 2 befindlichen Abschrift entnommen ist. Diese Abschrift, die weder ein Datum noch den Namen des vertragschließenden Dogen und Patriarchen aufweist, wird zwar auf dem Umschlag dem Jahr 1162 und dem Patriarchen Udalrich zugeschrieben, aber ohne allen Grund. Schon Monticolo hat, wie ich nachträglich sehe, in der Neuausgabe des Sanudo, Vite dei Dogi S. 257 n. 1 mit vollem Recht bemerkt, daß es sich vielmehr um eine [allerdings nicht ganz vollständige] Abschrift des Vertrags vom 23. Juni 1222 handelt. Auch den schon früher erörterten Vertrag des Patriarchen Peregrin von 1200 Juni bringt Minotto, Acta I 1, 13 irrig zu 1220, daher er von Schaube irrig dem Patriarchen Berthold zugesprochen wird. Das Verbot des Rechtsweistums von 1220 Dezember an die Venezianer, Zins und Treueid von Land und Leuten des Patriarchen zu fordern, wird von Schaube S. 690 im Anschluß an den falsch datierten Druck der Urkunde bei Kandler irrig zu 1236 angeführt. Endlich sind die Verträge von 1218 und von 1227 übersehen.

[4]) Über den Vertrag von 1200 s. S. 126 n. 3; über den Vertrag von 1206 s. S. 130 n. 1.

barkeit unter ihrem Vicedominus, dessen Befugnisse und Einkünfte bestimmt werden. Sie haben ferner im Austausch gegen die Einfuhr gewisser Lebensmittel (Salz, Zwiebeln und Knoblauch) das Recht zur Getreideausfuhr, wohin es ihnen beliebt. An Abgaben haben sie nur die übliche Maut, das Herbergsgeld und den Zins von ihren Besitzungen in Friaul zu entrichten. Die Rechtsstellung der Venezianer wird so, indem sie vertragsmäßig festgelegt wird, zugleich privilegiert[1]). Bald darauf verhängt Venedig gegen den Patriarchen eine Handelssperre; doch wird 1227 der Vertrag abermals bestätigt[2]). Dann hören wir erst 1248 wieder von einem neuen Vertrag. Heftige Streitigkeiten waren vorhergegangen, und es trifft sich besonders günstig, daß wir nicht bloß das Ergebnis der Verhandlungen, sondern auch die ursprünglichen Forderungen erfahren. Die rücksichtslos durchgreifende Handelspolitik, die Venedig inzwischen eingeschlagen hatte, macht sich hierbei in aller Schärfe fühlbar. Das Verlangen des Patriarchen, daß seine Untertanen wie früher zur See mit der Mark Ankona und mit der Romagna sollten verkehren dürfen, wird abgelehnt. Auch die Erlaubnis zur Anlegung von Salinen auf seinem eigenen Grund und Boden wird dem Patriarchen versagt, obwohl er die Hälfte des Ertrages an Venedig zu überlassen versprach. Seine Bitte sodann, man möge ihm in Gnaden freie Ausfuhr von Wein aus Istrien nach Aquileja verstatten, wird nur mit der Einschränkung bewilligt, daß er bloß seine eigene Kreszenz und die des Marienklosters von Aquileja und noch tausend Amphoren außerdem nach dem venezianischen Isola und von dort nach Aquileja verfrachte. In allen wichtigeren Punkten zog so der Patriarch den kürzeren; nur minder erhebliche Wünsche fanden Gehör. Dagegen wird den Venezianern die unbehinderte Ausfuhr von Getreide jeglicher Art, von Gemüsen und allen übrigen Waren aus Friaul zugesichert[3]). 1254 wiederholt sich die gleiche Erscheinung; der Patriarch muß neu errichtete Zölle in seinem eigenen Lande

[1]) Vertrag von 1218 Okt. 14, St.-A. Venedig, Ducali ed atti dipl. b. 7 a. 8, Druck bei Kandler, Cod.-dipl. Istr. An der Spitze der venezianischen Zeugen begegnet hier zum ersten Mal der venezianische 'vicedominus' in Aquileja. Vertrag von 1222 Juni 23, die octavo exeunte, Kandler zu Juni 22, Minotto, Acta I 1, 14 zu Juni 8, Bianchi, Archiv Bd. 21, 198 nr. 72 zu Juni 23, Schaube S. 688f. Bemerkenswert ist, daß Patriarch Berthold in denselben Tagen am 20. Juni 1222 auch einen Handelsvertrag mit Padua vereinbarte, der gegenseitige Mautfreiheit festsetzt, Bianchi, Archiv S. 197 nr. 71.

[2]) Verhängung der Handelssperre gegen Padua, Aquileja, Friaul und Triest 1226 April 4, Liber plegiorum nr. 371. Daß aber den Anlaß dazu, wie Schaube annimmt, die Ansprüche des Patriarchen auf Istrien geboten hätten, ist nicht ersichtlich. Vielmehr scheint die Handelssperre eine Folge vorangehender Repressalien gewesen zu sein. Erneuerung des Vertrags von 1222 im Jahre 1227 nach Kandler: 2 die maii, nach Ducali ed atti dipl. b. 7 a. 7.: 2 id. madii, also am 14. Mai.

[3]) Vertrag von 1248 Sept. 14 bei Kandler, Regest bei Minotto I 1, 22, dazu die Verordnung des großen Rats von 1248 Nov. 12 bei Kandler, Regest bei Minotto I 1, 135, vgl. Schaube S. 690 f.

auf den Einspruch Venedigs hin alsbald beseitigen.[1]) So unabwendbar sicherlich diese Entwicklung war, es ist doch bemerkenswert, daß sie zeitlich genau mit der Abkehr des Patriarchen vom Kaisertum zusammenfällt, als ob sein guter Stern seitdem anfange zu erbleichen.

Um so bedenklicher war die finanzielle Misère, die nicht wieder abzuwälzende Verschuldung des Patriarchenstaats. Schon Wolfger hält dem Papste einmal die große Schuldenlast vor, von der die Kirche von Aquileja bedrückt werde. Und so hat auch Berthold noch ganz zuletzt für den Kampf gegen die Feinde der Kirche schwere Schulden zu Wucherzinsen aufnehmen müssen[2]). Die Patriarchen fanden ihre Geldgeber überall, in Piacenza, Treviso, Bologna, Siena und Venedig[3]). Zumal unter Gregor von Montelongo häufen sich die Nachrichten dieser Art. Um seine Gläubiger zu befriedigen, verpachtete er seine Einkünfte, so z. B. das Recht der Münzprägung, die Alpenzölle von Tolmezzo und Chiusaforte, die Hafenzölle von Friaul und die Erträge seiner Weinberge in Istrien, auf ein Jahr oder auch für längere Zeit. An sich wird man daraus noch nicht auf eine übermäßige Verschuldung schließen dürfen, da das System der Verpachtung der Einkünfte gegen Barvorschuß allgemein üblich war. Aber auch die Kleinodien des Patriarchen waren verpfändet und noch wenige Tage vor seinem Tode mußten sie abermals verpfändet werden, um nur die Kosten der Beerdigung und der Vermächtnisse zu bestreiten[4]). Und daß die Ver-

---

[1]) Vertrag von 1254 die veneris sept. ex. April. = 24. April, Kandler zum 23. April, Minotto I 1, 23 zum 7. April, Bianchi, Archiv S. 390 nr. 193 zum 14. April; dazu die Urkunde von 1254 Juni bei Kandler, Minotto I 1, 24, Bianchi S. 392 nr. 194, und die Urkunde von 1255 die sabbati 14 ex. April. = 17. April, Kandler zum 16. April, Minotto I 1, 24 zum 14. April, Bianchi S. 394 nr. 203 zum 17. April.

[2]) Klagen Wolfgers, Innocenz III. 1215 Sept. 9, B.-F.-W. nr. 6177. Verschuldung unter Berthold, Innocenz IV. 1250 Aug. 25, B.-F.-W. nr. 8236: 'patriarcha maximos et inevitabiles sumptus incurrit, propter quod, cum ecclesie sue non suppetant facultates, magna et gravia debita de necessitate contraxit, a quorum onere sic deprimitur Aquilegensis ecclesia, sicut fertur, quod eius proventus vix ad solutionem sufficiunt superexcrescentium usurarum', vgl. auch die Urkunde Bertholds von 1250 Bianchi, Archiv Bd. 21, 384 nr. 173.

[3]) Gläubiger in Piacenza 1196 April, Kehr, Papsturkunden in Venetien und Friaul, Nachrichten (1899) S. 280 nr. 22; in Treviso 1228 Juni, Bianchi, Archiv Bd. 21, 203 nr. 94; societas civium Senensium et Bononiensium 1231 Januar, Bianchi, Archiv Bd. 21, 207 nr. 107. Schulden des Patriarchen Berthold und seines Bruders bei den Gebrüdern Grimani in Venedig 1228—29, Liber plegiorum nr. 696, 717, 718.

[4]) Verschuldung unter Gregor, z. B. B.-F.-W. 13889, 13890. Verpachtung der Zölle bereits unter Berthold 1250 Januar; dann unter Gregor 1253 Juni und Juli, vgl. Schaube S. 446. Verpachtung des Rechts der Münzprägung auf zwei Jahre 1255 Mai, Bianchi, Archiv Bd. 21, 395 nr. 206; 'Verkauf' der alten und neuen Muta Clusae auf zwei Jahre 1255 März, Bianchi, Archiv Bd. 21, 394 nr. 200, über die Maut von Chiusa und Tolmezzo vgl. auch zu 1267 Sept., Bianchi, Archiv Bd. 22, 379 ff. nr. 328, 332, 333; mit dieser Pachtung war das 'ius pegulae' (Pechsammelrecht) verbunden, vgl. hierzu und über die Mauten überhaupt von Zahn, Friaulische Studien, Archiv Bd. 57, 369 ff.; Hafenzölle in Friaul, Martin da Canale, Archivio storico Italiano (1845) Bd. 8 cp. CCCIV S. 654 f.; Erträge der Weinberge 1268 Dez. und 1271 März, Bianchi,

schuldung des Patriarchen auch politische Konsequenzen hatte, zeigte sich bei der allgemeinen Teuerung des Jahres 1268, als Padua, Treviso, Ferrara die Ausfuhr von Lebensmitteln sperrten. Nur in Friaul blieb sie ungehindert, weil, wie uns Martin da Canale erzählt, gewisse Venezianer, die er mit Namen nennt, und die uns meist auch urkundlich als Gläubiger des Patriarchen bekannt sind, mit ihrem Gelde alle Häfen und Zölle des Patriarchen in Friaul erkauft hatten[1]).

Man sieht, die wirtschaftliche Bewegungsfreiheit des Patriarchen war bereits dahin, noch ehe sein territorialer Besitzstand angetastet wurde.

Kapitel 8.

Verfall des territorialen Besitzstandes in Krain und Istrien.

Auch dieser begann nun seit den sechziger Jahren abzusplittern. Der Grund ist, daß der Patriarchenstaat seinen verschiedenen Widersachern nicht mehr gewachsen war, seitdem weder das Kaisertum noch die politische Konjunktur ihn unterstützte. Die Gefahr kam nahezu gleichzeitig von zwei Seiten her, von Krain und von Istrien, so daß an die Beziehungen zu diesen beiden Landschaften, wie einst der Wiederaufschwung, so jetzt der Verfall des Patriarchenstaates anknüpft.

In Krain war es die Ausbildung einer einheitlichen Landesherrschaft durch das im Lande ansässige Laienfürstentum, was den Patriarchen zum Zurückweichen nötigte[2]). Seit den zwanziger Jahren hatten nacheinander

Archiv Bd. 22, 378 nr. 323 und 389 nr. 359; Verpfändung der Kleinodien 1269 Sept., Bianchi, Archiv Bd. 22, 380 nr. 328.

[1]) Ausfuhr 1268, vgl. Martin da Canale S. 654: 'Mes ciaus de Frieul ne firent pas ensi com firent Pavens et Trevisans et Ferares; anceis tindrent lors pors overs, et donerent de la vitaille que il avoient en lor viles et en lor chastiaus as Veneciens. Que il estoient a celui tens mult bien des Veneciens; que Mesire Nicolau Michel (que l'en apele Fesique), et Mesire Marin Jorian, et Mesire Estiene Coupe, et Mesire Marin son frere et Mesire Johan de Exul, li gendre de Mesire Marin Jorian, les tenoient bien de Venise; que il avoient achete par lor mehailles d'ariant trestos les pors de Frieul et tos les paages'. Marino Zorzano, Marino und Stefano Coppo kommen auch in gleichzeitigen Urkunden als Gläubiger des Patriarchen vor, ferner ein Morosini und das Haus Giustiniani. — Auch die Einkünfte des Hafens von Latisana waren durch den Grafen Meinhard von Görz 1253 auf vier Jahre an Venezianer verkauft, Joppi, Archeografo Triestino N. S. Bd. 12, 15 ff. nr. 26.

[2]) Die Entwicklung in Krain deute ich nur insoweit an, als dies in dem uns hier beschäftigenden Zusammenhang unbedingt notwendig ist. Ich darf mich um so eher darauf beschränken, als diese Entwicklung, um nur die wichtigsten Arbeiten zu nennen, von Mell, Levec und Dopsch zur Genüge aufgehellt worden ist. Vgl. über die in Betracht kommende Literatur Dopsch, Die Kärnten-Krainer Frage, Archiv Bd. 87, 10 f.

erst die Andechs-Meranier, dann die Babenberger, zuletzt die Sponheimer unter der Bezeichnung 'dominus terre' oder 'dominus Carniole' sich den Titel eines Landesherrn beigelegt. Er rechtfertigte sich durch ihren ausgedehnten Besitz an Eigengut und Kirchenlehen, indem jedes nachfolgende Geschlecht als Erbe des vorangehenden dessen Besitzstand übernahm und durch Kauf oder Anmaßung von Kirchenlehen noch vergrößerte[1]). Diese Entwicklung kam zu einem gewissen Abschluß, als Ulrich II. aus dem Hause Sponheim, zugleich Herzog von Kärnten, mit dem Patriarchen Gregor von Montelongo im Jahre 1261 über langwierige Streitigkeiten um Kirchenlehen sich verständigte. Scheinbar gab der Herzog nach; denn er entsagte seinen Ansprüchen und trug sogar Schadenersatzes halber einen Teil seines Eigengutes dem Patriarchen zu Lehen auf. In Wahrheit verzichtete der Patriarch; denn der Herzog empfing nicht bloß diesen Teil seines Eigengutes, sondern auch Besitz der Kirche von Aquileja als Lehen zurück, und obendrein überließ ihm der Patriarch die gesamte 'iurisdictio marchie Carniole'. In demselben Jahre beginnt die fortlaufende Reihe der Landeshauptleute und Vizedome, d. h. der obersten landesherrlichen Beamten in Krain. Der Vertrag von 1261 gleicht mithin einem verdeckten Rückzug, den der Patriarch vor der neuen weltlichen Landesherrschaft antrat[2]).

Diese Ausbildung einer weltlichen Landesherrschaft war indes wiederum nur die Vorstufe für die Angliederung Krains an den großen weltlichen Territorialstaat, der hier im Südosten im Entstehen begriffen war. Das Problem eines solchen lag schon geraume Zeit in der Luft. Aber erst den Habsburgern glückte es in den achtziger Jahren, die Lösung zu finden. Nicht umsonst haben sie um die Erwerbung Krains sich von vornherein bemüht. Sie brauchten nur da fortzufahren, wo ihre Vorgänger begonnen hatten, mit der Ausbreitung ihres Besitzes auf Kosten des Patriarchen, und dies blieb denn auch ihre Politik bis zum Ende des Patriarchenstaats im fünfzehnten Jahrhundert[3]).

---

[1]) Daß die meistbegüterten Geschlechter nicht neben-, sondern nacheinander, den Titel eines Landesherrn von Krain angenommen haben, hat gegen Mell zuerst Levec, Die krainischen Landhandfesten, Mitteilungen des Instituts für österreich. Geschichtsforschung (1898) Bd. 19, 250f. und danach Dopsch, Archiv Bd. 87, 11 mit Recht ausgeführt.

[2]) Vertrag von 1261 Nov. 24, Schumi, Urkunden und Regestenbuch Bd. 2, 223ff. nr. 290; Urkunde von 1261 Nov. 30, von Zahn, Austro-Friulana, Fontes rer. Austriac. XL, 5ff. nr. 3, Schumi Bd. 2, 228ff. nr. 291. — Die wahre Bedeutung dieses Vertrags ist lange verkannt worden. Noch Lorenz, Deutsche Geschichte im 13. und 14. Jahrhundert (1863) Bd. 1, 281 und Huber, Geschichte Österreichs (1885) Bd. 1, 547 sahen darin einen Gebietszuwachs Aquilejas. Die zutreffende Erläuterung hat zuerst Mell S. 102ff. gegeben.

[3]) Eine nähere Beziehung Krains zu Österreich war vorübergehend schon durch die Babenberger angebahnt, als Friedrich II. zuerst 1232 auch den Titel 'dominus Carniole' sich beilegte. Als dann der Kaiser nach dem Sturze des Herzogs dessen Gebiet unter die unmittelbare Verwaltung des Reiches nahm, da ergehen bezeichnenderweise des Kaisers Befehle an

In anderer Hinsicht kompliziert waren die Gegensätze in Istrien[1]). Die Patriarchen hatten dort im dreizehnten Jahrhundert die landesherrliche Gewalt, auch den Städten gegenüber, wiederhergestellt, und Gregor von Montelongo übte sie weiter aus, obwohl Konrad IV. die Mark Istrien dem Patriarchen abgesprochen und den Städten ihre Selbständigkeit zurückgegeben hatte.

Daneben bestand schon seit der Mitte des zwölften Jahrhunderts das Schutz- und Treuverhältnis der wichtigeren Küstenstädte zu Venedig, das in der Hauptsache auf die auswärtigen Beziehungen dieser Orte sich beschränkte. Die Patriarchen hatten es bereits vorgefunden, als ihnen im dreizehnten Jahrhundert die Mark verliehen wurde. Sehr begreiflich, daß es ihnen bei ihren landesherrlichen Bestrebungen im Wege war. Das auf Ersuchen Bertholds 1220 erlassene Rechtsweistum hatte eben deshalb den Venezianern Zins und Treueid von Land und Leuten des Patriarchen zu fordern untersagt. Und anstößig war daher auch der seit den zwanziger

---

alle 'per ducatus Austrie et Styrie nec non per marchiam Carniole' eingesetzten Beamten, B.-F. nr. 2223. Als hierauf 1245 der Plan einer Heirat des Kaisers mit der Babenbergerin Gertrud auftaucht, ist sogar von einer unmittelbaren staatsrechtlichen Verbindung Krains mit Österreich und Steier die Rede. Die Herzogtümer Österreich und Steier sollen zum Namen und zur Würde eines Königreichs, der Herzog selbst zum König erhoben werden, und aus dem Land Krain, 'de provincia Carniole', soll er ein Herzogtum machen dürfen, das unmittelbar ihm und durch ihn dem Reich untertan sein soll, und zwar ist zum Herzog von Krain Anselin, ein Cognatus des Babenbergers, ausersehen, B.-F. nr. 3484 „nach dem echten auf Grundlage der Verhandlungen zu Verona entstandenen Entwurf", vgl. auch Mell S. 94. Dieser Anselin war nach J. von Zahn in der mir nicht zugänglichen Litterar. Beilage der Wiener Montagsrevue (1881) nr. 46 ein natürlicher Sohn des Patriarchen Berthold von Aquileia. Von hier aus würde, wenn anders diese Angabe zutrifft, auch auf den Anteil des Patriarchen an dem Heiratsprojekt neues Licht fallen. Nach dem Aussterben der Babenberger tritt dann durch den Übergang Krains an das Kärntner Herzogsgeschlecht der Sponheimer die Kärnten-Krainer Frage in den Vordergrund. Die mannigfachen Abwandlungen dieser Frage zu verfolgen, ist hier nicht meine Absicht, obwohl sie durch das Eingreifen erst Ottokars von Böhmen und danach Meinhards von Tirol (Görz) auch den Patriarchenstaat stark in Mitleidenschaft gezogen hat; vgl. darüber vor allem die schon mehr erwähnte scharfsinnige Untersuchung von Dopsch, Archiv Bd. 87, 1—111 und die übersichtliche Zusammenfassung bei Redlich, Rudolf von Habsburg (1903) Kap. 5: Die Lösung der österreichischen Frage S. 334 ff. — Entscheidend ist, daß Rudolf trotz der entgegenstehenden Bestrebungen Meinhards den Anschluß Krains an den Territorialstaat der Habsburger von Anfang an ins Auge gefaßt und durchgesetzt hat. Ich verkenne dabei keineswegs, daß das Haus der Görzer Grafen, auch nachdem Meinhards umfassende Bestrebungen gescheitert waren, noch längere Zeit, namentlich zu Anfang des vierzehnten Jahrhunderts, ein gefährlicher Gegner des Patriarchenstaates blieb. Allein, wenn man den Verlauf im ganzen betrachtet, so ist doch nach der Ausbildung einer weltlichen Landesherrschaft der Anfall Krains an den Territorialstaat der Habsburger der beherrschende Ausgangspunkt der weiteren Entwicklung gewesen.

[1]) Eine zusammenfassende Darstellung der Geschichte Istriens in dieser Zeit bei Carlo De Franceschi, L'Istria, Note storiche (1879) S. 126 ff., leider unkritisch und voller Irrtümer, die ich hier nicht im einzelnen berichtige, da ich das Buch nur ganz kurze Zeit habe benutzen können.

Jahren aufkommende Brauch, Venezianer an die Spitze der städtischen Selbstverwaltung zu berufen. Es geschah offenbar, um diesen Brauch zu hintertreiben, wenn Capodistria nach dem Vertrag von 1238 nur einen aus Friaul oder Istrien gebürtigen Untertan des Patriarchen als Kandidaten für das Amt eines Rektors sollte vorschlagen dürfen, und wenn dann auch durch den Schiedsspruch von 1239 die Präsentation eines auswärtigen Kandidaten wieder erlaubt wurde, die ausdrückliche Zustimmung des Patriarchen blieb gleichwohl Erfordernis.

Des ungeachtet nahm Venedig die ihm zustehenden Hoheitsrechte nach wie vor in Anspruch. Als Pola 1242 die schuldige Heeresfolge weigerte, wurde es durch eine Belagerung zur Nachgiebigkeit gezwungen. Die gegen das Meer hin gelegenen Mauern wurden geschleift, in Venedig Geiseln interniert. Der Podestà des nächstfolgenden Jahres mußte ein Venezianer sein. Aber im übrigen blieb es bei den Bedingungen des früheren Vertrags. Das hergebrachte Schutz- und Treuverhältnis in ein Untertänigkeitsverhältnis zu verwandeln, lag Venedig zur Zeit noch fern[1]). Und so bezeichnet der Doge auch weiterhin die ihm durch Vertrag verpflichteten Städte als seine 'fideles'; auch zur Entrichtung von Beiträgen für die Ausrüstung der Flotte bietet er sie auf[2]).

Unter Gregor von Montelongo hatte sich dann ein eigentümliches Kompromiß herausgebildet. Die Städte schlagen ganz im Sinne des Schiedsspruchs von 1239 dem Patriarchen ihre Kandidaten vor, aber auch Venezianer, namentlich seitens der Küstenstädte, sind darunter, und der Patriarch trägt kein Bedenken, deren Wahl gutzuheißen, was bei seinen intimen Beziehungen zu Venedig nicht weiter auffallend ist[3]).

Das Ergebnis ist mithin, daß der Patriarch zwar die Städte unter-

---

[1]) Über Pola vgl. De Franceschi, Il comune Polese e la signoria dei Castropola, Atti Bd. 18, 201 ff., ferner das mir unzugängliche Buch von Cesca, Documenti sulle relazioni tra Pola e Venezia (1888), das Zeugenaussagen von 1318 über den Krieg von 1242 enthält. Der Vertrag von 1243 Januar 21, bestätigt Februar 4, bei Kandler, Notizie storiche di Pola (1876) S. 282—289, ein Bruchstück bei Kandler, Cod. dipl. Istr., ein Regest irrig zu 1243 Februar 1 bei Minotto, Acta I 1, 23. — Bemerkenswert ist, daß die Wahl eines Venezianers zum Podestà nur 'pro anno futuro' gefordert wird. Der Wiederaufbau der Befestigungen nach dem Meere zu darf nur nach eingeholter Erlaubnis Venedigs erfolgen.

[2]) Urkunde von 1254 Sept., der Doge Rainer Zeno vermittelt Frieden zwischen 'comune' und 'homines' von Capodistria und Triest, seinen 'fideles', 'cupiens quod sub sua protectione ad honorem sue dominationis statu pacifico gaudeant', Minotto, Atti Bd. 9, 68; 1268 Januar, Beschluß über Einziehung von Beiträgen der Städte Pirano, Triest, Capodistria, Muggia, Rovigno, Cittanuova, Minotto, Atti Bd. 9, 77.

[3]) Venezianer als Podestàs, z. B. Capodistria 1256, Thesaurus ed. Bianchi S. 232 nr. 572, vollständig Atti diplom. restituiti dall' Austria St.-A. Venedig nr. 155¹/₂, und 1264, Minotto, Acta I 1, 27; Pirano 1264, Kandler; Parenzo 1265, Kandler. Weshalb der Patriarch dem Comune Muggia 1262 die Entsendung von Bewaffneten zur Unterstützung der Venezianer verbot, ist unbekannt, Thesaurus ed. Bianchi S. 233 nr. 579.

warf, die Rechtsstellung Venedigs indes nicht beseitigen konnte. Zwei Rechtskreise greifen so gewissermaßen ineinander. Die Landeshoheit des Patriarchen schließt das Schutz- und Treuverhältnis zu Venedig nicht aus. Ja es ist ein Machtzuwachs Venedigs zu bemerken, insofern es durch die Wahl von Venezianern zum Amte des Podestà auch auf die innere Verwaltung Einfluß gewinnt, den der Patriarch, nachdem er ihn anfangs hatte verhindern wollen, später wohl oder übel legitimiert.

Die Fortdauer dieses Zustandes hing daran, ob der Patriarch stark genug blieb, den Städten gegenüber seine Autorität zu wahren. Da kam es, eben in den sechziger Jahren, zu langwierigen Streitigkeiten.

Schon wie eine Vorbereitung auf nahende Zerwürfnisse sieht es aus, daß der Patriarch das Kastell von S. Giorgio im Nordwesten Istriens, wo hernach der Herd der Unruhen war, durch Auskauf der übrigen Berechtigten ganz und gar in seine Hand brachte[1]. 1266 sodann verbündet er sich mit dem Grafen Albert von Görz gegen Montona, das ihm schon 1264 aufsässig gewesen zu sein scheint. Der Vertrag ging auf Teilung der Beute[2]. 1267 ist er mit Capodistria in Fehde, das kurz zuvor Parenzo mit Unterwerfung bedroht hatte. Wieder ruft er Anfang Juli den Grafen Albert zu Hilfe; auch hier soll die Beute gemeinsam sein, während die Hoheitsrechte über die Stadt dem Patriarchen zustehen. Es war gleichsam eine Einigung des landesherrlichen und feudalen gegen das städtische Element, wie wenn der Patriarch allein sich schon nicht mehr getraut hätte, des Widerstandes Herr zu werden[3]. Unversehens aber durchkreuzte Capodistria den Plan des Patriarchen. Noch war der alte Unabhängigkeitssinn in der Stadt lebendig. Die kleinen Nachbarorte Pirano und Isola riß es mit sich fort[4]. Vor allem wußte es den Grafen von Görz dem Patriarchen abspenstig zu machen und zu einem Bündnis gegen den Patriarchen zu gewinnen. Lange Jahre hindurch hat dies Bündnis Bestand gehabt, und obgleich ihm kein wirklicher Erfolg beschieden war, ist es der Herrschaft des Patriarchen in Istrien zum Verhängnis geworden.

---

[1] Erwerb von S. Giorgio 1260, Thesaurus ed. Bianchi S. 189 nr. 399, S. 223 nr. 512, 513, ausführlicher Bianchi, Archiv Bd. 21, 403 nr. 258 und 405 nr. 265.

[2] Montona, noch 1263 dem Patriarchen gehorsam, vgl. Thesaurus S. 233 nr. 582, scheint 1264 unbotmäßig, da Monfiorito von Pola, als er sich im Juli 1264, vgl. Kandler, Notizie S. 290 f. und Minotto, Atti Bd. 9, 74 f., dem Patriarchen unterwirft, versprechen muß, von Montona abzuziehen und den Bewohnern der Stadt weder Rat noch Hilfe zu gewähren. Bündnis des Patriarchen mit Graf Albert von Görz gegen Montona 1266 Febr. 14, Archeografo Triestino N. S. Bd. 21, 39 nr. 38.

[3] Bündnis Aquileja-Görz, zwei Urkunden von 1267 Juli 3, Chmel, Diplomatarium miscellum, Fontes rer. Austriac., Diplomata et acta (1849) Bd. 1 S. 84 nr. 78, danach Kandler, Cod. dipl. Istr. = Bianchi, Archiv Bd. 22, 374 nr. 307, ferner Chmel S. 86 nr. 78b = Bianchi Bd. 21, 414 nr. 299 irrig zu 1266, vgl. Lorenz Bd. 1, 283 n. 2.

[4] In Betreff der Beteiligung von Pirano und Isola s. die Urkunde von 1274 Aug. 19 bei Kandler, Cod. dipl. Istr., Bianchi, Archiv Bd. 22, 398 nr. 374.

Wir übergehen die Wechselfälle des sich nun entspinnenden Kampfes[1]). Als Gregor von Montelongo 1269 starb, gerieten die Verbündeten bei den Streitigkeiten, die sich an die Nachfolge des Patriarchen knüpften, sehr bald ins Hintertreffen, und als dann 1273 nach langer Sedisvakanz Raimund della Torre den Patriarchenstuhl bestieg, wurde auch mit dem neuen Patriarchen trotz mehrfacher Unterhandlungen keine dauernde Verständigung erzielt. Eine nicht beabsichtigte Wirkung freilich hatten diese unaufhörlichen Wirren. Indem sie die landesherrliche Gewalt des Patriarchen lähmten, riefen sie bei den schwächeren Gemeinden das Bedürfnis nach Anlehnung an eine stärkere Macht hervor. Als solche aber kam nur Venedig in Betracht. Zuerst unterwarf sich, von Capodistria bedrängt, 1267 Parenzo. 1269 folgte Umago, 1270 Cittanuova, 1271 S. Lorenzo. Es sind, wie man sieht, lauter Küstenstädte des Nordwestens im Machtbereich Capodistrias. Allmählich greift die Bewegung auch ins Innere über; 1276 unterwirft sich Montona, empört sich indes nochmals, um sich dann 1278 endgiltig zu unterwerfen[2]).

Übertragen aber wird die Herrschaft in der Form der Signorie, die sich im dreizehnten Jahrhundert in Italien ausgebildet hatte[3]). Auch in Istrien war sie nicht unbekannt. Sie begegnet hier bereits zu Ende der fünfziger Jahre. 1259 wird Beachin von Momiano mit seinen Erben in Cittanuova zum Podestà in perpetuum ernannt, dankt jedoch 1261 auf inständiges Bitten des Bischofs wieder ab, weil er seine Stellung widerrecht-

[1]) Vgl. hierzu die freilich fehlerhafte Schilderung bei Frankfurth S. 107 f., auch Lorenz Bd. 1, 284 f. Eine Erörterung der Einzelheiten würde hier viel zu weit führen, um so mehr, als der spätere Verlauf aufs engste mit der Entwicklung der Kärnten-Krainer Frage zusammenhängt. Wohl aber kommt es für die Gestaltung der Verhältnisse in Istrien auf den Nachweis an, daß das Bündnis Görz-Capodistria durch alle Wechselfälle bestehen blieb. Die wichtigsten Belege dafür sind folgende: Dandolo, Muratori SS. XII, 375 C; Urk. von 1267 Aug. 25, Chmel S. 87 nr. 79; Urk. von 1268 Aug. 13, Kandler, Cod. dipl. Istr.; Urk. von 1269 Sept. 24, Bianchi, Archiv Bd. 22, 382 nr. 335; Urk. von 1271 April 2, Archeografo Triestino N. S. Bd. 12, 43 nr. 40; Urk. von 1274 Aug. 14, Kandler, Cod. dipl. Istr., Bianchi, Archiv Bd. 22, 398 ff. nr. 374; Urk. von 1275 Febr. 25, Kandler, Cod. dipl. Istr.; Annales Foroiulienses, MG. SS. XIX, 199.

[2]) Unterwerfung istrischer Städte: Parenzo 1267 6 ex. Julio, vgl. Kandler, Cod. dipl. Istr., unter 1278 März 21 mit dem falschen Datum 1263, Dandolo, Muratori XII, 375 BC und Note d mit 5 ex. Julio; Umago, Kandler zu 1269 Dez. 12, Dandolo Sp. 379 C; Cittanuova nach Minotto, Atti Bd. 9, 78, 1270 März 9, nach Dandolo Sp. 379 D und Note d März 25; S. Lorenzo nach Minotto, Acta I 1, 188, 1271 Nov. 10, nach Dandolo Sp. 382 A und Note a Nov. 25; Montona nach Minotto I 1, 140, 1276 März 11, nach Dandolo Sp. 391 D und Note b 11 ex. Majo. In demselben Jahr 1276 ergibt sich Montona dem Patriarchen Raimund, Thesaurus ed. Bianchi S. 229 nr. 557; abermalige Unterwerfung unter Venedig 1278 nach Minotto I 1, 141 März 10, nach Kandler 10 ex. Martio, nach Dandolo Sp. 395 B und Note a März 26.

[3]) Vgl. Salzer, Über die Anfänge der Signorie in Oberitalien, Hist. Studien, veröffentlicht von E. Ebering, Heft XIV (1900).

lich erworben[1]). Es ist der normale Fall, daß die städtischen Hoheitsrechte auf einen einzelnen Gewalthaber übergehen. Die Überweisung an Venedig hingegen erfolgt zu Händen des Dogen und des Comune, so daß hier also der venezianische Staat Träger der Hoheitsrechte wird[2]). Das bloße Schutz- und Treuverhältnis von früher hört damit auf, es verwandelt sich jetzt in ein Untertänigkeitsverhältnis. Aus den ehemaligen 'fideles' werden, wie der technische Ausdruck lautet, 'subiecti', ein Unterschied, den Dandolo in seiner Erzählung dieser Ereignisse nachdrücklich hervorhebt[3]). Venedig gewinnt damit, was es bisher nicht besessen, die unbedingte Verfügung auch über die innere Verwaltung; vor allem das Recht, die städtischen Behörden zu ernennen, steht ihm fortan zu.

Die Konkurrenz des Patriarchen und Venedigs in Istrien endete also damit, daß, als die Herrschaft des Patriarchen in Istrien versagte, Venedig in den ausschließlichen Besitz der städtischen Hoheitsrechte gelangt. Daß dies in der Form der Signorie geschah, beleuchtet wiederum den Zusammenhang, den die Entwicklung der istrischen und der italienischen Stadtverfassung aufweist.

Für Venedig selber war es ein Schritt vorwärts in der Ausgestaltung seiner Vorherrschaft an der Adria: es ging damit fast unmerklich über zu territorialer Expansion. Zunächst freilich tat es diesen Schritt weniger aus eigenem Antrieb als unter dem Zwang der Umstände. Die Unterwerfung wurde in jedem einzelnen Falle nur unter Vorbehalt der Rechte des Patriarchen angenommen[4]). Änderte das auch nichts an der Rechtskraft der Unterwerfung, so war es doch später eine bequeme Rechtfertigung dem Patriarchen gegenüber. Noch greift Venedig nicht von sich aus ein, es sei

---

[1]) Über Cittanuova vgl. Minotto, Acta I 1, 26 zu 1259 August 2 und 1261 Jan. 2. Bei der Unterwerfung Cittanuovas 1270 sollen die Momiano über ihre Ansprüche gehört werden.

[2]) Die Unterwerfung der istrischen Städte unter Venedig steht übrigens nicht allein. 1275 erfolgt in gleicher Weise die Cervias, vgl. Martin da Canale S. 684, danach Dandolo Sp. 389 B, vgl. Hessel, Geschichte der Stadt Bologna von 1116—1280, Hist. Studien, veröffentlicht von E. Ebering, Heft LXXVI (1910) S. 510.

[3]) 'Terrae subiectae domino duci et comuni Veneciarum' ist der staatsrechtliche Terminus dafür. Dandolo unterscheidet deutlich drei Stadien. Capodistria ist ihm im neunten Jahrhundert: 'urbs foederata et censualis', Sp. 202 AB. Bei der Begründung des Schutz- und Treuverhältnisses im zwölften Jahrhundert heißt es dann von den Bewohnern: 'qui antiquitus ducibus fuerant tributarii, nunc fideles effecti', Sp. 281 CD. Dies Schutz- und Treuverhältnis zieht der Doge auch noch zu Beginn des dreizehnten Jahrhunderts bei der Ergebung Triests einem Untertänigkeitsverhältnis vor: 'mallens eos fideles quam subiectos acquirere', Sp. 320 DE. Dagegen betont Dandolo bei dem Vorgehen der istrischen Städte seit den sechziger Jahren einerseits zwar die Freiwilligkeit, andrerseits aber auch die Untertänigkeit als Rechtsfolge der Unterwerfung: 'libere se submittunt', Sp. 375 D; 'se et sua libere duci tradunt', Sp. 379 C; 'duci subiecti totaliter efficiuntur', Sp. 379 D u. s. f. Vgl. hierzu O. Schiff, Studien zur Geschichte Papst Nikolaus' IV., Hist. Studien, veröffentlicht von E. Ebering, Heft V (1897) Kap. 3, Der Kampf um Istrien und die päpstliche Intervention S. 57 f.

[4]) So gleich bei der Unterwerfung Parenzos 1267: 'salvis rationibus domini patriarchae'.

denn, daß es einer noch nicht untertänigen Stadt wie Pirano die Wahl eines mißliebigen Podestà verbietet. In Pola sucht der Podestà, ein Venezianer, noch 1272 die Zustimmung des Kapitels in Aquileja zur Wahl seines Nachfolgers nach, so daß hier also der frühere Wahlmodus noch in Anwendung ist [1]). Nach und nach aber gibt Venedig seine anfängliche Zurückhaltung auf. Den Anlaß dazu bot, wie es scheint, die Wahl des neuen Patriarchen im Dezember 1273. Unmittelbar darauf nämlich, im Januar 1274, ergeht eine Verordnung, kein Venezianer dürfe als Podestà oder Rektor nach Friaul oder Istrien, mit Ausnahme der Städte, die ihre Beamten von Venedig empfingen. Für die anderen Orte ist ein Venezianer nur noch unter den Bedingungen zu haben, die für die Venedig untertänigen Städte gelten. Wer mithin einen Venezianer als Beamten will, kann das nur mehr um den Preis der Unterwerfung, nur eben, daß die Initiative dabei den Städten selber zugeschoben wird. Verordnungen ähnlicher Art gibt es in den nächsten Jahren noch mehrere. Ein Erlaß vom Juni 1276 z. B. verpflichtet die venezianischen Podestàs in Istrien zu gegenseitiger Hilfeleistung wider Gewalttaten solcher, die nicht 'fideles' des Dogen sind. Im März 1278 wird nach der abermaligen Unterwerfung Montonas dem dorthin entsandten Podestà der Auftrag erteilt, die Anlage von Befestigungen und andere zweckdienliche Maßregeln zu erwägen. Die Geneigtheit Venedigs zur Sicherung und Ausdehnung seiner Machtstellung in Istrien steht danach außer Zweifel [2]).

Noch einmal aber rief die hier drohende Gefahr die früheren Verbündeten, den Grafen von Görz und Capodistria, zu gemeinsamer Abwehr auf den Plan. In dem Glauben, Venedig sei anderwärts beschäftigt, erneuerten sie im Juli 1278 ihr Abkommen, das also diesmal seine Spitze nicht gegen den Patriarchen, sondern gegen Venedig kehrte [3]). Der Patriarch stand abseits. Daß er die Verbündeten nicht unterstützte, erleichterte Venedig die Abrechnung mit ihnen.

Während Capodistria mit seinen Schiffen die venezianischen Häfen schädigte, wagte der Graf von Görz einen freilich vergeblichen Handstreich auf Montona; doch glückte es ihm, S. Lorenzo zu erobern. Als aber Venedig zu Wasser und zu Lande den Kampf aufnahm, fiel zuerst nach tapferer Verteidigung Isola, und im Februar 1279 mußte auch Capodistria selber sich unterwerfen. Seine Mauern wurden geschleift und es trat jetzt in das gleiche Untertänigkeitsverhältnis zu Venedig, dem es die anderen Städte hatte ent-

---

[1]) Pirano Urk. von 1274 Nov. 11, Kandler, Cod. dipl. Istr.; Pola Urk. von 1272 Juli 8, Minotto, Atti Bd. 9, 78.

[2]) Ernennung des neuen Patriarchen Raimund della Torre 1273 Dez. 21, Ann. Forojulienses MG. SS. XIX, 199. Verordnung von 1274 Januar, Minotto, Acta I 1, 139; von 1276 Juni, ebenda I 1, 140; von 1278 März, ebenda I 1, 141.

[3]) Bündnis Görz-Capodistria: 'ad honorem et conservacionem Aquileiensis ecclesie et civitatis Justinopolis ac tocius provincie Foriiulii et Istrie', 1278 Juli 27, Minotto, Atti Bd. 9, 79.

reißen wollen, wieder unter Vorbehalt der Rechte des Patriarchen. Auch der Graf von Görz machte hierauf seinen Frieden mit Venedig und lieferte S. Lorenzo wieder aus[1]).

Damit hatten die Verbündeten ihre Rolle ausgespielt. Die Herrschaft des Patriarchen zu erschüttern, war ihnen gelungen. Als sie dann auch die Venedigs wieder zu beseitigen dachten, war es bereits zu spät. Der Widerstand, auf den Venedig stieß, hatte vielmehr zur Folge, daß es sein Machtgebiet straff und einheitlich zusammenfaßte. Als eine Gemeinschaft, so wird 1280 den istrischen Städten geschrieben, sollten sie sich fortan betrachten, die unter ihrem Eide verpflichtet sei, den Befehlen des Dogen zu gehorchen. 1281 sodann wird eine strenge Überwachung der von Venedig entsandten Beamten eingeführt. Es wird ihnen verboten, nach eigenem Ermessen Krieg anzufangen, ohne eine zuvor in Venedig eingeholte Erlaubnis. Sie sind verpflichtet, nach ihrer Rückkehr vor den zuständigen venezianischen Behörden über ihre Einnahmen und Ausgaben Rechenschaft abzulegen, und ihre Kämmerer müssen die Rechnungsbücher der einzelnen Gemeinden dem Dogen einreichen. Nicht minder streng sind die militärischen Vorschriften. Kein Nichtvenezianer, heißt es in dem Kapitular des Podestà von Montona, soll als Söldner verwendet werden; ein besonderer Dispens ist notwendig, wenn davon abgegangen wird, weil die Betreffenden als Handwerker unentbehrlich sind. Dem Podestà von Capodistria ist aller gastliche Verkehr mit Bürgern der Stadt, sei es im eigenen, sei es im fremden Hause untersagt. Von den beiden Ratsherren, die ihm beigegeben sind, hat einer allabendlich für die Schließung der Tore zu sorgen und die Schlüssel dem Podestà einzuhändigen usw. Es ist derselbe Geist argwöhnischer Kontrolle, der die venezianische Verwaltung allenthalben kennzeichnet[2]).

Auch das Herrschaftsgebiet Venedigs erweiterte sich in diesen Jahren. 1283 unterwarf sich Pirano, 1284 Rovigno[3]). Triest im Norden und Pola im Süden abgerechnet, waren jetzt fast alle wichtigeren Städte an der Westküste Istriens Venedig untertänig.

In eine Auseinandersetzung mit dem Patriarchen als dem eigentlichen Landesherrn Istriens war Venedig bisher nicht eingetreten. Sie hatte sich eine Weile vertagen lassen, da jede Unterwerfung unter Vorbehalt der

[1]) Über den Verlauf des Krieges vgl. Dandolo Sp. 395 C — 397 A; Unterwerfung Capodistrias 1279 Febr. 5, Minotto, Acta I 1, 142.

[2]) Verfügung von 1280 Sept. 10, Minotto, Acta I 1, 144: 'Littere mittantur, sicut videbitur domino duci et suis consiliariis, omnibus terris Ystrie que sunt et erunt sub dominio domini ducis, quod sint omnes in una societate ad observandum omnia, que dominus dux eis precipiet sub debito sacramenti'. Ferner die Erlasse von 1281 Febr. 14 und 26; 1283 Febr. 25, April 10; 1285 März 22 und 31, Minotto, Acta I 1, 144 ff.

[3]) Pirano 1282 Okt. 3, 1283 Januar 16, 26, 27, Minotto, Acta I 1, 33 und 1, 148, Kandler zu 1283 Januar 22 und 26; Rovigno 1283 Juni 14, Minotto, Acta I 1, 34.

Rechte des Patriarchen erfolgt war. Demgemäß ist in den ersten Verträgen, die Venedig 1275 und 1277 mit dem neuen Patriarchen abschloß, von Istrien mit keinem Wort die Rede. Vielmehr haben sie, wie die früheren Verträge, nur die Erledigung von Zollstreitigkeiten und die Sicherung ungehinderter Ausfuhr aus Friaul, d. h. aus dem Patriarchenstaat im engeren Sinne zum Gegenstand[1]). Als aber Venedig, nachdem es den Krieg mit den Verbündeten zu glücklichem Ende geführt, sich anschickte, seine Herrschaft in Istrien weiter auszubauen, konnte es nicht umhin, auch bei dem Patriarchen die istrische Frage anzuschneiden. Das entscheidende Aktenstück ist eine Instruktion des Dogen für die venezianischen Gesandten an den Patriarchen vom Oktober 1280. Danach ist zuerst die übliche Klage über Verletzungen der bestehenden Handelsverträge zu erheben. Alsdann aber wird die istrische Frage aufgerollt. Vielleicht lenkt der Patriarch oder Jemand aus seiner Umgebung das Gespräch darauf; andernfalls sollen es die Gesandten selber tun. Eine rechtswidrige Aneignung von Gerechtsamen und Besitzungen des Patriarchen in Istrien ist in Abrede zu stellen. Die Wahrheit sei, Venedig habe gewisse Gebiete Istriens auf inständige Bitten der Bewohner, die unter den fortwährenden Kämpfen schwer gelitten, in Schutz genommen, jedoch unter Vorbehalt der Rechte des Patriarchen. Aufgabe der Gesandten ist es zu erkunden, ob der Patriarch bereit sei, die ihm zustehenden Rechte ganz oder teilweise, für immer oder auf Zeit, abzutreten, und wenn ja, welche Rechte und um welchen Preis?[2]).

Venedig erkennt mithin die Ansprüche des Patriarchen an, hofft aber im übrigen mit einer Abfindung durchzukommen. Leider hören wir nicht,

---

[1]) Vertrag von 1275, Minotto, Acta I 1, 31 zu Febr. 11, Bianchi, Archiv Bd. 22, 404 nr. 387 zu Febr. 18; Vertrag von 1277 Juli 9, Kandler, Cod. dipl. Istr., und Minotto, Acta I 1, 33.

[2]) Instruktion von 1280 Okt. 4, Kandler, Cod. dipl. Istr. Die auf Istrien bezügliche Stelle lautet: "Item committimus vobis, quod si per dictum patriarcham aut per illos qui fuerint pro eo fuerit tale dictum vel tactum, quod detineamus terras ipsius patriarche que sunt in Istria aut occupaverimus de iuribus et racionibus eius, poteritis respondere ac dicere quod nullas suas terras aut iura vel raciones ipsius occupavimus nec tenemus occupatas; verum est: certe terre de Istria ad supplicacionem et instanciam incolarum et universitatum ipsarum terrarum que guerris que agebantur inter eos quasi erant ad nihilum iam devente, sub protectione nostra et comunis Venetie fuerunt suscepte, salvis iuribus ipsius patriarche, et hec et alia poteritis circa hec dicere que vobis dicenda et utilia videbuntur, et si fuerit vobis tactum quod dictus patriarcha velit nobis concedere suas raciones et iura que habet in predictis terris vel aliqua earum perpetuo vel ad tempus, inquiretis que iura et raciones velit nobis concedere et pro quanto ea omnia que voluerit nobis concedere, et quod inde inquisiveritis et scire poteritis nobis vestris litteris intimetis expectando responsionem nostram et preterea faciendo, sicut vobis duxerimus intimandum. Et si predicta non fuerint vobis tacta, volumus quod vos sicut et quando vobis videbitur dicto patriarche vel cui vobis videbitur ea tangere et dicere debeatis: et si fuerit vobis dictum et responsum quod patriarcha velit nobis concedere dicta iura et raciones, placet nobis pro quanto et quecumque scire inde poteritis per vestras nobis litteras significare curetis expectando, ut dictum est supra, responsionem nostram et preterea inde faciendo, sicut vobis duxerimus destinandum".

wie der Patriarch sich zu diesem Plane stellte. Allein man begreift, daß er nicht geneigt war, die von seinen Vorgängern mühsam errungenen Rechte so leichten Kaufes fahren zu lassen. Mehr als zwei Jahrzehnte verstrichen, bis eine Einigung zustande kam. Zunächst versuchte der Patriarch, die istrische Frage mit dem Schwerte zu lösen. Eine neue Gruppierung der Parteien bildete sich. Der Patriarch fand Hilfe bei dem Grafen von Görz, auch Triest und Muggia waren mit ihm im Bunde, während Capodistria treu zu Venedig hielt [1]). In dem ersten Kriege von 1283 bis 1285 mußte Triest die Zeche zahlen, da es u. a. seine Mauern schleifen und an Venedig Geiseln ausliefern sollte. In dem zweiten Kriege von 1287 bis 1291 wurde Triest von den Venezianern zu Wasser und zu Lande blockiert. Fast ohne Lebensmittel mehr, war die Stadt der Übergabe nahe. Ein Heer des Patriarchen von 50000 Mann und 5000 Reitern hatte sich zurückgezogen. In solcher Not erwirkte der Patriarch einen Beschluß des Friauler Parlaments, der alle Waffenfähigen zwischen achtzehn und siebzig Jahren zu den Waffen rief. Diesem Entsatzheer gelang es, Triest zu retten. Von grundloser Panik ergriffen, flohen die Venezianer auf ihre Schiffe und hoben die Belagerung auf, wie ihnen denn auch später die dauernde Unterwerfung der Stadt nie gelungen ist. Insofern hat der Patriarch die beiden Kriege doch nicht umsonst geführt. Istrien zurückzugewinnen vermochte er freilich nicht. Die beiden Kriege endeten vielmehr mit einem Kompromiß, das im ganzen den Status quo einstweilen guthieß und das endgiltige Urteil in der Rechtsfrage einem noch zu bildenden Schiedsgericht übertrug. Es war ein bloßes Hinauszögern der letzten Entscheidung, deren Ausfall zugunsten Venedigs unabweisbar war [2]).

Auch nach dem Frieden von 1291 kamen, so lange Patriarch Raimund lebte, die Verhandlungen nicht vom Fleck. Erst sein Nachfolger Pietro Gerra war zu einem wichtigen Zugeständnis bereit. Das Kompromiß auf

[1]) Die bisherigen Darstellungen, z. B. Romanin, Storia documentata di Venezia Bd. 2, 309 und 314 ff. und auch Schiff S. 62 ff. haben den ursächlichen Zusammenhang der Entwicklung, wie ich ihn hier festzulegen versucht habe, gerade in den Hauptpunkten völlig im Dunkel gelassen. Vor allem beachten sie nicht, daß der Patriarch dem Bündnis des Grafen von Görz mit Capodistria gegen Venedig im Jahre 1278 fernblieb, und daß mithin dieses Bündnis und das spätere des Patriarchen mit dem Grafen von Görz im Jahre 1283 scharf auseinanderzuhalten ist. Auch darüber findet man kein Wort, daß erst der Sieg über die Verbündeten von 1278 Venedig zu strafferer Ausgestaltung seiner Herrschaft in Istrien antrieb, und daß wiederum erst nach dem Aufwerfen der istrischen Frage durch Venedig der Patriarch zu bewaffnetem Widerstande sich entschloß. — Der Vertrag des Patriarchen mit dem Grafen von Görz von 1283 März 7, Joppi, Archeografo Triestino N.S. Bd. 12, 58 nr. 47, Ann. Foroiul. SS. XIX, 201.

[2]) Eine genaue Schilderung der Kriegsereignisse und der langwierigen Verhandlungen, die daran anknüpften, schien mir weder erforderlich noch wünschenswert, da es hier nur darauf ankam, die Hauptetappen der Entwicklung zu skizzieren. Der Vertrag von Treviso 1291 Nov. 11, bei Kandler, Cod. dipl. Istr., Minotto, Acta I 1, 40—43, Ann. Foroiul. SS. XIX, 206.

ein Schiedsgericht wurde zwar erneuert, zugleich aber für die Dauer des Kompromisses eine Übereinkunft dahin getroffen, daß der Doge dem Patriarchen für die in Istrien zu überlassenden Rechte eine jährlich in zwei Raten zu entrichtende Abfindungssumme zahlen solle, unter dem Vorbehalt jedoch, daß ein etwa empfangener Mehrbetrag nach dem Spruche des Schiedsgerichts von dem Patriarchen zurückzuerstatten sei. Damit war nach langer Weigerung das ursprüngliche Anerbieten Venedigs wenigstens im Prinzip angenommen[1]). Aber die endgiltige Erledigung ließ auch jetzt noch auf sich warten. Ottobono de' Razzi, Pietro Gerras Nachfolger, dachte bei diesem Handel möglichst viel herauszuschlagen. Er reichte den Venezianern die früher erwähnte Aufzeichnung über die Rechte und Einkünfte des Patriarchen in Istrien ein, auf Grund deren er die übertriebensten Forderungen erhob[2]). Die Venezianer verschrieben sich hierauf ein Gutachten des berühmten Rechtsgelehrten Riccardo Malombra, das dem Patriarchen die ungeschminkte Wahrheit sagte. Die Abfindung, hieß es da, werde nicht so sehr Entschädigungshalber als vielmehr zu dem Zwecke bezahlt, den Untertanen Venedigs weitere Belästigungen von Seiten des Patriarchen zu ersparen. Es zog obendrein Bestand und Umfang der angeblichen Rechte des Patriarchen in Zweifel[3]). Nach weiteren Verhandlungen in den Jahren 1306 und 1307 lenkte dieser endlich ein; man einigte sich auf eine jährliche Abfindungssumme[4]). Die Herrschaft Venedigs war damit auch von dem Patriarchen anerkannt. Zusammen mit den Unterwerfungsverträgen der einzelnen Gemeinden bildet so diese Vereinbarung die Rechtsgrundlage, auf der fortan die Herrschaft Venedigs in Istrien beruht. Abgeschlossen war damit der Herrschaftsübergang an Venedig noch lange nicht. Pola z. B. unterwarf sich erst 1331, und die letzten Besitzungen des Patriarchen in Istrien sind erst im fünfzehnten Jahrhundert an Venedig gelangt.

Des ungeachtet bezeichnet der Augenblick, da dieser allmähliche Herrschaftsübergang an Venedig beginnt, den Anfang vom Ende der weltlichen Herrschaft des Patriarchen überhaupt. Das Ende war, daß Venedig ihn im fünfzehnten Jahrhundert mediatisierte. Aus dem einstigen Neben-

---

[1]) Vertrag mit Pietro Gerra von 1300 Juni, Minotto, Acta I 1, 49 f.

[2]) Das Verzeichnis zusammen mit dem Bericht des Venezianers Marin Coppo über die Forderungen des Patriarchen von 1303 März bei Carli, Antichità Italiche, Appendice (1791) S. 92 ff. nr. 31, bei C. A. Marin, Storia civile e politica del commercio de' Veneziani (1800) Bd. 6, 350 ff., bei Chmel, Diplomatarium S. 289 ff. nr. 122, daraus bei Kandler, Cod. dipl. Istr., Regest bei Minotto, Acta I 1, 53 und bei Predelli, I libri commemoriali Bd. 1, 25 nr. 103 und 26 nr. 110.

[3]) Gutachten des Malombra von 1304, Minotto, Acta I 1, 57, vgl. Predelli, I libri commemoriali Bd. 1, 50 nr. 282 zu 1305 Januar. Die Arbeit Bestas: R. Malombra, professore nello studio di Padova, consultore di stato in Venezia (1894) war mir nicht zugänglich.

[4]) Über die Verhandlungen von 1306 und 1307 vgl. Minotto, Acta; Abkommen von 1307 Okt. 12 vorbehaltlich der Bestätigung durch den Papst, Kandler, Cod. dipl. Istr. Bd. 2.

buhler des venezianischen Staates wurde so der Aquilejer Stuhl zu guterletzt eine Sinekure des venezianischen Adels.

* * *

Von hier aus betrachtet, läßt sich die Geschichte des Patriarchenstaates auf eine einfache Formel zurückführen: er war seinen Daseinsbedingungen nach eine Schöpfung des Deutschland und Italien beherrschenden Kaisertums. Zur Zeit des Thronstreites bereits, als er des Rückhalts am Kaisertum entbehrte, kam seine Hinfälligkeit zutage. Damals schien es, als müsse er bei den deutschen Territorialfürsten im Norden und im Süden bei Venedig Anlehnung suchen. Auch als er dann dank der Tatkraft eines Wolfger und Berthold noch einmal erstarkte, blieb doch die enge Verbindung mit dem Kaisertum das eigentliche Rückgrat seiner Existenz. Als diese Verbindung zerriß, als das Kaisertum zudem das Feld räumte, sank unaufhaltsam auch der Patriarchenstaat. Die venezianische Handelspolitik vergewaltigte ihn, sein territorialer Besitzstand begann dahinzuschwinden. In den achtziger Jahren ist mit dem Anfall Krains an den Territorialstaat der Habsburger und mit der Organisation der venezianischen Herrschaft in Istrien das künftige Schicksal des Patriarchenstaates schon gleichsam festgelegt. Die Mächte, die ihn beerbten, sind im Grunde dieselben, denen er schon zu Anfang des Jahrhunderts im Begriffe gewesen war sich unterzuordnen. Indem im Norden mit den Habsburgern der deutsche Territorialstaat des späteren Mittelalters, im Süden der zum Landerwerb bereite venezianische Staat der italienischen Renaissance aufkam, war die Zeit des Patriarchenstaates abgelaufen: er wurde von diesen neuen Bildungen aufgesogen.

Beilage 1.

Zur Terminologie Istriens als Grafschaft und als Mark seit dem elften Jahrhundert.

Zur Zeit seiner staatsrechtlichen Verbindung mit Kärnten ist Istrien eine Grafschaft unter einem besonderen Grafen oder Vizegrafen. Zur Zeit der gemeinsamen Verwaltung mit Krain durch Udalrich von Weimar in den sechziger Jahren des elften Jahrhunderts wird es in den Urkunden der königlichen Kanzlei als Mark, Udalrich selbst als Markgraf Istriens bezeichnet[1]). 1077 dagegen wird der 'comitatus Istrie' an den Patriarchen von Aquileja verliehen, während wiederum seit dem Ausgang des Jahrhunderts uns stets Markgrafen von Istrien begegnen.

Ich möchte auf diese Schwankungen in der offiziellen Terminologie, die ich in der Darstellung selbst nur eben erwähnen konnte[2]), hier etwas genauer eingehen.

Wir fragen zunächst, wie kommt es, daß Istrien abweichend von dem früheren Brauch zuerst in Urkunden der königlichen Kanzlei zur Zeit Udalrichs als „Mark" betrachtet, daß dann aber 1077 doch wieder die „Grafschaft" Istrien an Aquileja vergeben wird?

Wahnschaffe, Das Herzogtum Kärnten und seine Marken S. 57 meint, möglicher Weise habe überhaupt keine besondere Übertragung Istriens als „Mark" an Udalrich stattgefunden, sondern es sei vielleicht ihm, dem Markgrafen von Krain, anfangs nur wegen seiner bedeutenden istrischen Erbgüter der Titel 'marchio Histriae' beigelegt worden, und unter der unsicheren und schwankenden Regierung Heinrichs IV. habe dann die neue Bezeichnung der bisherigen Grafschaft Istrien als „Mark" auch offizielle Anerkennung erlangt. Dementsprechend ist auch Meyer von Knonau, Jahrbücher Hein-

[1]) Urkunde von 1062: 'in marcha Histria in comitatu marchionis Oudalrici', Stumpf reg. 2612; Urkunde von 1064: 'in pago Hystrie — in comitatu Odalrici marchionis', Stumpf reg. 2650; Urkunde von 1066: 'in pago(?) et in marchia Hystriensi Oudalrici marchionis', Stumpf reg. 2696 [2697]; Urkunde von 1067: 'in pago Istria in marcha Oudalrici marchionis', Stumpf reg. 2700. — In einer Schenkungsurkunde des Bischofs von Pola von 1061 findet sich die Unterschrift 'Odolricus marchius Istriensis', Kandler, Cod. dipl. Istr. zu 1060; Schumi, Urkunden- und Regestenbuch Bd. 1, 47 nr. 37.

[2]) Vgl. oben S. 118—120.

richs IV. Bd. 1, 188 n. 41 der Ansicht, daß bei der bedeutenden Stellung Udalrichs in diesen Gebieten die Erteilung des Titels 'marchio Hystriae' für den Krainer Markgrafen durchaus nahe lag. Eine andere Auffassung vertritt Hasenöhrl, Deutschlands südöstliche Marken im 10., 11., und 12. Jahrhundert, Archiv für österreich. Geschichte Bd. 82, 542ff. Durch die nun schon ein Jahrhundert dauernde Verbindung Istriens mit Kärnten seien unwillkürlich, so führt er aus, deutsche Anschauungen und Einrichtungen nach Istrien übertragen worden. „Man begann die an der Grenze gelegene Grafschaft Istrien als eine Mark im deutschen Sinne zu betrachten und benannte den zum ersten Male aus einem deutschen Hause — Weimar-Orlamünde — genommenen Grafen als 'marchio', nicht in dem Sinne, daß er wie der italienische Markgraf dem Herzoge gleichgestellt gewesen wäre, sondern im deutschen Sinne als Grenzgraf, Graf einer an der Grenze gelegenen Grafschaft". Damit in Übereinstimmung habe auch die Reichskanzlei in den Urkunden der sechziger Jahre auf Istrien genau dieselben Ausdrücke angewendet wie auf die nördlicheren Marken. Besonders der unterschiedslose Gebrauch von 'marchia' und 'comitatus' sei in dieser Hinsicht bezeichnend.

Ebenso aber lägen staatsrechtliche Erwägungen auch der Schenkung der „Grafschaft" Istrien an Aquileja im Jahre 1077 zugrunde. Bekanntlich wird 1077 vor Ostern der 'comitatus Foroiulii ... cum omnibus ... ad ducatum pertinentibus', und im Juli in zwei besonderen Urkunden auch noch die 'marchia Carniole' und 'der comitatus Istrie', diesmal ohne erläuternden Zusatz, dem Patriarchen von Aquileja verliehen. Während also die Schenkung Friauls die Exemtion von der herzoglichen Gewalt ausspreche, sei bei der Schenkung Krains wie Istriens diese Exemtion nicht beabsichtigt gewesen. Wenn nun Krain als „Mark", Istrien dagegen als „Grafschaft" bezeichnet werde, so sei diese Unterscheidung mit Bedacht gewählt. Bei Istrien als einem ursprünglich italienischen Territorium hätte der Patriarch den Ausdruck „Mark" im italienischen Sinne nehmen können, wonach der Markgraf in seinem Gebiet herzogliche Gewalt hatte, und aus diesem Grund wohl sei der Ausdruck 'marchia' bei Istrien vermieden worden, wogegen bei dem rein deutschen Territorium Krain diese Gefahr wegfiel, daher die Bezeichnung als „Mark" beibehalten wurde.

Mithin beruht dieser Erklärungsversuch auf der Annahme, daß Istrien in den sechziger Jahren unwillkürlich als eine Mark im deutschen Sinne, hernach aber 1077 doch wieder ganz bewußt als ursprünglich italienisches Territorium betrachtet worden sei. Diese Annahme ist zu künstlich, als daß sie zutreffend sein könnte. Überhaupt glaube ich nicht, daß bei der im ganzen elften Jahrhundert schwankenden Stellung der Grenzgebiete, und zumal Istriens, die Einwirkung solcher staatsrechtlicher Erwägungen vorausgesetzt werden darf.

Wenn somit in den Urkunden der königlichen Kanzlei aus den sechziger Jahren genau dieselben Ausdrücke für Istrien sich finden wie für die nördlicheren Marken, so ist der Grund nicht der, daß man begann, die an der Grenze gelegene Grafschaft Istrien als eine Mark im deutschen Sinne anzusehen — schon das Schwanken bei der Rekognition der in Rede stehenden Urkunden für Istrien spricht durchaus dagegen —, sondern man hat, wie ich glaube, Istrien einfach nach demselben Schema wie Krain behandelt[1]), weil beide Länder in diesen Jahren unter der gemeinsamen Verwaltung eines und desselben Markgrafen standen, obwohl die staatsrechtliche Zugehörigkeit Istriens damals schwankend war.

Und ähnlich verhält es sich auch mit der Verleihung der „Grafschaft" Istrien im Jahre 1077. Wenn man damals wieder die Bezeichnung 'comitatus' gebraucht, so geschah es nicht, weil sonst der (übrigens doch deutsche) Patriarch Sigehard den Ausdruck 'marchia' in dem italienischen Sinne einer Exemtion von der herzoglichen Gewalt hätte auslegen können — in Friaul, wo diese Exemtion erfolgt, wird sie ausdrücklich ausgesprochen —, sondern man ist zu der früheren Bezeichnung 'comitatus' ganz von selbst zurückgekehrt, weil jetzt kein unmittelbarer Anlaß mehr vorhanden war, auf Istrien dieselbe Bezeichnung anzuwenden wie auf Krain, nachdem die gemeinsame Verwaltung durch ein und denselben Markgrafen seit dem Tode Udalrichs im Jahre 1070 aufgehört hatte.

Es verdient in dieser Hinsicht Beachtung, daß trotz des abweichenden Brauches der königlichen Kanzlei in den sechziger Jahren außerhalb derselben an der früheren Bezeichnung 'comitatus' zunächst noch festgehalten wird, so in Venedig 1074 bei der Ausstattung des Patriarchats Grado, so noch 1102, was besonders bemerkenswert ist, als Graf Udalrich, der Sohn des früheren Markgrafen Udalrich aus dem Hause Weimar, den Patriarchen von Aquileja zum Erben der Hauptmasse seines Eigenguts in Istrien einsetzte[2]).

Freilich wird dann im zwölften Jahrhundert die frühere Bezeichnung 'comitatus' dennoch durch die spätere 'marchia' verdrängt. Es bleibt also noch zu erörtern, wie diese abermalige Wandlung sich erklärt. Da ist es denn wohl entscheidend, daß Istrien zu Ende des elften Jahrhunderts an

---

[1]) Vgl. z. B. die Urkunde Heinrichs IV. von 1058: 'in marcha Kreine et in comitatu Oudelrici marchionis', Stumpf reg. 2564; ferner die Urkunde von 1062: 'in pago Creine in marcha ad eundem pagum pertinente in comitatu Uodalrici marchionis', Stumpf reg. 2615.

[2]) Urkunde von 1074, Muratori, Antiquitates Italicae Bd. 1, 243, Cicogna, Delle iscrizione Veneziane Bd. 4, 290; Urkunde von 1102 u. a. bei Schumi, a. a. O. Bd. 1, 73 nr. 67. Wenn in der Besitzbestätigung Heinrichs IV. für den Patriarchen von Aquileja von 1062, Stumpf reg. 2617, der 'Istriensis comitatus' genannt wird, so kommt das, weil auf Vorurkunde zurückgehend, hier nicht in Betracht. In den beiden Privilegien Heinrichs IV. von 1081 Juli 20, Stumpf reg. 2838, 2839, wird die 'provincia Ystrie' erwähnt.

Poppo, einen Sohn des Markgrafen Udalrich, und weiterhin durch Verwandtschaft in weiblicher Linie an die Sponheimer und Andechser gelangt. Wie aber schon Udalrich, so haben auch diese seine Nachfolger den Titel eines Markgrafen von Istrien geführt. Der Sieg der Erblichkeit also war es, der zuletzt auch der Auffassung Istriens als einer „Mark" zum Siege verhalf. In der Tat wird bereits in einer 1096 zu Aquileja ausgestellten Schenkungsurkunde das Objekt der Schenkung als 'infra marchiam Istrie' belegen erwähnt[1]).

[1]) Urkunde von 1096 bei De Rubeis, Monumenta S. 548 f., Regest im Thesaurus ed. Bianchi S. 227 nr. 538. — Die Nachricht der Casus S. Galli MG. SS. II, 159 Z. 32, Meyer von Knonau, St. Galler Geschichtsquellen IV. Continuatio (1879) S. 82, daß die 'marchia Istria' vor der Wiederverleihung an das Haus Weimar im Besitz eines Eppensteiners war, ist als Zeugnis für die Bezeichnung Istriens als „Mark" noch im elften Jahrhundert nicht zu verwerten, da diese Quelle, so wie sie jetzt vorliegt, späteren Ursprungs ist.

Beilage 2.

Die Urkunde über den Prozeß gegen Markgraf Heinrich von Istrien aus dem Hause Andechs und die Wiederverleihung der Mark Krain und Istrien an Patriarch Wolfger von Aquileja.

Über den Prozeß gegen den Markgrafen Heinrich von Istrien aus dem Hause Andechs, der an die Ermordung Philipps von Schwaben anknüpfte und durch das Eingreifen Wolfgers zur Wiederverleihung der Mark Krain und Istrien an den Patriarchen von Aquileja Anlaß gab, besitzen wir einen ausführlichen Bericht in der Urkunde, durch die Otto IV. dem Patriarchen die Wiederverleihung bestätigte.

1. Die Urkunde ist in zwei Abschriften erhalten. Eine späte Kopie findet sich im Staatsarchiv zu Venedig, Consultori 366 bis membr. von 1482 fol. 23v, vgl. Winkelmann, Neues Archiv (1880) Bd. 5,15. Auf ihr beruht der älteste ganz unzureichende Druck bei C. Buttazoni, Del patriarca Volchero, Archeografo Triestino N. S. (1871) Bd. 2, 197 ff., S.-A. S. 45 ff. Eine frühere Abschrift bietet die Vidimation der kaiserlichen Privilegien für Aquileja auf langer Pergamentrolle vom Jahre 1303, gleichfalls im Staatsarchiv zu Venedig, Atti diplomatici restituiti nr. 145, vgl. Winkelmann, Neues Archiv Bd. 5, 14. Aus dieser Vidimation von 1303 ist der Druck bei Winkelmann, Acta imperii Bd. 1, 50 nr. 55 und bei Joppi, Aggiunte inedite al Codice diplomatico Istro-Tergestino S. 9 ff. nr. 1 geschöpft.

Die Urkunde selbst ist am achten Mai 1210 zu Cremona ausgefertigt. Wie Winkelmann in der Erläuterung zu seinem Drucke bemerkt, gibt sie sich ausdrücklich als 'confirmatio' einer früher geschehenen 'donatio': 'sicut et rationabiliter in presencia principum nostrorum hanc donationem a nobis factam recognoscimus, sic quoque eam presentis scripti nostri auctoritate ipsi ecclesie confirmamus'. Allein Winkelmann irrt, wenn er hinzufügt, daß diese 'donatio' uns nicht erhalten sei, sicherlich aber auf dem Tage zu Augsburg 1209 Januar ausgestellt war. Wir haben es vielmehr, wie bereits Ficker, Regesta imperii V nr. 399, noch ehe der Druck Winkelmanns vorlag, ausgeführt hat, mit der nachträglichen Beurkundung der im Januar 1209 zu

Augsburg vorgenommenen Handlung zu tun. Darin allerdings hat Ficker Unrecht, wenn er behauptet, daß die Zeugen sich zweifellos nur auf die zu Augsburg vorgenommene Handlung beziehen. Denn von den in der Zeugenreihe erwähnten Zeugen sind lediglich die zu Anfang bis einschließlich des Markgrafen von Magdeburg genannten bereits zu Augsburg nachweisbar. Die folgenden Zeugen dagegen gehören, wie schon Winkelmann erkannt hat, erst der Beurkundung zu Cremona an. Handlung und Beurkundung liegen also etwa fünfviertel Jahre auseinander, was für die Beurteilung des Sachinhalts, wie wir noch sehen werden, nicht unwesentlich ist.

2 Aus der Darstellung des Tatbestandes, so wie die Urkunde ihn mitteilt, ergeben sich nun eigentümliche Schwierigkeiten und Bedenken, die man bisher merkwürdiger Weise gar nicht als solche empfunden hat.

Vergegenwärtigen wir uns zunächst den Wortlaut der Urkunde. Otto macht kund: 'quod cum propter enormes excessus Henrici quondam marchionis Ystrie, quos ipse nomine criminis lese maiestatis in decessore nostro domino Phylippo commisit, marchia Carniole et Ystrie cum comitatu et universis pertinentiis suis et tam feudum quam alodium et omnis honor suus in generali curia nostra Frankenfurt per sententiam principum sibi fuerint abiudicata et ad dominium imperii marchia Ystrie libere et absolute sit addita, nos eandem marchiam nobis et imperio vacantem tunc fideli nostro Lodovico duci Bavarie iure feudali concessimus. Procedente vero tempore dilectus princeps noster Wolfcherus patriarcha Aquilegensis ad curiam nostram apud Augustam accedens in presencia principum de predicta marchia nobis questionem movit, et, quod ex antiqua donatione Henrici regis augusti tercii ecclesie Aquilegensi pertineret, privilegiis autenticis ipsi ecclesie collatis evidentissime in publico curie nostre presentibus principibus nobis demonstravit. Nos igitur manifeste sue assertionis attendentes veritatem, ne occasione nostra tanti honoris pariterque utilitatis beneficio privari videretur Aquilegensis ecclesia, ad instantiam precum nostrarum universorumque principum prefatus dux sepedictam marchiam sine omni contradictione in manus nostras resignavit et nos eam ab omni impeticionis nota ab ipso absolutam Aquilegensi ecclesie cum omni honore et universis pertinenciis cum omni iure imperiali libere et absolute possidendam in perpetuum donamus et tradimus atque concessimus, et sicut et rationabiliter in presencia principum nostrorum hanc donationem nostram a nobis factam recognoscimus, sic quoque eam presentis scripti nostri auctoritate ipsi ecclesie confirmamus statuentes' etc.

Nach dem W o r t l a u t der Urkunde also wird Heinrich, vormals Markgraf von I s t r i e n, wegen seiner Vergehen der Mark K r a i n und I s t r i e n mit der Grafschaft und allem Zubehör verlustig erklärt, die Mark I s t r i e n fällt dem Reiche heim, und eben diese dem Reiche erledigte Mark wird zuerst dem Herzog von Baiern und auf die Beschwerde Wolfgers hin nach dem Verzichte des Herzogs dem Patriarchen von Aquileja verliehen. Als die dem Reiche erledigte, zuerst dem Herzog von Baiern, dann dem Patriarchen von Aquileja verliehene Mark ist mithin nach dem Wortlaut der Urkunde die Mark Istrien anzusehen [1]). Offenbar aber ist das nicht der Sinn der Urkunde. Gemeint ist vielmehr, daß die dem Markgrafen von Istrien aberkannte Mark Krain und Istrien mit der Grafschaft und allem Zubehör zuerst dem Herzog von Baiern, dann dem Patriarchen von Aquileja verliehen worden sei, obwohl sie weiterhin kurzer Hand nur als die Mark Istrien bezeichnet wird. Die Ausdrucksweise der Urkunde ist also zum mindesten ungenau. Daß sie aber in der Tat so zu verstehen ist, geht auch aus den späteren Bestätigungen für den Patriarchen von Aquileja hervor, die alle von der Verleihung der Mark Krain und Istrien sprechen [2]).

Eine ganz andere Frage ist jedoch, ob die Urkunde den zugrunde liegenden Sachverhalt richtig wiedergibt. Daß dem Patriarchen von Aquileja die Mark Krain und Istrien verliehen wurde, dafür bürgt, wie bemerkt, das Zeugnis der Nachurkunden. Ob es aber, wie unsere Urkunde behauptet, die Mark Krain und Istrien war, deren Heinrich, vormals Markgraf von Istrien, verlustig erklärt wurde, das ist mir trotz der ganz bestimmten Aussage zweifelhaft.

Allerdings hat eine Anzahl von Forschern gerade aus unserer Urkunde die Folgerung gezogen, dem Hause Andechs müsse außer der Mark Istrien auch die Mark Krain verliehen gewesen sein [3]). Während es aber unbestreit-

---

[1]) In der Tat stellt Winkelmann, Jahrbücher Ottos IV. S. 134 f. den Verlauf so dar, als ob es sich bei der Beschwerde Wolfgers nur um die Mark Istrien gehandelt habe, „weil diese Mark als Lehen seiner Kirche galt". „Um Istrien zu retten, blieb ihm kein anderer Weg offen", u. s. w. „Durch des Königs und der versammelten Fürsten Zusprache ließ sich ferner Herzog Ludwig bewegen, zugunsten des Patriarchen die Ansprüche auf Istrien nicht weiter zu verfolgen". Auch Ficker, B.-F. nr. 259, gedenkt nur der Verleihung der Mark Istrien an Wolfger. Andrerseits bemerkt Winkelmann in den Jahrbüchern Philipps S. 476, „daß Wolfger durch Rechtsspruch der Fürsten für sich die Belehnung mit der Markgrafschaft Krain und Istrien erstritt". Augenscheinlich also hat sich Winkelmann die Rechtsfrage nicht klar vorgelegt. Ein gleiches gilt von G. Herlitz, Geschichte der Herzöge von Meran aus dem Hause Andechs S. 7, 36, 43, 50, 71.

[2]) Urkunde Friedrichs II. von 1214 Februar 22, B.-F. nr. 721, und von 1220 Nov., B.-F. nr. 1229.

[3]) So z. B. Schumi, Archiv für Heimatkunde (1883) Bd. 1, 241 f., Mell S. 55 und 68 f., auch von Oefele, Grafen von Andechs S. 66, unentschieden Benussi, Nel medio evo S. 394. Vorausgesetzt wird, daß die Mark Krain zwar noch in den Privilegien Innocenz' II. von 1132 und Alexanders III. von 1177 [vielmehr o. D. zwischen 1170—81, Jaffé² nr. 14238], aber nicht mehr in denen Friedrichs I. von 1180 und Heinrichs VI. von 1193 dem Patriarchen bestätigt werde, daß sie also nach 1177 dem Patriarchen entzogen und an das Haus Andechs gekommen sei. Ich habe indes bereits in anderem Zusammenhange, vgl. oben S. 97 n. 1 und S. 119 n. 2, erwähnt, daß die Privilegien Innocenz' II. und Alexanders III. nur die Rechte auf Friaul, aber nicht solche auf Krain und Istrien bestätigen.

bar ist, daß das Haus Andechs durch Erbgang in weiblicher Linie in den Besitz der Mark Istrien gelangte, fehlt es an jedem sonstigen Zeugnis dafür, daß auch die Mark Krain im Besitze dieses Hauses war. Man muß sich hier erinnern, daß die „Mark“ Krain als solche nach der zweiten Verleihung an Aquileja im Jahre 1093 und im ganzen zwölften Jahrhundert bis zum Eingreifen Wolfgers überhaupt nicht erwähnt wird, wie es denn dort keine einheitliche Landesherrschaft gab. Ferner haben die Andechser in ihren zahlreichen Urkunden sich unendlich oft Markgrafen von Istrien, Herzöge von Meranien oder Dalmatien, aber nie Markgrafen von Krain genannt[1]), und auch später nach dem Prozeß zwar den Titel eines Markgrafen von Istrien, aber nie den eines Markgrafen von Krain geführt. Auch als sie 1228 innerhalb ihres Territoriums in Krain landesherrliche Rechte in Anspruch nehmen, da bezieht sich das doch nur auf den 'dominus terre, cui cedit iurisdictio', aber nicht auf die Mark Krain. Und selbst als 1230 Herzog Otto von Meran allen Ansprüchen auf die Mark und Grafschaft Istrien und Krain, die sein Bruder Berthold, Patriarch von Aquileja, vom Reiche zu Lehen trug, zugunsten des Patriarchen entsagte, da gilt dieser Verzicht nicht der Mark Krain und der Mark Istrien, sondern er gilt dem Begriff der Mark und Grafschaft Istrien und Krain, der uns so erst von der Urkunde Ottos IV. an begegnet[2]). Kurz, ich kann mich des Argwohns nicht erwehren, daß es sich bei dem Prozeß gegen Heinrich, vormals Markgraf von Istrien, nicht um die Aberkennung der Mark Krain, sondern nur um die Aberkennung der Mark Istrien gehandelt hat, und daß insofern die Aussage der Urkunde Ottos IV. auf einem Mißverständnis des zugrunde liegenden Sachverhalts beruht.

Wie aber trug sich der wirkliche Hergang zu? Man wird darüber etwa folgendes vermuten dürfen. Heinrich, vormals Markgraf von Istrien, ist wegen seiner Vergehen der Mark Istrien verlustig erklärt und die dem Reiche heimgefallene Mark Istrien dem Herzog von Baiern verliehen worden. In diesem Stadium des Prozesses greift Wolfger ein. Aber er erhebt Anspruch nicht bloß auf Istrien, das 1077, sondern auch auf Krain, das 1077 und nochmals 1093 von Heinrich IV. der Kirche von Aquileja verliehen war. Hierdurch entstand eine eigentümliche Komplikation. Die Privilegien Heinrichs IV. von 1077 und 1093 lauteten auf die Verleihung der Mark Krain und der Grafschaft Istrien. Von einer Mark Krain aber war nach

[1]) Das hat auch Benussi, Nel medio evo S. 394 n. 201 mit Recht hervorgehoben. Dagegen bedienen sich die Patriarchen von Aquileja seit der Wiederbelehnung im Jahre 1209 auch des Titels 'Istrie et Carniole marchio'.

[2]) Urkunde von 1228 z. B. bei von Oefele, Grafen von Andechs S. 241 nr. 15, Urkunde von 1230, B.-F. nr. 1803.

1093 und im ganzen zwölften Jahrhundert nie mehr die Rede gewesen[1]), und ebensowenig gab es noch eine Grafschaft Istrien. Die Terminologie der von Wolfger vorgelegten Privilegien ließ sich also bei einer Erneuerung nicht ohne Weiteres auf die Gegenwart übertragen, und so bildet man den neuen zusammenfassenden Begriff der 'marchia Carniole et Ystrie cum comitatu et universis pertinentiis', den zuerst die Urkunde Ottos IV. aufweist und den die Nachurkunden Friedrichs II. wiederholen.

Es käme mithin darauf an, zwei Phasen des Prozesses, von denen die erste um Istrien, die zweite um Krain und Istrien sich dreht, scharf zu unterscheiden. Die Darstellung eines solchen Sachverhalts war dann aber an sich nicht ganz einfach, und ein Mißverständnis konnte sich um so eher einschleichen, wenn Handlung und Beurkundung fünfviertel Jahre auseinander lagen.

Ob diese Vermutung zutrifft, wird mit Sicherheit wohl nie zu entscheiden sein; aber sie macht wenigstens den Versuch, den Schwierigkeiten zu begegnen[2]), die einer befriedigenden Erklärung im Wege stehen.

[1]) Allerdings ist das Privileg Heinrichs IV. von 1077, betreffend die Schenkung der Mark Krain, Stumpf reg. 2803, zusammen mit anderen Kaiserurkunden für Aquileja zu Ende des zwölften Jahrhunderts notariell vidimiert worden, vgl. Bresslau, Neues Archiv (1878) Bd. 3, 81, aber ein nach außen irgendwie hervortretender Anspruch des Patriarchen ist nicht nachweisbar.

[2]) Vielleicht ist ein Hinweis darauf nicht überflüssig, daß es nicht wohl angeht, die von mir hervorgehobenen Schwierigkeiten auf die nichtoriginale Überlieferung der Urkunde abzuschieben.

Beilage 3.

Die Entstehungszeit des angeblich von Markgraf Udalrich herrührenden istrischen Landfriedens.

In der Sammlung des Abbate Pirona, die sich heute in der Biblioteca comunale zu Udine befindet[1]), ist uns die leider arg verstümmelte Urkunde eines istrischen Landfriedens erhalten, der gleichwohl zu den wichtigsten Zeugnissen über die Verfassung Istriens im früheren Mittelalter gehört. Kandler, der die Urkunde in seinem Codice diplomatico Istriano zuerst herausgegeben und mit einer ausführlichen Erläuterung versehen hat, schreibt den Landfrieden mit voller Bestimmtheit dem Markgrafen Udalrich aus dem Hause Weimar zu, der in den sechziger Jahren des elften Jahrhunderts seines Amtes waltet. Dagegen setzt Schumi, der in seinem Urkunden- und Regestenbuch des Herzogtums Krain die Urkunde nach dem Drucke Kandlers wiederholt, den Landfrieden vielmehr in die neunziger Jahre des elften Jahrhunderts, in die Zeit des jüngeren Udalrich, des Sohnes des früheren Markgrafen dieses Namens, von dem es allerdings bestritten ist, ob er gleichfalls Markgraf von Istrien war. Auch Weiland, der die Urkunde nach einer Abschrift Simonsfelds mit einigen Berichtigungen im ersten Band der Constitutiones et Acta imperii von neuem herausgegeben hat, erklärt Schumis Zuweisung für die besser begründete und ist überdies geneigt, unsern Landfrieden mit den Landfriedensbestimmungen Herzog Welfs von Baiern zu Ende des elften Jahrhunderts und mit gleichzeitigen deutschen Landfrieden in Zusammenhang zu bringen. Benussi wiederum hat mit großem Nachdruck auf Kandlers Seite sich gestellt, und noch vor kurzem war Ernst Mayer, ohne für Vater oder Sohn Udalrich sich zu entscheiden, davon wenigstens überzeugt, daß unser Landfrieden „sicherlich von der zweiten Hälfte des elften Jahrhunderts" sei[2]).

[1]) Über die Sammlung des Abbate Pirona vgl. von Zahn, Beiträge zur Kunde steiermärkischer Geschichtsquellen (1877) Bd. 7, 124 ff. Daß sie jetzt in der Biblioteca comunale zu Udine sich befindet, bemerkt Kehr, Papsturkunden in Venezien und Friaul, Nachr. der Gesellsch. der Wiss. zu Göttingen (1899) S. 255.

[2]) Wegen der Drucke vgl. Kandler a. a. O. zum Jahre 1060; Schumi, Bd. 1, 68 nr. 60 zu circa 1093; Weiland, Constitutiones I S. 610 nr. 428. Ferner Benussi, Nel medio evo, S. 357 ff.; E. Mayer, Die dalmatisch-istrische Munizipalverfassung im Mittelalter, a. a. O. Bd. 24, 271, S.-A. S. 63.

An seiner Entstehung innerhalb des genannten Zeitraums ist also bisher nicht der geringste Zweifel aufgetaucht.

Die Urkunde selbst freilich, so wie sie uns heute vorliegt, entbehrt jeder genaueren Zeitangabe. Sie führt sich ein als: 'forma sacramenti domini W. marchionis et domini comitis Hengelpreti et episcoporum et Hystrie magnatum'. Der Markgraf des Landfriedens wird demnach in der Einleitung und so auch weiterhin stets nur mit dem Anfangsbuchstaben W. bezeichnet, nie jedoch mit dem vollen Namen Udalrich oder Wodelricus, wie eine häufig vorkommende lateinische Form des Namens lautet. Die Zuweisung des Landfriedens an Markgraf Udalrich beruht denn auch nicht auf der Urkunde selbst, sondern auf einer anderen Quelle.

Wir besitzen bekanntlich noch ein im Jahre 1376 angefertigtes Repertorium der Archivalien des Patriarchenstaats. 'Thesauri claritas' heißt das Werk in der Vorbemerkung des Verfassers Odoricus de Susannis, der Kanzler des Patriarchen war; doch wird es in der Regel nach dem von dem Herausgeber G. Bianchi gewählten Titel als 'Thesaurus ecclesiae Aquileiensis' angeführt. Die Handschrift ist heute, wenn ich nicht irre, im Archiv des Domkapitels zu Udine. Ob sie als Autograph des Verfassers oder als eine nahezu gleichzeitige Abschrift von der Hand seines Sohnes Johannes vom Ende des vierzehnten oder vom Anfang des fünfzehnten Jahrhunderts zu betrachten sei, läßt der Herausgeber dahingestellt; außerdem stand ihm eine zu Beginn des sechzehnten Jahrhunderts von dem Notar Antonio Belloni angefertigte Abschrift des Thesaurus zur Verfügung, die heute, so viel ich weiß, in der Sammlung des Abbate Pirona aufbewahrt wird [1]). Dieser Thesaurus bringt in seinem fünften Kapitel eine Aufzählung der Istrien betreffenden Rechtstitel der Kirche von Aquileja: 'de certis privilegiis, instrumentis et iuribus Aquilegensis ecclesie in partibus Istrie et civitatibus et terris ibidem'. Man liest daselbst unter nr. 505, 516, 541, 548 und 594 Regesten von Urkunden, die allesamt auf Markgraf Udalrich oder seinen Sohn gleichen Namens sich beziehen, und von denen einige wie z. B. nr. 505 und nr. 594 auch heute noch vorhanden sind. Ferner aber wird unter nr. 551 eine 'Chartula certorum pactorum et iuramentorum et ordinationum d. Volderici marchionis Istrie, Hengelpretti comitis, et episcoporum et magnatuum Istrie' erwähnt. Daß dies Regest unsere Landfriedensurkunde im Auge hat, ist ganz unleugbar. Hier also wird der Markgraf W. der Urkunde ausdrücklich als Markgraf Udalrich bezeichnet, und eben dies ist der Grund, weshalb man den Landfrieden bisher einem Markgrafen dieses Namens zugeschrieben hat [2]).

---

[1]) Über die von Bianchi bei seiner Ausgabe des Thesaurus benutzten Handschriften vgl. die Einleitung S. IV f.

[2]) Daß die Zuweisung an Udalrich eigentlich nur auf die Angabe des Thesaurus sich stützt, ist bisher merkwürdiger Weise gar nicht beachtet worden.

Ob aber diese Zuweisung zu Recht besteht, das ist erst noch die Frage; denn man wird eine solche Angabe aus dem Ende des vierzehnten Jahrhunderts nicht ohne Weiteres als zuverlässig hinnehmen dürfen. Überdies ist es mir sehr zweifelhaft, ob der Druck Bianchis von 1847 die ursprüngliche Lesart des Thesaurus bietet.

Es gibt nämlich noch einen älteren Druck des uns hier beschäftigenden fünften Kapitels in dem Urkundenanhang, den Carli 1791 dem vierten Band seiner Antichità Italiche hinzufügte. Nach seinem Vorwort hat er sich dabei der bereits erwähnten Abschrift des Notars Antonio Belloni aus dem Anfang des sechzehnten Jahrhunderts bedient. In diesem Drucke bei Carli lautet das Regest des Landfriedens: 'Chartula certorum pactorum et ordinationum domini V. marchionis' usw.[1]). Hier wird also, abweichend von dem Drucke bei Bianchi, der Name des Markgrafen nur mit dem Anfangsbuchstaben bezeichnet, während in allen übrigen Regesten, die Markgraf Udalrich oder seinen gleichnamigen Sohn erwähnen, die volle Namensform stets gewahrt ist. Soll man nun annehmen, daß Carli oder seine Vorlage gerade dieses eine Mal die volle Namensform zu dem bloßen Anfangsbuchstaben verkürzt habe? Das wäre um so auffallender, als ja auch die Landfriedensurkunde selber, die Carli nicht bekannt war, nur den Anfangsbuchstaben aufweist. Das ungleich Wahrscheinlichere ist doch, daß, wie die Landfriedensurkunde selber, so auch die ursprüngliche Lesart des Thesaurus nur den Anfangsbuchstaben enthielt, und ich kann mich daher des Argwohns nicht entschlagen, daß in dem Drucke bei Bianchi der Anfangsbuchstabe willkürlich zu der vollen Namensform ergänzt ist, und daß mithin der Druck bei Carli den Vorzug verdient, obwohl er nur auf einer jüngeren Abschrift fußt.

Ist aber diese Vermutung zutreffend, so würde man künftig nicht mehr befugt sein, sich für die Zuweisung des Landfriedens an Markgraf Udalrich auf den Thesaurus zu berufen, und es würde damit das einzige ausdrückliche Zeugnis in Wegfall kommen, das für diese Zuweisung sich anführen läßt.

Nur um so dringlicher erwächst hieraus die Aufgabe, die Landfriedensurkunde selber, unabhängig von aller äußeren Beglaubigung, auf diejenigen sprachlichen oder inhaltlichen Kriterien hin zu prüfen, die den Sachverhalt festzustellen und eine zeitliche und, wenn möglich, persönliche Anknüpfung zu vermitteln geeignet sind.

Von einer Verwandtschaft mit der deutschen Landfriedensgesetzgebung zu Ende des elften Jahrhunderts findet sich nun keine Spur, und ich sehe deshalb keine Veranlassung, unsern Landfrieden, wozu Weiland bereit war, mit den Landfriedensbestrebungen Herzog Welfs von Baiern in Verbindung

---

[1]) Carli, Appendice di documenti spettanti alla parte quarta delle Antichità Italiche (1791) S. 173 und 185.

zu bringen. Vielmehr erinnern sprachliche Anklänge, soweit meine Kenntnis reicht, eher an den italienischen Urkundenstil, freilich nicht vor dem zwölften Jahrhundert. Dazu kommt als spezieller Terminus technicus der in unserem Landfrieden wiederholt gebrauchte Ausdruck 'paysani' im Sinne von Landsmann überhaupt, der in istrischen Urkunden sonst nicht vor dem Ende des zwölften und wiederholt im dreizehnten Jahrhundert begegnet. Im zehnten Jahrhundert tritt dafür einmal die analoge Bezeichnung 'omnes habitantibus Ystrie' auf. Doch wird man bei der Dürftigkeit der urkundlichen Überlieferung im ganzen die Möglichkeit auch einer früheren Anwendung jenes Ausdrucks nicht bestreiten können[1]). Wohl aber dürfte ein zweiter Terminus technicus, dessen der Landfrieden sich bedient, entscheidend sein. Aus Anlaß der Gerichtsbarkeit in Blutsachen ist nämlich von dem 'comune illius loci' die Rede, wo eine Tat begangen ist. Nun ist der Begriff und die Organisationsform des 'comune' in Istrien urkundlich nicht vor 1139 und auch da zunächst nur bei den bedeutenderen Gemeinden nachweisbar, während der Landfrieden diese Verfassungsform offenbar schon als eine allgemein verbreitete voraussetzt[2]). Ferner ergibt sich aus den rechtlichen Bestimmungen eine ungemein weitgehende Anerkennung der Gerichtsbarkeit des 'comune'. Denn es wird verfügt, daß bei Konfiskation wegen Landfriedensbruchs die eine Hälfte des Vermögens, die nicht an die Verwandten des Verletzten fällt, zwischen dem Markgrafen und dem 'locus offensionis' zu teilen sei, wie denn auch Markgraf und 'comune' zusammen einen Kämpfer gegen einen Dritten stellen[3]). Daß aber in Istrien, im elften Jahrhundert jedenfalls, ein neben dem Markgrafen derart mit Strafgewalt ausgerüstetes 'comune' noch nicht an der Zeit ist, das liegt nach alledem, glaube ich, auf der Hand, und nur der Bann, den das Landfriedensregest des Thesaurus in dem Druck bei Bianchi ausübte, macht es begreiflich, daß man, ohne die entgegenstehenden sprachlichen und inhaltlichen Kriterien zu beachten, an der Abfassung des Landfriedens unter Markgraf Udalrich im elften Jahrhundert festgehalten hat.

Deuten somit die Angaben insbesondere über das 'comune' auf einen wesentlich späteren Ursprung des Landfriedens hin, so könnte der alsdann in Betracht kommende Markgraf, wenn anders es mit dem Anfangsbuchstaben W. der Landfriedensurkunde seine Richtigkeit hat, nur Patriarch Wolfger von Aquileja sein, der Istrien dem Stuhle von Aquileja zurückgewann. Es wäre also noch zu untersuchen, wie die sachlichen Bestim-

---

[1]) 'Paysani' in der Urkunde von 1194 Nov. 15 bei Kandler, Cod. dipl. Istr.; Thesaurus ed. Bianchi S. 231 nr. 566 zu 1217; Urkunde von 1251 Jan. 8, Joppi, Arch. Triestino N. S. (1886) Bd. 12, 6 ff. nr. 25; 'omnes habitantibus Ystrie' in dem bekannten Pactum Iustinopolitanum von 976, oft gedruckt z. B. Tafel und Thomas, Fontes rer. Austriac. XII, 31.

[2]) Über die Anfänge des Comune in Istrien vgl. Benussi, Nel medio evo S. 695 ff.

[3]) Vgl. hierzu auch E. Mayer a. a. O. Bd. 24, 271 f., S.-A. S. 63.

mungen des Landfriedens sich zu dem verhalten, was wir sonst über das Vorgehen Wolfgers in Istrien erfahren. Leider ist die Ausbeute an solchen Nachrichten nicht allzu groß; aber das Ziel seiner Tätigkeit lassen sie immerhin erkennen. Da ist es nun zunächst bemerkenswert, daß wir auch anderweit von Verträgen Wolfgers mit den 'paysani' Istriens hören. Im fünften Kapitel des Thesaurus stoßen wir unter nr. 566 auf folgendes Regest: 'Pacta habita inter d. Volcherum patriarcham et paysanos Istrie. Instrumentum anno domini MCCXVII'[1]). Wenn ferner nach dem Landfrieden die 'paysani' allesamt eidlich verpflichtet sind, die Ehre des Herrn Markgrafen W. 'bona fide sine omni fraude' zu wahren, so tritt ganz das gleiche Bestreben auch in den Vereinbarungen Wolfgers mit einzelnen Stadtgemeinden Istriens zutage. Wir haben zufällig noch Kunde von solchen Abmachungen mit Pirano und mit Capodistria. 'Et res et personas suas ad quoslibet labores pro honore nostro exponentes guerras pro nobis sive presentes sive absentes simus subire parati sunt et assumere sibi non verentur', liest man in dem Vertrage Wolfgers vom Dezember 1210 mit den Piranesen. Und in einer Urkunde des gleichen Jahres, deren Regest uns wieder der Thesaurus überliefert hat, schwören Bürger von Capodistria vor dem Podestà, sich 'bona fide' um die Einholung des Herrn Markgrafen in die Stadt zu bemühen und ihm mit allen ihren Freunden beizustehen zur Erlangung seines Rechtes in der Stadt[2]). Eben die Wiederherstellung der landesherrlichen Gewalt ist das unablässig von Wolfger verfolgte Ziel. Wie aber der Markgraf des Landfriedens sich mit der Strafgerichtsbarkeit des 'comune' abfindet, so hat auch Wolfger den einzelnen Gemeinden gegenüber die städtische Selbstverwaltung geschont. Gerade der Ausgleich zwischen den einander widerstreitenden Interessen landesherrlicher Autorität und städtischer Autonomie ist Wolfgers besonderes Verdienst. Schon sein Nachfolger Patriarch Berthold hat, wie er die städtische Selbständigkeit überhaupt verwarf, so auch die Strafgewalt des 'comune' freilich erst nach langem, schwerem Ringen beseitigt[3]).

Man kann also wohl sagen, daß der im Landfrieden festgesetzte Rechtszustand, wie er im elften Jahrhundert noch undenkbar ist, so auch schon unter Wolfgers Nachfolger aufhörte, geduldet zu sein, daß er aber um so genauer den speziellen Intentionen Wolfgers entspricht[4]).

[1]) Thesaurus ed. Bianchi S. 231 nr. 566.

[2]) Vertrag mit Pirano von 1210 Dez., Joppi, Aggiunte S. 13 nr. 2. Eid der Bürger von Capodistria von 1210, Thesaurus ed. Bianchi S. 223 nr. 515.

[3]) Vgl. hierzu die einschlagenden Darlegungen in den Abschnitten über Wolfger und Berthold.

[4]) Auch der Graf Engelbert des Landfriedens, den ich bisher absichtlich aus dem Spiel gelassen habe, ist, was für das elfte Jahrhundert kaum möglich wäre, als Zeitgenosse Wolfgers mit voller Sicherheit zu identifizieren. Es ist Graf Engelbert (III.) von Görz, den wir mit seinem Bruder, dem Grafen Meinhard (II.), als Vogt der Kirche von Aquileja auch sonst in

Der äußere durch den Anfangsbuchstaben W. der Landfriedensurkunde gebotene Hinweis empfängt so aus dem Sachinhalt die willkommenste Bestätigung, und, indem sich fortan Wolfgers Name mit dem istrischen Landfrieden verbindet, gewinnen wir daran ein Zeugnis, das unsere leider noch so dürftige Kunde von Wolfgers landesherrlichem Wirken auf das glücklichste abrundet und ergänzt.

Beziehungen zu Wolfger finden, und dessen Teilnahme an dem istrischen Landfrieden sich durch die bedeutende Machtstellung des Hauses in Istrien erklärt. — Nur beiläufig sei daran erinnert, dass Otto IV. nach seiner allgemeinen Anerkennung ein Landfriedensgesetz erlassen hat, das zuerst von ihm selbst, dann von den Fürsten beschworen wurde.

Beilage 4.

Zur Überlieferungsgeschichte der Kaiserurkunden für Aquileja.

Der Patriarchenstaat hat einst eines stattlichen Besitzes an Kaiserurkunden sich erfreut: das Verzeichnis von Sylvester Leicht[1]) zählt von 792 bis 1251, von Karl dem Großen also bis auf Konrad IV., über achtzig Nummern auf. Aber nur sehr wenig davon ist uns im Original oder in früher Abschrift überkommen[2]). Vielmehr stammt die Hauptmasse der Überlieferung erst aus dem fünfzehnten Jahrhundert und aus noch späterer Zeit, als der Patriarchenstaat seine selbständige Existenz bereits eingebüßt hatte. Eine Erklärung dieser immerhin auffallenden Tatsache fehlt bisher. Die neueren Regestenwerke und kritischen Ausgaben, soweit deren vorhanden sind, nennen jeweils zwar die Überlieferungsformen der einzelnen Urkunde; aber eine Prüfung der Überlieferungsgeschichte im ganzen steht noch aus. Eine solche liegt auch hier nicht in meiner Absicht. Denn es würde dazu eine genaue Kenntnis auch des gesamten, überdies weit zerstreuten archivalischen Materials erforderlich sein, über die ich nicht verfüge. Ich wollte denn auch ursprünglich nur der Überlieferung gewisser Kaiserurkunden nachgehen, die für die landesherrlichen Bestrebungen der Patriarchen von Bedeutung sind. Die Beobachtungen aber, auf die ich dabei stieß, schienen mir geeignet, die Überlieferungsgeschichte auch im ganzen zu erhellen. Diese Beobachtungen sind es, die ich hier vorlege. Ich bemerke ausdrücklich, daß

---

[1]) Vgl. P. Sylv. Leicht, I diplomi imperiali concessi ai patriarchi d'Aquileja, studi e regesti (1895) in der Art eines allerdings nicht erschöpfenden Catalogue raisonné.

[2]) Erhalten ist, wofern ich nichts übersehen habe, aus der Zeit vor dem Ende des zwölften Jahrhunderts an Originalen nur die Urkunde Ottos II. von 977 April 16 im Archiv des Grafen Frangipane zu Porpetto, D.O. II. S. 174 nr. 154, Stumpf reg. 703, und die Ottos III. von 996 Juni 26 im Kapitelarchiv zu Udine D.O. III. S. 626 nr. 215, Stumpf reg. 1084; sodann die Fälschung auf den Namen Karls des Großen von 803 Aug. 4, angebliches Original aus dem Ende des zehnten Jahrhunderts im Kapitelarchiv zu Udine, abweichend Breßlau, Neues Archiv Bd. 3, 81, Urk. der Karolinger S. 398 nr. 270, Böhmer-Mühlbacher reg. 399 (391); ferner an Abschriften die Urkunde Lothars I. von 832 Nov. 30, Kopie saec. 10. Verona Bibliot. comunale, Böhmer-Mühlbacher reg. 1033 (999), das auch im Original erhaltene D.O. III. von 996 Juni 26, notarielle Abschrift aus dem Ende des elften Jahrhunderts im Kapitelarchiv zu Udine, und die Urkunde Konrads III. von 1149 (Mai), Abschrift saec. 12. Hofbibliothek Wien Cod. Salisb. 311 (neu 2090) Bl. 36 nach Böhmer, Acta imperii S. 85 nr. 91, Stumpf reg. 3560.

sie nur auf den mir zugänglichen bibliographischen Nachrichten beruhen. Etwas Abschließendes kann und soll mithin die folgende Untersuchung nicht bieten. Aber auch als ein nur vorläufiger Beitrag zur Überlieferungsgeschichte wird sie in Ermanglung sonstiger Vorarbeiten, wie ich hoffe, erwünscht und dienlich sein.

* * *

Bis zum Ende des zwölften Jahrhunderts sind Abschriften von Kaiserurkunden nur ganz vereinzelt erhalten. Von da an lassen sich mehrere zusammengehörige Gruppen unterscheiden.

A. Notarielle Abschriften des ausgehenden zwölften Jahrhunderts.

1) Karl der Große 792 August 4. Notariatsinstrument von 1195 Dezember 2, Pergamene Friulane I nr. 1 in der Biblioteca comunale zu Udine; Urkunden der Karolinger S. 234 nr. 175, Böhmer-Mühlbacher reg. 320 (311).

2) Otto II. 983 Juni 11. Notariatsinstrument von 1195, Kapitelarchiv zu Udine; D.O. II. S. 360 nr. 304, Stumpf reg. 851.

3) Otto III. 1001 April 28. Notariatsinstrument von 1195, Staatsarchiv Venedig; D.O. III. S. 835 nr. 402, Stumpf reg. 1260.

4) Konrad II. 1028 Sept. 11. Notariatsinstrument von 1195, Kapitelarchiv zu Udine; D.K. II. S. 176 nr. 131, Stumpf reg. 1982.

5) Hugo 928 Febr. 12. Transsumpt des Notars Petrus von Cividale saec. 12. ex., Staatsarchiv Venedig, Joppi-Mühlbacher, Unedierte Diplome aus Aquileja nr. 12, Mitteilungen. d. Instituts für österreich. Geschichtsforschung (1880) Bd. 1, 290.

6) Konrad II. 1034 März 8. Notarielle Abschrift aus dem Ende des zwölften Jahrhunderts, Kapitelarchiv zu Udine, D.K. II. S. 277 nr. 205, Stumpf reg. 2053.

7) Heinrich IV. 1062 Dez. 16. Notariatskopie saec. 12. ex., Kapitelarchiv zu Udine nach Breßlau, Neues Archiv (1878) Bd. 3, 81, Stumpf reg. 2617.

8) Heinrich IV. 1077 Juni 11. Überlieferung wie bei nr. 7, Stumpf reg. 2803.

9) Heinrich VI. 1193 Jan. 10. Überlieferung wie bei nr. 7, Stumpf reg. 4791.

B. Rest eines Kopialbuchs saec. 13., 6 Pergamentblätter groß Folio, Staatsarchiv Venedig, Miscellanea B. nr. 13, beschrieben von Winkelmann, Neues Archiv (1880) Bd. 5, 14. Jedes Blatt enthält die Abschrift einer Urkunde mit Nachbildung des Monogramms etc.

1) Friedrich I. 1180 Jan. 25, Stumpf reg. 4297.

2) Friedrich II. 1214 Febr. 22, B.-F. nr. 721.

3) Friedrich II. 1232 Mai, B.-F. nr. 1987.
4) Friedrich II. 1220 Dez. 6, B.-F. nr. 1252.
5) Friedrich II. 1230 Juli, B.-F. nr. 1803.
6) Friedrich II. 1214 Febr. 23, B.-F. nr. 722.

Die Urkunde von 1220 trägt am Schluß den Vidimationsvermerk: 'Ego Romanus anno 1232'. Da die jüngste der noch vorhandenen Urkunden ebenfalls von 1232 ist, so dürfte die Anlage des Kopialbuchs in diesem Jahre erfolgt sein.

C. Notarielle Abschriften aus dem Jahre 1261 [1262?].

1) Ludwig II. 854 Okt. 30. Transsumpt von 1261, Marciana nach Pertz, Archiv Bd. 5, 622 n. 2, Böhmer-Mühlbacher reg. 1164 (1200).
2) Heinrich II. 1020 April 26. Abschrift von 1261 Nov. 14, Staatsarchiv Venedig, Ducali ed atti diplom. B. 2, b. 1; D.H.II S. 541 nr. 426, Stumpf reg. 1745.
3) Konrad II. 1028 Sept. 11. Abschrift von 1261, Staatsarchiv Venedig, Ducali ed atti diplom. B. 2, c. 1; D.K. II S. 176 nr. 131, Stumpf reg. 1982.
4) Heinrich IV. 1077 s. d. Abschrift von 1261, Staatsarchiv Venedig, Ducali ed atti diplom. B. 2, c. 1, Stumpf reg. 2800.
5) Heinrich IV. 1081 Juli 20. Abschrift von 1261 Nov. 14; früher Wien nach Stumpf, Acta imperii S. 78 nr. 75, Stumpf reg. 2838.
6) Heinrich IV. 1081 Juli 20. Abschrift von 1261 Nov. 14; früher Wien nach Stumpf, Acta imperii S. 659 nr. 468, Stumpf reg. 2839.
7) Friedrich II. 1209 (Januar). Abschrift von 1261, Staatsarchiv Venedig, Ducali ed atti diplom. B. 7, a. 11, B.-F. nr. 258.
8) Friedrich II. 1220 (November). Abschrift von 1261, Staatsarchiv Venedig, Pacta Serie 1, sehr beschädigtes Notariatstranssumpt nach Winkelmann, Acta imperii I S. 175 nr. 198, vgl. Neues Archiv Bd. 5, 12, B.-F. nr. 1229.
9) Friedrich II. 1232 Februar. Abschrift von 1262 [?], Staatsarchiv Venedig, Atti dipl. miscell. nr. 411 nach Winkelmann, Acta imperii I S. 286 nr. 320, vgl. Neues Archiv Bd. 5, 13, B.-F. nr. 1937.

D. Vidimation kaiserlicher Privilegien auf langer Pergamentrolle von 1303, Staatsarchiv Venedig, Atti diplomatici restituiti nr. 145, vgl. Winkelmann, Neues Archiv Bd. 5, 14.

1) und 2) Heinrich IV. 1077, „zwei Urkunden"; in Frage kommen Stumpf reg. 2800, 2802, 2803.
3) Friedrich I. 1180 Jan. 25, Stumpf reg. 4297.
4) Philipp 1207 Okt. B.-F. nr. 166.
5) Otto IV. 1209 Jan. 13. B.-F. nr. 257.
6) Otto IV. 1210 Mai 8. B.-F. nr. 399.

7) Friedrich II. 1214 Febr. 22. B.-F. nr. 721.
8) Friedrich II. 1230 Juli. B.-F. nr. 1803.
9) Friedrich II. 1232 Febr. B.-F. nr. 1937.
10) Friedrich II. 1238 Okt. B.-F. nr. 2395.
11) Friedrich II. 1220 Dez. 6. B.-F. nr. 1252.

Wie ich dem Druck der Urkunde von 1210 Mai 8 bei Joppi, Aggiunte inedite al Codice diplomatico Istriano S. 9 ff. nr. 1 entnehme, ist die Vidimation am 26. April 1303 von Melioranza von Tiene, dem Kanzler des Patriarchen, ausgefertigt.

* * *

Diese notarielle Abschrift und Beglaubigung von Kaiserurkunden trifft nun jedesmal, so oft sie in größerem Umfange vorgenommen wird, mit wichtigen Ereignissen in der Geschichte des Patriarchenstaates zusammen. Zu Ende des zwölften Jahrhunderts ist es neben finanzieller Bedrängnis die Entfremdung und Beeinträchtigung des Kirchenguts, gegen die der neugewählte Patriarch Peregrin alsbald, noch im Jahre 1195, ein Urteil Heinrichs VI. erwirkt[1]). 1232 beginnt Patriarch Berthold, nachdem er es aus eigener Kraft nicht vermocht, seine landesherrlichen Ansprüche nunmehr mit Hilfe Friedrichs II. durchzuführen[2]). 1261 muß Patriarch Gregor nach langwierigen Streitigkeiten um Kirchenlehen vor der neuen weltlichen Landesherrschaft in Krain zurückweichen[3]). 1303 endlich schweben Verhandlungen über die Abtretung von Hoheitsrechten des Patriarchen in Istrien.

Stets also sind es Rechts- und Besitzfragen, die zur Entscheidung stehen, und da mag die notarielle Abschrift und Beglaubigung von Kaiserurkunden irgendwie erwünscht und unerläßlich gewesen sein. Genauer feststellen können wir den Sachverhalt nur noch zu Beginn des vierzehnten Jahrhunderts, und in diesem Falle ist er höchst merkwürdiger Art.

---

[1]) Über die Lage des Patriarchenstaates zu Ende des zwölften Jahrhunderts unter Patriarch Peregrin vgl. oben S. 126 ff. — In dem Transsumpt der Urkunde Karls des Großen von 792, Gruppe A nr. 1, ist die Besitzbestätigung interpoliert. Besondere Beachtung verdient, daß auch die Urkunden von 1034 und von 1062, Gruppe A nr. 6 und nr. 7, Besitzbestätigung Grados, und von 1077, Gruppe A nr. 8, Verleihung der Mark Krain, kopiert wurden, obwohl es sich dabei um Schenkungen handelt, die später gar nicht hatten realisiert werden können. Auch das Protokoll der römischen Synode Konrads II. und Johanns XIX. von 1027 April 6 mit der zugunsten des Patriarchen Poppo ergangenen Entscheidung wurde Ende des zwölften Jahrhunderts von dem Notar Petrus transsumiert, vgl. MG. Constitutiones I S. 82 f. nr. 38.

[2]) Die noch erhaltenen Urkunden des Kopialbuchs aus der Zeit Bertholds sind fast durchweg solche, die sich auf die landesherrlichen Rechte des Patriarchen beziehen.

[3]) Der Vertrag mit der neuen weltlichen Landesherrschaft in Krain ist von 1261 Nov. 24, Schumi, Urkunden- und Regestenbuch Bd. 2, 223 ff. nr. 290, die Notariatskopien, deren genaues Datum mir bekannt ist, Gruppe C nr. 2, 5 und 6, sind von 1261 Nov. 14! Daß die Abschrift auf Befehl des Patriarchen geschah, ergibt sich aus dem Vidimationsvermerk der Urkunde Konrads II. von 1028, Gruppe C nr. 8, die ich vor Jahren für den Apparat der Monumenta Germaniae verglichen habe.

Nach dem Tode des Patriarchen Pietro Gerra (1301) war eine Doppelwahl erfolgt, die innere Wirren nach sich zog. Der Papst – es war Bonifaz VIII. – bestätigte keinen der beiden Kandidaten, sondern erhob den Bischof von Padua, Ottobono de' Razzi, auf den Patriarchenstuhl. Am 13. April 1302 wurde die Ernennung veröffentlicht. Hierauf suchte der neue Patriarch die Einwilligung des Papstes zur Aufnahme einer Anleihe nach, die ihm am 3. Mai gewährt wurde. Am 24. Juni sodann ließ Bonifaz dem Bischof von Florenz und anderen Geistlichen mitteilen, daß er sie zu Exekutoren eines von der Bankfirma Capponi dem Patriarchen vorzustreckenden Darlehens im Betrag von 3000 Goldfloren berufe[1]). Man begreift hiernach, daß der neue Patriarch zu Verhandlungen über die Abtretung von Hoheitsrechten gegen eine hohe Abfindungssumme bereit war. Daß er sich aber gerade an die Firma Capponi wandte, erklärt sich wohl aus den engen geschäftlichen Beziehungen, die dieses Florentiner Bankhaus schon zu dem Patriarchen Raimund della Torre unterhalten hatte[2]). Freilich werden nun die Capponi eben deshalb auch den mißlichen finanziellen Status ihres Klienten gekannt haben, und so ließen sie sich, ohne Zweifel zur Sicherung ihrer Forderung, eine nicht geringe Anzahl von Originalurkunden Friedrichs I., Philipps, Ottos IV. und Friedrichs II. verpfänden und zwar gerade diejenigen, auf denen die landesherrlichen Rechte des Patriarchen beruhten. Wir wissen von dieser eigentümlichen Tatsache durch den Thesaurus ecclesiae Aquileiensis, der ein genaues Verzeichnis jener Originale enthält. Sodann erfahren wir, daß die Notariatsurkunde darüber von dem Kanzler Melioranza ausgefertigt wurde, demselben, von dem auch die Vidimation der Kaiserurkunden auf langer Pergamentrolle herrührt. Da es sich aber beiderseits im wesentlichen um die gleichen Stücke handelt, so war die Vidimation augenscheinlich als Ersatz für die auszuliefernden Originale vorgesehen[3]). Allein auch dieses

[1]) Vgl. G. Digard, Les régistres de Boniface VIII., Fascic. 11 novembre 1909, reg. 4611, 17, 40, 41, 42, 90. Zuerst war die Aufnahme eines Darlehens im Betrag von 4000 Goldfloren geplant. Von der in reg. 4690 verzeichneten Urkunde hat auch schon Davidsohn, Geschichte von Florenz (1908) II 2, 413 n. 1 eine kurze Inhaltsangabe gegeben. Vgl. auch noch Ann. Foroiul. MG. SS. XIX, 210.

[2]) Über die Beziehungen der Capponi zu Raimund vgl. u. a. Kandler, Cod. dipl. Istr., Urkunde von 1275 Aug. 25. Schon damals wurde dem Caponcino Capponi und Genossen wegen eines Darlehens die Maut von Monfalcone und die 'Gratia vini' von Istrien verpfändet. 1285 Nov. 10 und 1286 Febr. 18 kommt Lippus Capponus als 'procurator domini Raimundi patriarche', 1290 Sept. 5 derselbe als Zeuge in der Umgebung des Patriarchen vor. Vgl. auch Thesaurus ed. Bianchi S. 223 nr. 509 zu 1286.

[3]) Das Verzeichnis der verpfändeten Originale, Thesaurus ed. Bianchi S. 339 ff. nr. 1158-1169, ein nach der Gesamtanlage des Thesaurus, wie es scheint, eingeschobener Abschnitt mit der Überschrift: 'Privilegia data in depositum et servamentum Pagnino de Florentia de societate Caponorum'. Durch wen die Verpfändung erfolgte, wird hier nicht gesagt; doch ergibt es sich aus der Inhaltsangabe des zehnten Schreins, 'de contentis in decimo scrineo', vgl. Thesaurus S. 13: 'In decimo originalia instrumenta de privilegiis pluribus

Faustpfand hat den Capponi schwerlich zu ihrem Gelde verholfen. Denn zur Zeit der Abfassung des Thesaurus 1376, ja selbst zur Zeit der Abfassung des Lucifer Aquileiensis 1386, waren die Originale noch nicht eingelöst, und da aus späterer Zeit bis jetzt keine Nachricht vorliegt, da ferner kein einziges der Originale wieder aufgetaucht ist, so darf man annehmen, daß sie auch später nicht wieder eingelöst, sondern in dem Gewahrsam der Capponi geblieben, verschollen und zugrunde gegangen sind.

Ziehen wir die Summe. An gutem Willen, den vorhandenen Besitz an Kaiserurkunden durch notarielle Abschrift und Beglaubigung zu sichern, hat es keineswegs gefehlt. Die im ganzen mühselige Existenz des Patriarchenstaates hat, so scheint es, in diesem Sinne anspornend eingewirkt, und es liegt vielmehr an der späteren Zersplitterung der Überlieferung, wenn man diese Bestrebungen bisher nicht beachtet hat. Vor allem aber ist es jene Gruppe auf die landesherrlichen Rechte des Patriarchen bezüglicher Originale, deren Schicksal besonderes Interesse erweckt, nicht bloß um der Überlieferungsgeschichte willen, sondern auch als Vorzeichen der frühen Auflösung des Patriarchenstaates überhaupt.

imperialibus cum bullis aureis iurium Aquilegensis ecclesie positis in deposito per d. Ottobonum patriarcham penes Paginum de Florentia et societatem Caponorum; et unus rotulus de dictorum privilegiorum depositione'. Über den Anteil des Melioranza siehe den Lucifer Aquileiensis, Thesaurus S. 413: 'Notandum est ulterius quod tempore bone memorie Ottoboni patriarche vel circa depositata seu pignorata fuerunt penes quemdam de societate Caponorum de Florentia certa imperialia et regalia optima privilegia continentia donationes Foriiulii aliorumque locorum et terrarum ad supradictam ecclesiam spectantium, quorum privilegiorum maior pars erat bullis aureis bullata, prout inde continere vidi publico instrumento manu quondam domini Meliorantie canonici Utini, tunc patriarchalis notarii, scripto'

Beilage 5.

Das Verzeichnis der Rechte und Einkünfte des Patriarchen in Istrien.

Im März 1303 erstattete der Venezianer Marin Coppo Bericht über Verhandlungen, die damals mit dem Patriarchen von Aquileja über die Abtretung von Herrschaftsrechten in Istrien gepflogen wurden. Wir erfahren, den venezianischen Bevollmächtigten sei ein Verzeichnis der Rechte und Einkünfte des Patriarchen in Istrien übergeben worden, offenbar in der Absicht, um es als Rechtsgrundlage für die damals noch sehr weitgehenden Entschädigungsansprüche des Patriarchen zu benutzen. Dieses Verzeichnis ist das hier in Rede stehende; eben in Verbindung mit dem Bericht des genannten Venezianers ist es uns erhalten geblieben.

Es verlohnt sich wohl, Überlieferung und Abfassungszeit der für die Herrschaftsrechte des Patriarchen in Istrien ungemein wichtigen Urkunde noch etwas genauer festzustellen, als das bisher geschehen ist.

1. Die vorhandenen Drucke und Regesten gehen, soviel ich sehe, nicht auf ein und dieselbe Abschrift zurück. Die in der Regel zugrunde liegende Überlieferung ist die im Liber primus commemorialis c. 30^{v} des venezianischen Staatsarchivs, einem Protokollbuch, in das die Schreiber der Kanzlei des Dogen die auf die laufenden politischen und Verwaltungsangelegenheiten bezüglichen Schriftstücke eintrugen[1]). Zusammen mit dem Bericht des venezianischen Unterhändlers ist so auch eine Abschrift des Verzeichnisses in das venezianische Staatsarchiv gelangt. Aus ihr stammt zunächst der Druck bei C. A. Marin, Storia civile e politica del commercio de' Veneziani (1800) Bd. 6, 350ff., ferner der bei J. Chmel, Fontes rer. Austriac., Diplomataria et Acta Bd. 1 Diplomatarium miscellum sec. 13. (1849) S. 289ff. nr. 122, den Kandler in seinem Codice diplom. Istriano (1864) o. S. wiederholt, endlich das Regest bei A. S. Minotto, Acta et diplomata (1870) I 1, 53 und dasjenige bei R. Predelli, I libri commemoriali della republica di Venezia (1876) Bd. 1, 25 nr. 103. Dagegen folgte Carli im Urkundenanhang zum vierten Band seiner Antichità Italiche (1791) S. 92ff. nr. 31,

[1]) Vgl. darüber Predelli in der Einleitung zum ersten Bande der von ihm herausgegebenen Regesten der Libri commemoriali S. IX.

wie er Bd. 4, 223 bemerkt, einer anderen Überlieferung im Notariatsarchiv zu Udine, nämlich den Registerbänden des Notars Melioranza, der zu Anfang des vierzehnten Jahrhunderts Kanzler des Patriarchen war. Man hat also in der Kanzlei des Dogen wie in der des Patriarchen eine Abschrift der wichtigen Urkunde aufbewahrt.

Beide Texte stimmen, nach den Drucken zu urteilen, bis auf eine bezeichnende Abweichung in allem Wesentlichen überein. Der oberste Landesbeamte des Patriarchen in Istrien, der 'richtarius', der in der Abschrift des Kanzlers 'ricarius' heißt, wird in der venezianischen Abschrift 'vicarius' genannt, ein bloßer Lesefehler, der um so verzeihlicher ist, als jener Titel zu Beginn des vierzehnten Jahrhunderts bereits außer Gebrauch geraten war[1]).

2. Schwieriger ist es, die Abfassungszeit des Verzeichnisses, sei es auch nur annähernd, zu ermitteln. Denn die Urkunde ist nicht datiert, entbehrt auch sonst jeder genaueren Zeitangabe. Die Ansichten über die Abfassungszeit gehen daher nicht wenig auseinander. Chmel z. B. bringt die Urkunde zu „circa 1300", vermutlich, weil sie bald danach bei Gelegenheit der Verhandlungen mit Venedig in der Überlieferung auftaucht[2]). Kandler dagegen druckt sie schon zu 1208, indem er behauptet, die Patriarchen hätten diese Rechte und Einkünfte in Istrien bereits vorgefunden. Nun ist so viel sicher, daß das Verzeichnis den noch ungeschmälerten Besitzstand schildert, der um 1300 so längst nicht mehr vorhanden war; umgekehrt aber ist die Forderung unumschränkter landesherrlicher Gewalt, wie sie in dem Verzeichnis auftritt, in diesem Umfang erst von dem Patriarchen Berthold erhoben und nach langem Kampfe durchgesetzt worden. Das Verzeichnis kann also nicht schon um 1208, und es wird schwerlich erst um 1300 entworfen sein.

Man hat dann neuerdings an der Hand sonstiger Nachrichten über den Erwerb oder Verlust gewisser Rechte die Entstehungszeit noch genauer abzugrenzen sich bemüht[3]). Vor allem sind hier die Ausführungen C. De

[1]) Wenn Kandler, obwohl ihm nur der Druck Chmels vorlag, die Lesart 'vicarius' stillschweigend in 'ricarius' abgeändert hat, so ist das eine zwar zutreffende, aber nichtsdestoweniger der Überlieferung gegenüber selbstherrliche Konjektur. — Eine Verschiebung in der Reihenfolge der in dem Verzeichnis angeführten Orte ganz am Schlusse desselben, die der Druck bei Chmel und daher auch der bei Kandler gegenüber den anderen Drucken aufweist, dürfte daraus zu erklären sein, daß Chmel, wie es scheint, nicht das Original, sondern die in Wien beruhende Abschrift des Liber primus commemorialis benutzt hat.

[2]) Ähnlich von Czörnig, S. 383 n. 2; Hasenöhrl S. 545 n. 88 folgt Chmel; Minotto datiert 1303 März, Predelli 1303 principio?.

[3]) E. Mayer, Die dalmatisch-istrische Munizipalverfassung a. a. O. Bd. 24, 272 n. 2, S.-A. S. 64 n. 2 argumentiert folgendermaßen: Die Urkunde setze die Herrschaft des Patriarchen in Pola voraus; diese Stadt aber sei seit 1243 definitiv an Venedig übergegangen. So falle die Urkunde in die erste Hälfte des dreizehnten Jahrhunderts, wo, seit 1202, die Venezianer die Herrschaft des Markgrafen nicht weiter stören! In Wahrheit jedoch hat Pola noch bis ins vierzehnte Jahrhundert die Herrschaft des Patriarchen anerkannt; für die Datierung der Urkunde springt also nichts dabei heraus.

Franceschis zu beachten. Unter den Gründen, die er für die Abfassung nach 1260 geltend macht, ist freilich nur einer, dieser aber unbedingt durchschlagend: das Kastell S. Giorgio, das ganz am Ende des Verzeichnisses unter den Besitzungen des Patriarchen uns begegnet, ist erst im Juli 1260 von dem Patriarchen Gregor von Montelongo angekauft worden. Den Beleg dafür liefert übrigens nicht so sehr der Thesaurus ecclesiae Aquileiensis, auf den De Franceschi sich beruft, als der Auszug aus den Kaufurkunden, den Bianchi nach den Papieren Bellonis mitteilt[1]). Andrerseits bemerkt De Franceschi zwar, daß Parenzo, an welchem Orte das Verzeichnis dem Patriarchen noch bestimmte Rechte zuschreibt, 1267 an Venedig verloren ging, aber er möchte doch die Möglichkeit offen lassen, daß die Patriarchen einstweilen noch an dem früheren Anspruch festhielten, daß das Verzeichnis mithin erst in den nächstfolgenden Jahren bis etwa 1273 entstanden sei. Dem aber widerstreitet eine andere Erwägung. Unter den ungefähr vierzig Orten Istriens, in denen das Verzeichnis Rechte und Einkünfte des Patriarchen aufzählt, wird außer Parenzo auch Buje und San Lorenzo genannt. Nun hat Buje 1268 unter den Schutz des aufständischen Capodistria, San Lorenzo 1271 unter den Schutz Venedigs sich gestellt[2]). Da aber die Rechte und Einkünfte in diesen genau so wie in den übrigen Orten als im Besitze des Patriarchen befindlich aufgeführt werden, so kann das Verzeichnis nicht wohl zu einer Zeit angefertigt sein, als diese Orte dem Patriarchen bereits entfremdet waren[3]). Ich glaube daher nicht zu irren, wenn ich annehme, daß das Verzeichnis zur Zeit des noch ungeschmälerten Besitzstandes unter dem Patriarchen Gregor von Montelongo, d. h. nach dem Kaufe von S. Giorgio im Juli 1260 und vor dem Verluste von Parenzo im Juli 1267, abgefaßt worden ist[4]).

Vielleicht darf man sogar noch einen Schritt weiter gehen. Ich habe oben bereits gezeigt, daß im Jahre 1261 eine umfassende notarielle Abschrift und Beglaubigung der Kaiserurkunden für Aquileja stattfand. Sie geschah auf Befehl des Patriarchen[5]). Sollte er damals auch die Anlage des Ver-

---

[1]) C. De Franceschi, Il comune Polese e la signoria dei Castropola, Atti (1902) Bd. 18, 287. Thesaurus ed. Bianchi S. 189 nr. 399, S. 223 nr. 512, 513; Bianchi, Archiv Bd. 21, 403 nr. 258, 405 nr. 265. Nicht stichhaltig dagegen ist der Hinweis auf Thesaurus S. 212 nr. 473 und S. 229 nr. 552.

[2]) Über Buje s. Kandler, Cod. dipl. Istriano, Urk. von 1268 Aug. 13 ex.; über San Lorenzo, Minotto, Acta I 1, 138 zu 1271 Nov. 10, Dandolo Sp. 382 A Note a zu Nov. 25.

[3]) Gerade für Buje [in Bulleis] und San Lorenzo sind die Angaben besonders eingehend, und zwar handelt es sich um Gerechtsame, die der Patriarch nicht etwa nur beansprucht, sondern ausübt.

[4]) Zu beachten ist in dieser Hinsicht doch wohl auch, daß nach dem Bericht des Marin Coppo der Patriarch 1303 Entschädigung für den Ausfall an Einkünften gegenüber der Zeit Gregors von Montelongo verlangt.

[5]) Vgl. Beilage 3: Zur Überlieferungsgeschichte der Kaiserurkunden für Aquileja. Auch

zeichnisses für Istrien angeordnet haben? Sie würde alsdann den übrigen Maßregeln anzureihen sein, die von den Patriarchen zum Nachweis ihres Besitzstandes getroffen wurden, und zwar hier gerade in dem Augenblick, bevor die unaufhaltsame Absplitterung beginnt.

---

die Urkunde Friedrichs II. von 1232 über die landesherrlichen Hoheitsrechte des Patriarchen wurde damals vidimiert, die mit den entsprechenden Angaben des Verzeichnisses sachlich weitgehend übereinstimmt, desgleichen auf die geistlichen Herrschaftsrechte in Istrien bezügliche Privilegien.

Beilage 6.

Ein Handelsvertrag Venedigs mit Capodistria von 1182.

Venedig schließt mit Capodistria über den Salzstapel auf der Küstenstrecke von Pola bis Grado und über die Abgaben der zu Lande ankommenden und zum Transport über See bestimmten Waren auf 29 Jahre einen Vertrag.

Venedig 1182 April.

Abschrift vom Ende des zwölften oder vom Beginn des dreizehnten Jahrhunderts, Staatsarchiv Venedig, Ducali ed atti diplomatici, Busta 6, b. 4 (B).

Minotto, Documenta ad Forumjulii, Istriam, Goritiam, Tergestum spectantia, Atti e memorie della società Istriana (1892) Bd. 8, 17, Regest aus B = Benussi, Nel medio evo, Pagine di storia Istriana (1897) S. 671 n. 409.

† In nomine domini dei patris et filii et spiritus sancti amen. Nos quidem Aurius Mastropetrus dei gracia Venecie Dalmacie atque Chroacie dux, cum in nostro palatio resideremus cum nostris iudicibus et nostre terre sapientibus, venerunt ante presenciam nostram legati civitatis Iustinopolitani, Hermannus Almericus Ep[iscop]us Mengossus, offerentes nobis preces, ut in eorum prescripta civitate portum salis locaremus, et ut publicum f[a]ceremus edictum imponi, quod nullus homo salem portare deberet in aliquam partium Ystrie a Gradu usque Polam nisi illuc. Ad quod cum nobis suis precibus iugiter insisterent, eorum petitionibus consensum adibere curavimus. Statuimus itaque cum ipsis, quod unam galeam eis concedere debemus; et ipsi statuerunt nobiscum, quod cum ipsa galea custodire debent mare, ita quod nullus homo nec Veneticus nec aliquis alius debeat ire cum sale in aliquam partium Ystrie a Gradu usque Polam nisi ad dictam eorum civitatem; et si aliquis forte reperitur eundo in aliquam aliam partem nisi illuc, debent ipsum capere et tollere ei salem quem portaverit; de ipso autem communis noster medietatem habere debet et ipsi aliam medietatem. Similiter quoque, si aliquis homo salem portaverit in predictam eorum civitatem vel in aliam partem sine nostro sigillo, ipsum tollere debent, nisi portaverit pro necessitate domus sue usque duo vel tria staria; de capto autem sale a tribus stariis et sursum

noster communis debet habere medietatem et ipsi aliam medietatem. Quam rem ipsi servare iuraverunt bona fide sine fraude, et quod homines Venecie securos et custoditos habere debent in illis partibus bona fide. De redditibus autem qui in ipsam terram intraverint, de omnibus mercationibus que illuc venerint et ad muduam pertinent, hoc est de hominibus qui defforis veniunt per terram, communis noster tertiam partem habere debet et cives dicte civitatis aliam tertiam partem; episcopus vero eorum et marchio atque comes eorum debent habere reliquam tertiam partem pro eo, quod stratam debent securam reddere omnibus qui illuc venire voluerint. Debent insuper operari bona fide quod strata illuc faciat cursum; si hoc autem facere noluerint, tunc communis noster de predictis omnibus medietatem habere debet et cives Iustinopolitani aliam medietatem. Debent etiam cives Iustinopolitani esse studiosi bona fide ad defendendum, quod nulla magna navis que veniat ab illa parte Ystrie debeat facere portum de sale in aliqua parte Ystrie, et si aliqua illuc venire contigerit, ipsam cogere debent ad revertendum unde venit bona fide; quod si redire noluerit, salem eis pro posse tollere debent; unde communis noster medietatem habere debet et ipsi aliam medietatem. Verum si fuerit navis Veneticorum et in eo loco noluerit facere portum, sed venire voluerit in Venecciam, non debet impediri; et etiam, si nostri Venetici per illas partes ire voluerint cum aliis mercibus, impediri non debent. Si vero propter hoc civibus Iustinopolitanis impedimentum evenerit ab aliquo Veneticorum, nos et communis noster ipsos exinde defensare debemus, et si per aliquem alium hominem eis venerit impedimentum, communis noster et eorum debet esse inimicus. Ista conventio duret usque ad viginti novem annos completos et inde in antea usque dum nostre in unum convenerint voluntates. Ut ergo super hoc civibus Iustinopolitanis indubitata fides et firma permaneat, hanc cartam nostro sigillo iubsimus communiri. Quam Paternianus da Putheo subdiaconus et notarius nostre curie scripsit et dedit anno domini millesimo centesimo octuagesimo secundo, mensis aprilis, indictione quintadecima, in Venecia feliciter.

Berichtigungen.

Seite 11 Anm. 2 Z. 4 l.: (1908).
Seite 19 Z. 17 von unten l.: Karls des Großen.
Seite 19 Z. 5 von unten l.: Unabhängigkeit.
Seite 55 Z. 1 von unten und Seite 93 Z. 11 von oben:

Wennschon die Konstitution Leos IX. von 1053 an das der jüngeren Theorie zugrunde liegende, gefälschte Synodalschreiben Gregors III. von 731 anknüpft, so ist doch andrerseits in Betracht zu ziehen, daß möglicher Weise auch die uns nicht erhaltenen Privilegien Silvesters II. und Sergius' IV. als Vorlage gedient haben können, in denen die jüngere Theorie zuerst anerkannt und bestätigt worden ist.

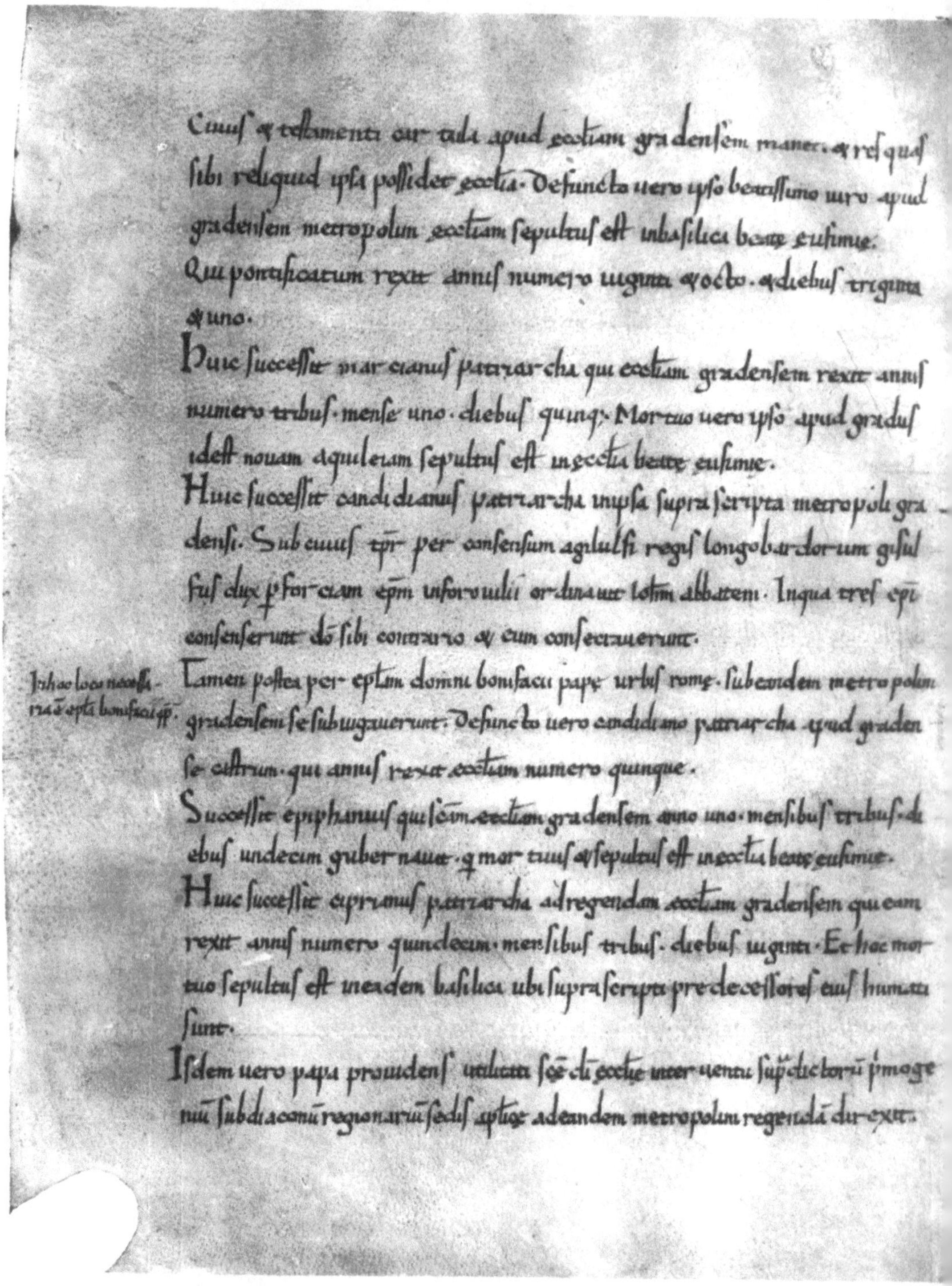

Cuius et testamenti cartula apud ecclesiam gradensem manet. et res quas
sibi reliquid ipsa possidet ecclesia. Defuncto uero ipso beatissimo uiro apud
gradensem metropolim ecclesiam sepultus est inbasilica beate eufimie.
Qui pontificatum rexit annis numero uiginti et octo. et diebus triginta
et uno.
Huic successit marcianus patriarcha qui ecclesiam gradensem rexit annis
numero tribus. mense uno. diebus quinque. Mortuo uero ipso apud gradus
idest nouam aquileiam sepultus est inecclesia beate eufimie.
Huic successit candidianus patriarcha inipsa suprascripta metropoli gra
densi. Sub cuius tempore per consensum agilulfi regis longobardorum gisul
fus dux pro forciam episcopum inforouilii ordinauit Iohannem abbatem. Inqua tres episcopi
consenserunt deo sibi contrario et eum consecrauerunt.

In hoc loco necessaria est epistola bonifacii pape. — Tamen postea per epistolam domni bonifacii pape urbis rome. sub eandem metropolim
gradensem se subiugauerunt. Defuncto uero candidiano patriarcha apud graden
se castrum. qui annis rexit ecclesiam numero quinque.
Successit epiphanius qui sanctam ecclesiam gradensem anno uno. mensibus tribus. di
ebus undecim gubernauit. quo mortuus et sepultus est inecclesia beate eufimie.
Huic successit ciprianus patriarcha adregendam ecclesiam gradensem qui eam
rexit annis numero quindecim. mensibus tribus. diebus uiginti. Et hoc mor
tuo sepultus est ineadem basilica ubi suprascripti predecessores eius humati
sunt.
Isdem uero papa prouidens utilitati sancte dei ecclesie interuentu supradictorum primoge
nium subdiaconum regionarium sedis apostolice adeandem metropolim regendam direxit.

Codex Vaticanus Urbinas 440 fol. 8[b]

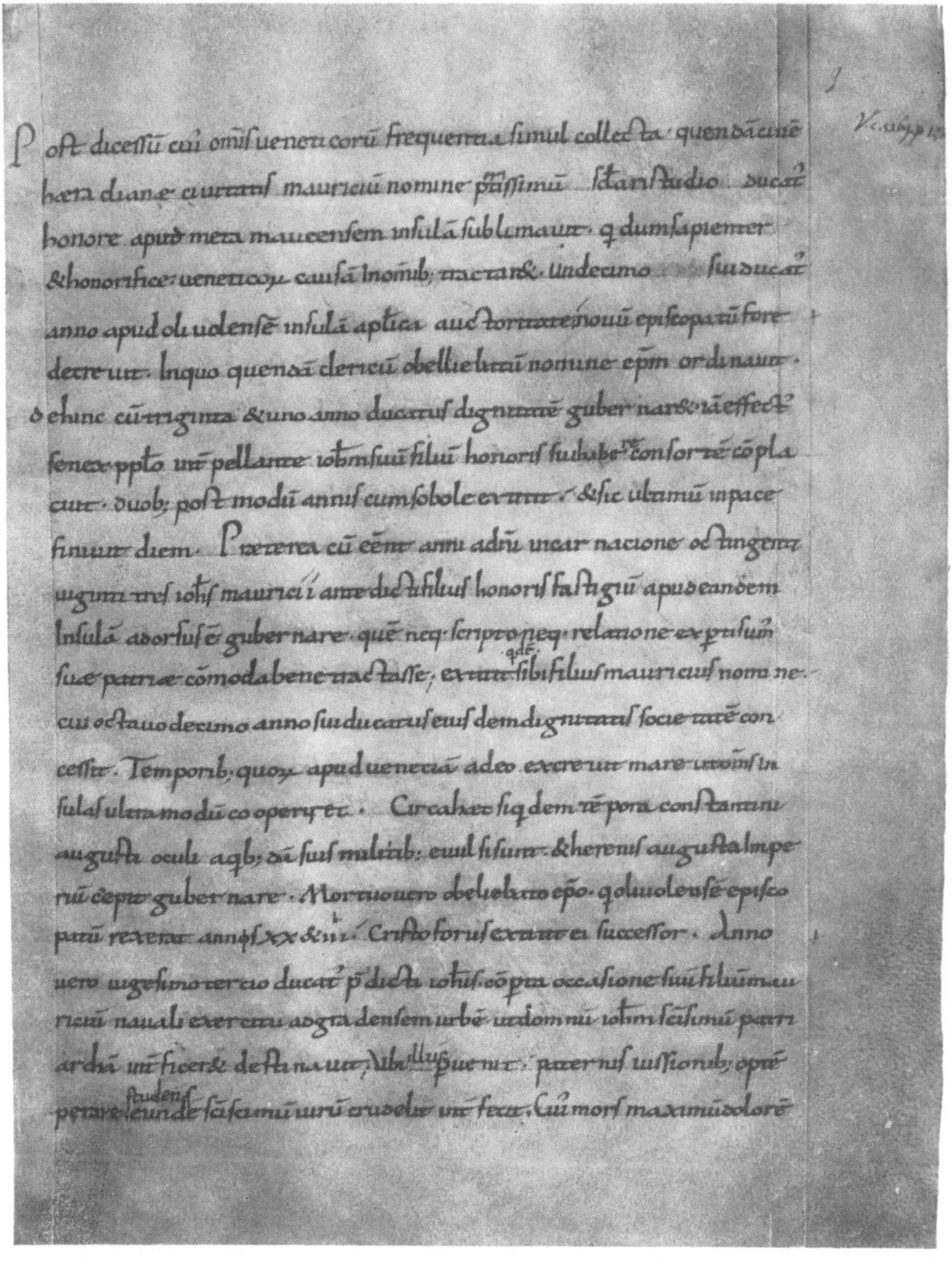

Post dicessu cui omis ueneti coru frequentia simul collecta. quendā ciuē
heraclianę ciuitatis mauricium nomine pfissimu scdaris studio ducat
honore apud metamaucensem insulā sublimauit. q dum sapienter
& honorifice uenetico4 causā in omib; tractar& undecimo sui ducat
anno apud oliuolensē insulā aplica auctoritate nouū episcopatū fore
decreuit. in quo quendā clericū obelliebatū nomine epm ordinauit.
Dehinc cū triginta & uno anno ducatus dignitatē gubernar& iā effect
senex ppto uir pellante iohm suū filiū honoris sui habe consortē copla
cuit. duob; post modū annis cum sobole extitit. & sic ultimū in pace
finiuit diem. Preterea cū cēnt anni adūu incarnacione octingenti
uiginti tres iohs maurici ante dicti filius honoris fastigiū apud eandem
insulā adorsus ē gubernare. quē neq; scripto neq; relatione expulsum
sue patrie comoda bene tractasse; extitit sibi filius mauricius nomine
cui octauo decimo anno sui ducatus eius dem dignitatis societatē con
cessit. Temporib; quo4 apud uenetiā adeo excreuit mare ut omnes in
sulas ultra modū cooperiret. Circa hec siqdem tēpora constantini
augusti oculi aqb; dā suis militib; euul si sunt. & herenis augusta impe
riū cepit gubernare. Mortuo uero obelierato epo. q oliuolensē episco
patū rexerat annos XX & III. Cristoforus extitit ei successor. Anno
uero uigesimo tercio ducat p dicti iohis. cō pria occasione suū filiū mau
riciū nauali exercitu a gradensem urbē. ut domnū iohm scissimū patri
archā inter ficer& destinauit. ubi illuc puenit. paternis iussionib; optē
perare studens eundē scissimū uirū crudeliter interfecit. Cui mors maximū dolorē

Codex Vaticanus Urbinas 440 fol. 9a

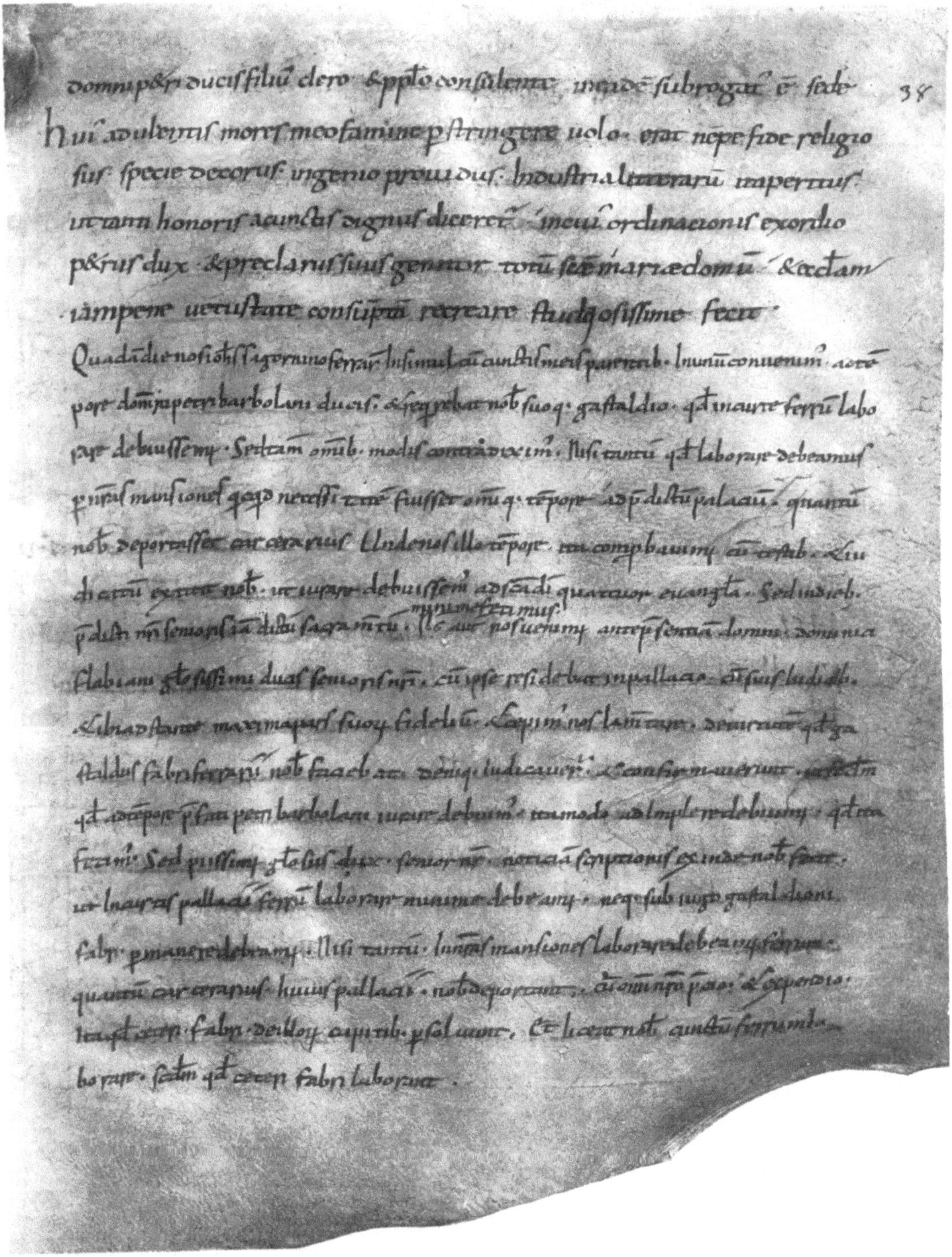

Codex Vaticanus Urbinas 440 fol. 38a

FSC
www.fsc.org
MIX
Papier | Fördert gute Waldnutzung
FSC® C083411

Kolibri 360 GmbH
Ferdinand-Jühlke-Straße 7
99095 Erfurt, Deutschland
produktsicherheit@kolibri360.de